The Dirty Guide To Wine

土とワイン

著者 アリス・ファイアリング
パスカリーヌ・ルペルティエ
Alice Feiring with Pascaline Lepeltier

監修 小口 高・鹿取 みゆき　訳 村松 静枝

母たちと大地へ、

そしてアグネスとエセルへ捧げる

Staff
日本語版デザイン　菅谷真理子（マルサンカク）
カバーイラスト　Yunosuke
DTP　竹下隆雄（TKクリエイト）
印刷　シナノ書籍印刷
翻訳協力　株式会社トランネット

すべての大地は、あらゆる種類を生み出すことはできない。柳は川辺に、榛《はん》の木はどろどろした沼地に、実のならないマンナの木は岩ばかりの山に生育する。ギンバイカの茂みは海岸を最も喜ぶし、それから葡萄は開けた丘を好み、一位《いちい》（訳注：イチイの木）は北風と寒さを愛する。

ウェルギリウス『農耕詩　第2歌』

（京都大学学術出版会刊　小川正廣訳『ウェルギリウス　牧歌／農耕詩』より）

ワイン生産地の代表的な基盤岩マップ

Major Bedrock Types In Winemaking Regions

ドイツ
片岩
スペイン
リオハ
砂利
オーストリア
片麻岩
黄土
ギリシャ諸島
火山岩
France
スペイン
ガリシア
花崗岩
片岩
ジョージア
砂岩
石灰岩
火山岩
イタリア
砂岩
石灰岩
花崗岩
火成岩
頁岩
オーストラリア
花崗岩
石灰岩
南アフリカ
花崗岩

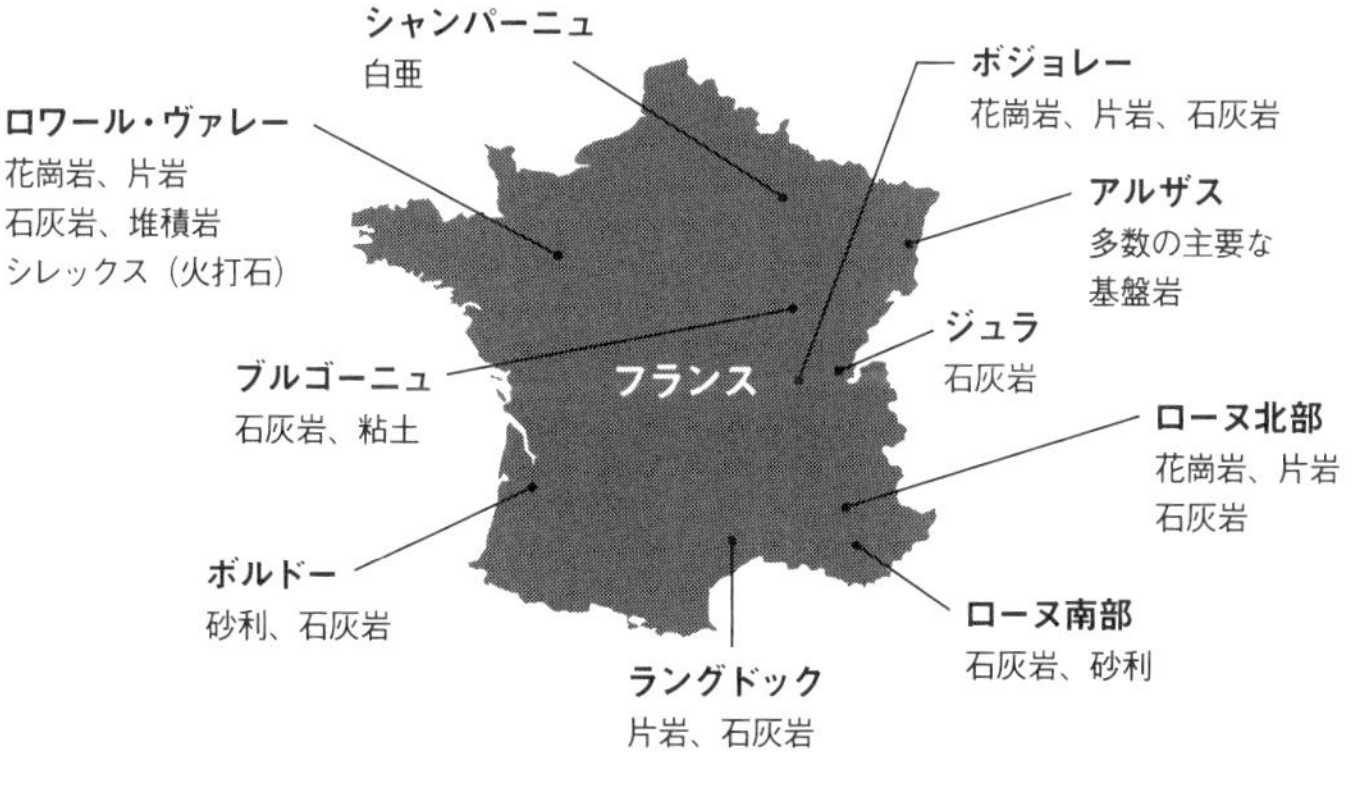
シャンパーニュ
白亜
ボジョレー
花崗岩、片岩、石灰岩
ロワール・ヴァレー
花崗岩、片岩
石灰岩、堆積岩
シレックス（火打石）
アルザス
多数の主要な
基盤岩
ジュラ
石灰岩
ブルゴーニュ
石灰岩、粘土
フランス
ローヌ北部
花崗岩、片岩
石灰岩
ボルドー
砂利、石灰岩
ローヌ南部
石灰岩、砂利
ラングドック
片岩、石灰岩

〈もくじ〉

第2章

堆積岩 195

序章

ワインを生み出す土の世界

The Dirty World

ええ、それがしかも、神々に誓って申しますが、ソクラテス、一体これらは何なのかしらと私は一方ならず驚き異《あや》しんでいるしだいなのです。そして時には、いや本当に、これらに目を向けていると、目がくらむことさえあります。

プラトン『テアイテトス』（岩波文庫刊　田中美知太郎訳より）

序文

いつものように次の訪問先との約束に遅れていた私たちは、荒涼とした一月のアンジュー地方の風景のなか、車を飛ばしていた。私パスカリーヌ・ルペルティエの横にはアリスが、そして後ろの座席にはワインのテイスティングに同行した女友達たちが座っていた。ついさっき、この地方独特の「テュフォー」と呼ばれる黄色がかった石灰岩を切り出して造られた、ある館を訪れたばかりだ。そこで味わったワインの品種は、館と同じように黄色味を帯びた白いテュフォーから生まれたシュナン・ブランだ。はつらつとして余韻が長く、塩味を感じさせ、いつもと変わらない個性を保っていた。そこからわずか数キロメートル先にある次の目的地へ向かって車を走らせると、風景のなかに見られる岩石が石灰岩から片岩へと変わっていた。私は後ろの座席に座っている友人たちに告げた。「ダークサイドに入ったわ。ここからアンジュー・ノワールよ」

まもなく、車庫を改造したセラーに到着し、たったいま車で下ってきた斜面で育てられたシュナン・ブランのワインを試飲した。そのワインは最初の訪問地で飲んだものとはまったく異なり、力強くタンニンが豊か、それでいて、はつらつとした印象は先ほどのワインに引けをとっていない。さっき車中から見た片岩質土壌（訳注：本書では、ある種類の基盤岩の上にある、基盤岩が風化してできた物質を含む土壌を、「～岩質土壌」と記す）の影響に違いない。それぞれ小さなブドウ園をもつ、鋭敏な感性を備えた二人のヴィニュロン（訳注：自らブドウを育て、そのブドウでワインを造る人。いわゆるワインメーカーとは同義ではない）兼園芸家と、二つのシュナン・ブラン。各々が、アンジュー・ブランとアンジュー・ノワールという異なる産地をみごとに映し出していた。それまでに何度もテイスティングをともにしてきたアリスと私には、言葉などいらなかった。互いの顔を見合わせれば相手の考えが分かるのだ。「ほらね、土の素晴らしさと真実の姿がここでも証明されているわ」

初対面だったアリスと私が意気投合するきっかけとなったのは、きっと土だろう。この本が生まれたのも、初めて顔を合わせた十数年前が発端となっている。二〇〇七年にパリで行われた試飲会でのことだ。会を主催したのは、パトリック・デスプラッツ、ジャン・マルク・ブリニョ、そしてジュリアン・クルトワら、三人のヴィニュロンたちだ。彼らはできる限り人の介入を抑えたワイン造り（訳注：栽培においては、化学合成農薬や肥料、除草剤を使わず、醸造では、培養酵母、酵素、亜硫酸を使わないか、あるいは極力使用量を減らしたワイン造り）に取り組んでいた。私は試飲時のソムリエを務め、アリスは、まさに自然に造られた彼らのワインを味わうために参加していた。

その場にいたすべての人間は、一様にこう信じていた。本物のワインとは、注意深く観察を続け、化学物質を一切使わずに、行き届いた手入れをしたブドウ畑のみから生まれるものであると。そうしたブドウ畑では、ブドウは多様な生物との調和のなかで育つことで、最高の果実を実らせることができるのだと。醸造の過程には特別な小細工など一切不要で、ヴィニュロンが賢明な手助けさえすればよいのであり、そうすれば収穫年ごとの差異をそのまま反映したワインが生まれる。そう信じていた。

私が初めてアリスとともに味わったワインには、こうした要素がすべて表れていた。この試飲会以降、気になったワインについては、常にこの視点、つまり造り手の誠実な取り組みのもと、自然環境と調和して生まれたワインであるかどうか、という点を考察するようにしている。そして土壌が、ワインの世界を発見していくうえで非常に興味深い決め手となったのだ。

ソムリエになる決意をした頃、私は専門家から厳しい訓練を受け、ワインに対して分析的な姿勢で臨むようたたき込まれた。異なる原産地やブドウ品種ごとに、その背後にある事実とデータを習得した。ワインのストラクチャーとアロマを識別し、そして技術的な欠陥を見つけるために、推論的なテイスティングができるように訓練を受けた。複雑なワインの世界を理解するのに役立つモデル・データの一覧も手に入れた。こうしたすべての知識を身につけることによって、とりあえずはある種の安心感を得た。しかし、それはほんの短い間にすぎなかった。

その安心感は、自分が最も魅了されたワインを理解するうえでは、そうやって手に入れた手法が少しも役に立たないと思い知ったときに消え失せた。あのような分析的な基準に照らし合わせると、私の好みのワインは基準外だとして非難の的になるだけなのだ。ワインは、フランス人哲学者ベルクソンがやったように、とかく機械的に分類されるものだ。たとえばブリックス値（訳注：糖度の単位）、最低アルコール度数、pH値などの要素がワインを決めるという考えだ。しかしオーガニックであること、ナチュラルであることを見ている私にとって、「生きている」と思えるワインは、そんな要素を集めたところで表すことなどできないのだ。こうしたワインは、バランスを内包する一つの細胞のように、全体として捉えるべきなのだ。

つまり私は、ソムリエになるための訓練はすべて習得していたものの、自分を深く驚かせ当惑させた、「生きている」ワインを「分析する」用意ができていなかった。ワインの世界は、ワインを捉えるのに不向きで、ともすれば誤った問題を引き起こしかねない考え方や見方に満ちているようだ。たとえば今、論争の的となっている用語「ミネラル感」は、典型的な禁句と成り果てた。

還元主義的な思考に依存している社会では、土壌由来の特徴がワインに表れるという考え方は非難にさらされてきた。権威ある批評家たちはこうした特徴をミネラル感と呼ぶ。しかしこれは、いわゆる「偽の問題」である（訳注：哲学者ベルクソンの提起した理論で、問題そのものが偽であるとはどういうことかについて定式化を試みた理論。偽の問題には二種類あり、一つは〈存在しない問題〉で関係項自体が多と少の混乱を含んでいる。もう一つは〈提起の仕方のよくない問題〉であり、その関係項がよくない分析をされている混合物を表象しているということによって規定されている）。

そもそも、ワインにミネラル感など存在しないのだ。シャブリを飲んで、エグゾジュラ・ヴィルギュラ（Exogyra virgula）と呼ばれる小さな牡蠣の味がするはずはないし、エトナ山産のワインに玄武岩の味が感じられるはずもない。

それでもなお、ワインには土地の個性が表れるし、土壌は何らかの役割を担っている、と断言できる。たとえ科学者や技術寄りのワイン業界人たちがどんなに否定したとしても、である。土壌の特徴がワインに表れるのはどんな仕組みなのか、本当に理解している人が誰もいないとしても、科学は「生命の躍動」（訳注：ベルクソンの概念。生命の進化を押し進める根源的な力）を解明するために、精神の限界に挑みながら、日々進歩しているのだ。

ところで、本書は科学的な本ではないし、ましてや科学を否定する本でもない。地質学や地理学の本でもない。また、ワインから岩石の味を感じ取れるなどと証明する本でもない。飲むに値するワインとは人を感動させるワインであるのと同様に、本書は感情に訴える本ということになるのだろうか。

そうではない。本書は、新たな風景と視点を通してワインの世界を味わうことへと誘うものだ。そして土壌、およびその下に横たわる土壌の源である基盤岩を見つめることで、土地とワインボトルを結びつけることへと誘ってくれる。ここで読者に理解しておいてほしいのは、この本にしばしば登場する土壌（soil）という単語は、本書のこうした性質を簡略化した表現にすぎない。読者の方々は、さらに多くの疑問が沸き起こり、新しい味覚で今までにない経験ができるだろう。この本を書き進めれば進むほど、私たちは自らの無知を思い知った。私たちには答えを提供することはできない。というのも、私たちが会って話をしたヴィニュロンたちの誰もが、ブドウ樹とワインの関係に戸惑い、大いに驚いていたからだ。彼らは謙虚で、こうした神秘を理解していないことを自覚していた。ヴィニュロンとして経験を積み重ねている人びとですら、答えは分からないのだ。それだけ多くのもの、つまりブドウとテロワール（訳注：産地の気候、地勢、歴史などから総合的に生まれる個性）、収穫年、そして人間が互いに影響し合う相乗効果は、絶え間なく変化を続け、魅力的である。それが一本のボトルに込められているのだ。

　ある夏の日、アリスの推薦のおかげで、私はジョージア共和国の首都トビリシを訪れる機会に恵まれた。この旅は、贅沢品としてだけでなく日常生活の一部としてのワインに対する私の見方を大きく変えた。そしてさらに、テイスティングの仕方をも変えることになった。ジョージアへの旅は私に、それまでまったく経験したことのない、非常に考えさせられる体験を与えてくれたのだ。私を招いてくれたジョン・ワードマンは、画家であると同時にヴィニュロンであり、さらには料理人で歌い手でもあった。彼は、第二の祖国であるジョージア各地を旅している間に芽生え、以来ずっと頭を離れなかったアイデアを実行しようとしていた。それは、共感覚を体験するというものだった。リズムと色調、そしてジョージアの地方料理とワイン、同国の主要六州の歌、これらの体系化を通して、共感覚を体験しようというのである。こうして私たちは自らを実験台として、耳と舌と脳を使い五時間にわたってごちそうを食べ続けた。二種類の伝統料理や、クヴェヴリ（qvevri）と呼ばれる大型の甕で造られたワインが二、三種類出されるかたわらでは、数人の男性がポリフォニー音楽を歌っていた。歌の様式も歌詞も地域独特のものだった。その雰囲気があまりにも圧倒的で、ジョージア文化についてごく限られた知識しかなかった私には、とうてい理解しきれなかった。しかし私はそこに一つの関係性を感じ、共感覚、あるいはこの場合でいうテロワールは、歌でもワインでも食べ物でも体験できるという可能性を否定できなかった。あの日私は、直感と驚嘆がいかに自分の視界を、そして喜びを広げてくれるものであるかを思い知らされ、ジョージアでの体験は本書をつくるまたとないきっかけを与えてくれた。土の恵みが目に見えないからといって、そして土がブドウ樹とワインにもたらす影響が正式な形ではっきりと数量化できないからといって、そこに何の関係性もないということにはならない。仮にまだそうした関係性を理解できないとしても、私たちはすでにそれを味わっているし、崇拝しているのだ。

私を本書執筆の旅へ誘ってくれたアリスには、どんなに感謝してもしきれない。この旅は、ワインに対する私の考え方と味わい方を変えるよう駆り立ててくれた。現代では、自由な精神の主であることは類まれな恵みである反面、災いのもとでもある。にもかかわらず彼女は、真実を求める闘いに挑んでいる。アリスからは、本書で展開されているすべての会話と発見に恩恵を受けている。同様に、貴重なワインと意見を披露してくれただけでなく、刺激にあふれた意見交換を喜んで受け入れてくれた、すべてのヴィニュロンたちにも深く感謝している。おかげで私はテイスターとして成長できただけでなく、ワインの世界におけるアリスの立ち位置と責務について、以前よりはるかに理解を深めることができた。彼女はまさに驚くべき役割を担っている。

パスカリーヌ・ルペルティエ

はじめに

「ワインの世界がブドウ品種に牛耳られるようになったのは、ここ三十年ほどのことだ」。ある夜のこと、ワイン雑誌『ワイン&スピリッツ』の編集長兼発行者を務める人物が、ワインを飲みながら私にこう言った。

彼の言葉は正しかった。バーに足を運んだ人びとが、「シャルドネをください」と言ってワインを注文するようになったのはほんの最近のことだ。一九八〇年代以前は、ブドウの品種名を気にする人などほとんどなく、単純にブルゴーニュのワインやカリフォルニアのテーブルワインを飲んでいた。ブドウの品種名をワイン名に冠しようとする熱狂的な動きは、カベルネ・ソーヴィニヨンやシラーズの市場を創出しようとした新参者のワイン生産者たちから始まった。その後まもなく、ワインが育まれた産地ではなく、品種をこれ見よがしに記したボトルを目にするようになっていった。

「それで君は、一体どんなことをするつもりなんだい?」と彼は聞いてきた。からかっているわけでもないらしい口調だ。「そうね、実は……」。このとき、すでにこの本を書き始めていたことは間違いなかった。少なくとも数年前、フランスのアルザス北部を訪れ、一流レストラン「ル・ビストロ・デ・サヴール」に行ったときから、頭のなかでは構想を練っていた。店のワインリストがまるでラルース社の辞書・事典のように分厚かったのは予想どおり。驚いたのは、その構成だった。よく考えて集められたボトルのなかには地元産のワインがたくさん並んでおり、それらのワインは、村名や地方、あるいは品種名によっても分類されていなかった。石灰岩、花崗岩、玄武岩、片岩といった具合に、ブドウ樹の植えられた基盤岩によって分類されていたのだ。たとえば玄武岩質の地域の土壌で育った二種類のリースリングを飲み比べようと思えば、好きなように選ぶことができた。さらには、花崗岩と大理石それぞれの地域のリースリングを比較したり、地質ごとにブドウに与える影響の違いをも比較したりすることができた。

あの素晴らしいワインリストのおかげで、私をずっと悩ませていた、現代のワインの飲み方がもつ一側面が具体的に見えてきた。ブドウが育まれた基盤岩と表土の種類について真剣に考えようものなら、ワイン界のメインストリームからはほとんど嘲笑の的とされたが、ワインの味わいと熟成について考えるには、欠くことのできない考え方なのだ。ブドウ樹が育まれる土壌の種類は、最終的にできあがったワインの味わいに重大な影響を与える。それだけでなく、こうした知識があると思考は深まり、飲む楽しみもぐっと深みをもってくるのだ。

もしも学生時代に、せめて現在と同じぐらいにワインを理解していたのならば、きっと私は地球科学の授業ではるかによい成績を修めていたことだろう。しかし、ほんの小さな裏庭しかない家に育ち、あまり自然に親しむ子どもではなかった私にとって、岩が生まれ、長い年月を経て変質していくという考え方はあまりにも抽象的に思われた。ブドウ畑を歩き回るようになり、土壌や歴史、そしてその土地そのものがワインに影響するのだと分かったとき、すべてが変わったのだ。そのとき初めて、土壌生成の意味が分かるようになった。

この概念について考えれば考えるほど、心が躍った。だからこそ飲み手にまったく新しいワインとの関わり方を提供したい、品種だけを頼りにしたワイン選びから飲み手を解放したいと願ったのだ。たとえばカベルネ・ソーヴィニヨン以外のワインは飲みたくないなどとかたくなになっていたら、この品種を栽培していない土地の素晴らしいワインにどうやって出会うことができるのだろうか。くどくどと説明するわけではないが、このことについては何度も言わせてほしい。何世紀もの間、ピノ・ノワールはワイン名でなく、ボーヌがワイン名だった。カベルネがワイン名でなく、ナパのワインと呼んでいた。テンプラニーリョのワインが飲みたいなんて言う人はおらず、スペイン、リオハのワインが飲みたい、と言っていたのだ。品種名がワイン名になったのはつい最近で、ワインの産地はブドウそのものよりもはるかに重視されており、それまでは品種名がワイン名として呼ばれることなどなかったのだ。

とはいえ、誤解しないでほしい。もちろんワインにおいて品種は重要である。ブドウは品種ごとに性質が大きく異なるし、すべての土壌があらゆる品種の栽培に適しているというわけではない。しかし、あるワインに魅了されてその神秘に引きこまれそうになったとき、その産地およびブドウが育った土壌と岩石についての知識があれば、そのワインを飲む体験への理解は一層深まる。一方、品種だけを頼りにワインを選んでいたら、自分で選んだごくわずかなもの以外のワインとの出会いをみすみす失ってしまうだろう。アメリカのヴァーモント州を例にとってみよう。ここには火成岩と堆積岩、変成岩が入りくんだ複雑な土壌の地域がある。ここでワインを造るディアトラ・ヒーキンを、私はこの地で最も優れた生産者だと思っている。彼女はどの品種が、自身のワイナリー「ラ・ガラギスタ（La Garagista）」に最適かを見きわめるための試験をしているところだ。彼女はハイブリッド（交雑品種）（訳注：異なる種を掛け合わせて開発された品種。対して、同じ種を掛け合わせて開発された品種をクロッシングという）と呼ばれる丈夫な品種を好み、マルケット、あるいはルイーズ・スウェンソンという風変わりな名称のブドウを使って、驚くべき結果を出している。もしあなたがメルロやシャルドネしか飲まない飲み手ならば、リコリス（甘草）のような風味のマルケットや、ハニーサックル（スイカズラ）のような味わいのルイーズ・スウェンソンを見逃してしまいかねない。

ここで土壌とディアトラの試験の関係性について、彼女の話を紹介してみよう。

「花崗岩、大理石および粘板岩はヴァーモント州を代表する岩石で、同州バリにあるロックオブエージズ採石場は、なんと世界最大の花崗岩採石場です（驚きだ）。近くのアスカットニー山には明るい色合いの花崗岩と片麻岩が豊富にあります。ああ、言うのを忘れていましたが、この州には片麻岩もあり、バーナードで見られます。つまり岩石の主要な種類がヴァーモント州のあちこちにあるわけです。石灰岩、花崗岩、珪岩、そして片麻岩ですね。石灰岩やそのほかの石灰質の基盤岩にはカルシウムが含まれています。ヴァーモント州の土壌が、ニュー・ハンプシャー州やメイン州など酸度の高い土壌よりもpH値が優れているのはそのためです。カルシウムはpH値を上げる効果があるだけでなく、土中の有機物の分解を促進するので、植物は無機栄養素を吸収しやすくなります。それが、この土地でワインを造るおもしろさの理由の一つだと思います。ここでは、植物とミネラルの直接的な共生関係を目の当たりにすることができるのです」

過去数年にわたって、土壌を重要視する考え方そのものが——すなわち古代の人びとが神聖視していた考え方なのだが――、科学者や批評家、そして還元主義の主から攻撃され続けてきた。彼らの格好の餌食となってきたのは、ある種の切れ味を表現するのに使われる「ミネラル」という言葉だ。ミネラル感あるいはミネラルは、グー・ド・テロワール（goût de terroir）（訳注：「大地の味わい」という意味のフランス語）という古くから語られることの多い言葉と混同されてきた。フードライターとして高く評価されているハロルド・マギーは、このフレーズのもつ意味が十九世紀初頭に変わり始めたと考えた。マギーによるとこの変化は、オーストラリアワインの父とされるジェームズ・バズビーが一八二五年の著書『*The Treatise on the Culture of the Vine and the Art of Making Wine*（ブドウとワイン造りの文化論。未邦訳）』を執筆した頃から明らかになってきたという。バズビーはこの著書で「大地の味わい、つまりグー・ド・テロワールは好ましい味とされることが多く、『火打石』すなわちピエール・ア・フュジ（pierre de fusil）と表現される。ただし、ときにはあまり好ましくない味わいとして、ミョウバンのような苦みのある味わいとして扱われることもある。こうした用語で表現される味だけでなく、ワインに感じられる味の多くは、土壌の性質由来のものである。そしてこれこそが、多くの美味なワインの個性の源なのである」と記している。

つまりバズビーの理論どおり、ブドウ畑の地質がワインの味に直接的な影響を与えるということなのだろうか。それとも、政治家でありながらワインライターの顔ももっていたバズビーが、科学から逸脱して、詩的にロマンティックに表現しただけなのだろうか。

地質学者のアレックス・モルトマンは、二〇〇八年に発表した研究論文でこう述べている。「ワインからブドウ畑の地質、いわゆるグー・ド・テロワールを味わえるというのは甘美な考え方であり、新聞や雑誌の原稿のテーマにはうってつけだ。しかも間違いなく強力なマーケティング戦術になる。しかしこれはまったくの眉唾で、科学的にはありえない話だ。つまり、批判的に評価すれば、地質がワインの味わいに果たす役割は誇張されがちである」

科学的にまったく根拠がないというモルトマンの主張には賛成しかねるが、示唆に富んでいる。誇張されている、あるいは甘ったるい見方だといわれればそうなのかもしれない。とはいえ、そんなに見当違いでありえない話なのだろうかといえば、そんなことはないはずだ。科学者たちの間でも意見が分かれている。シカゴ大学で自然界と人為的環境での微生物のコミュニティの形成を研究しているジャック・A・ギルバート教授が、同大学のウェブサイト「Science Life」のインタビューで語った内容によると、土中のバクテリアがブドウ樹に接触すると、ブドウ中の化学作用に影響を与え、ワインの風味と複雑さが変化することがあるという。

このとき教授は土壌にも触れ、ほかの人びとは岩石について言及していたが、この二つを分けて考えられるはずがない。かつては、岩をなめてみるよう勧めるワイン生産者を物笑いの種にしたものだったが、土壌にのめりこむにしたがって、それがばかげたことだとは思えなくなってきた。私は長年、テイスティングノートに、銀色の水、血液、鉄などといった表現を肯定的な意味で使ってきた。これらは、私にとってはすべて大地がもつ性質であり、決してブドウそのものの性質ではない。とはいえ、私自身にはそれが正しいか否かを証明することはできないし、正直に言えばそうしたいとも思わない。分かるのは、果実も野菜も、育った土壌と分かちがたく結びついているということだ。

ブラインド・テイスティングを行うと、訓練を積んだ人のなかには、ある種の土壌のワインならではの特徴を実際に言い当てられる人がいる。最も簡単な例は重粘土質土壌で育ったブドウで、こうした土壌から生まれたワインは、たいてい厚みのある味わいになる。花崗岩地域のワインはどうかというと、しばしば独特の口当たりが感じられる。石灰岩地域のワインは、特有の突き抜けるような酸味が顕著である。ピノ・ノワールを石灰岩と花崗岩の地域で、同じような日当たりと気候下で育ててみれば、ブドウの熟し方は違ってくるはずなのだ。糖度も酸のストラクチャーも長熟の可能性も異なるはずである。そして味わいも違ってくることになる。ほかの土壌の場合はどうだろう？　玄武岩質土壌から生まれたワインは灰のような後味を感じられるに違いないし、あるいは鉄分が豊富な土壌から生まれたワインには、さびた釘のような要素が感じられるだろう。

産地の岩石の特徴がどうやって、あるいは本当にワインに表れるのか否かをめぐる論争は永遠に尽きないが、それは本書のポイントではない。この本はワインの学び方を体系化する一つの手法を提供するものだ。もし私の好む花崗岩質土壌のワイン産地を世界中から探したいのなら、任せてほしい。最高の石灰岩質土壌のワイン産地と、そこで何が育つのかを知りたいというのなら、それも大丈夫。本書が目的としているのは、あらゆる卓越したワインの根幹をなすもの、つまり土地と土壌だ。

この本の企画について、仕事仲間のパスカリーヌ・ルペルティエに話してみたところ、彼女は、自分も執筆に参加させてほしいと言ってくれた。せっかく彼女から協力を申し出てくれたからには、一も二もなく承諾した。彼女は優れた味覚をもち、私と同じ志を抱き、近いエートス（訳注：芸術的作品に内在する道徳的、理性的特質）をもったワインを飲み、どこへ行っても必ずその土地の岩を持ち帰ってくる人である。要するに、彼女は土壌と有機農法、そして人の介入を最小限に抑えたワイン造りに夢中になっているのだ。土壌がいかに大切であるか、私たちは十分に心得ている。あらゆる産地が決して同じように形成されてはいないという点で、同じ考えをもつ同志である。

最後に、何が重要なのかを突き止めるうえで、助言をさせてほしい。ワインを味わったら自分なりの結論に達すればよいのだが、ブドウが根を下ろしているのは一体どこの、どんな土壌なのかを知ることは決して無駄ではない。ミルクが牛から生まれることは当然知っているし、自分の食べる鶏がどんな餌を与えられていたかを知りたくなるのと同じなのだ。私もパスカリーヌも地質学者ではないし、この本も地質学の本ではないが、いくつか専門用語が登場することをご承知おき願いたい。

この本では、ワインを学ぶための新しい方法を提供する。産地や品種でもなく、旧世界対新世界の図式でもなく、土壌と土地を第一の土台としている。そして土台をしっかりと固めたら、もちろん、ブドウの登場だ。何といってもブドウこそが、真に驚嘆すべきあちこちの土地を私たちに体験させてくれる、牽引役なのだから。

土壌とは

土壌とは何だろうか。一見するとシンプルに思えるこの問いについては、先に進む前に、少し探ってみる必要がある。なぜなら土壌の意味するところは、土だけではないからだ。最もよく見られる間違いは（まさに間違い以外の何物でもないのだが）、基盤岩（bedrock）のことを誤って土壌（soil）と表現してしまうことだ。土壌と基盤岩はまったく異なるものである。土壌とは、地面の最上層の部分にある表土を意味する。土壌は、地球の硬い岩石、すなわち基盤岩を覆っているものである。土壌の源となるのは海に堆積した土砂や火山灰などの鉱物質と、草花や樹木、木の葉、動物、微生物に由来する有機物である。こうした有機物と鉱物質は長い年月のうちに分割されて腐食する。こうして生まれた土壌には、菌類やバクテリア、ミミズなどの虫のほか、さまざまな生物が存在する。生きていくために必要とされるミネラル（無機物）を、これらの生物が共同で抽出している場が、土壌である。小動物や微生物などがミネラルを植物の根の場所まで運び、植物はそれを養分として成長し、やがて私たちの食卓に並んで栄養を与えてくれる。こうしたことが起きるのは、土壌が集約農業によって破壊されずに生きている場合の話である。

表土は砂、砂利、粘土などさまざまな粒子を含み、いくつもの層を形成している。最上層は有機腐植土で、豊かな栄養分を蓄えた層であり、深い場合もあれば、浅い場合、また存在しない場合もある。そのすぐ下の層はミネラルの下層土（訳注：地表を覆う土壌層を上下二層に分け、上部の表土に対して下部を下層土という）で、基盤岩が分割されてできた岩の小片と分解された有機物からなる。これは腐植粘土複合体とも呼ばれ、植物の根と土壌の魔法はここで起こる。つまり植物が窒素、リン、カリウム、カルシウム、マグネシウム、鉄、ホウ素など、新陳代謝のために必要な栄養分を吸収するのだ。下層土のすぐ下には母材《ぼざい》と呼ばれる、その地域を特徴づける岩石がある。ただし、一つの地域がたとえば片岩や花崗岩など、完全に単一の岩石で構成されることは少ない。母材の層の下には、ほとんど水を通さない基盤岩があり、これが数千年かけて土壌へと変化する。

ブドウ樹、そして植物全般にとっても、さらには人間にとっても、土壌が常に元気で生きとしていることは非常に重要だ。次に起こるあらゆる事象の基礎になるからである。土壌はしばしば地球の皮膚のようなものだといわれるが、誰かが土壌は地球の内臓だと言ったのを聞いて、その方がより核心を突いていると私には思えた。

腸内細菌の重要性については当然ご存知だとは思うが、人間の腸内に健康なバクテリアが生きているのと同じように、本書に登場する生産者の健康な土壌には、わずかティースプーン一杯分のなかに一億から十億ものバクテリアがいる。つまり、膨大な数の生命が存在するのだ。このことは、ブドウ樹にどんな影響を与えるのだろうか。土壌学者のパトリック・ホールデンはこう捉えている。「微生物は、有機物を植物が吸収できる養分に分解するうえで中心的な役割を果たしており、その結果、植物は根系を通して養分を吸い上げられるようになるのだ」。著名な微生物学者で土壌の第一人者であるエレーヌ・インガムも、いまだ消えることのない多くの謎に呆然と立ちつくしている。「空の星々に比べれば、足元の土壌については未知のことばかりだ」と話す。

科学的な根拠が必要だとする人もいれば、直感的に考える人もいるだろう。しかしときには、百聞は一見にしかずという場合もある。試しにシャンパーニュ地方のブドウ畑のなかをちょっと歩いてみるといいだろう。二〇〇三年、私も友人とともに歩いてみた。もうずいぶんと前のことではあるけれど、この地域の大手ワイン会社の畑は当時とほとんど変わっていない。まず私たちは「ピエール・ラルマンディエ（Pierre Larmandier）」の畑に立ってみた。土はスポンジのようにやわらかく、活力にあふれていた。すぐ隣には世界最高のシャンパーニュメゾンとして知られる「ヴーヴ・クリコ（Veuve Clicquot）」の所有する畑があった。畑は固められ、不毛だった。生と死が並ぶ姿をまざまざと見せつけられた友人は、料理とワインの選び方をすっかり変えてしまった。彼女は感覚的に両者の違いをかぎ取り、それ以降ワイングラスのなかにもそれを味わうことができるようになった。そしてもう二度と、工業的に造られたシャンパーニュを飲もうとしなかった。

表土とその構成粒子

一つの地域の表土を特徴づけるものは、粘土、砂、砂利、シルト（訳注：砂と粘土の中間的な粒径をもつ粒子）や黄土、ローム（訳注：日本では「関東ローム層」のように「ローム」の語を火山灰土に用いるのが一般的だが、世界的には火山灰土に限らず、砂、シルト、粘土が混ざった土を指す）といった粒子である。これらの粒子について個別に説明していこう。

粘土

粘土というと、通常は乾燥していて濡れると滑りやすくなる、あの素材を思い浮かべるだろう。しかし、個々の分子レベルまで掘り下げて調べると、粘土鉱物は板が重なったような層状になっている。この構造が、粘土の機能に大きな影響をおよぼす。粘土にはブドウ樹の育成よりも陶芸に適したものもあるという意見もあり、その用法が激しい論争の的になっている。しかし、産地の場所と気候、そしてどんなワインを造りたいのか――下品なワインか、上品なワインか――、そして土壌中にどんな粘土鉱物が含まれるかによって、粘土の影響は異なってくる。たとえば粘土に石灰岩が混ざっているブルゴーニュのように、適切な物質が混ざっていれば、後は気候の命ずるままである。粘土の重要な側面は、個体が力を受け変形し、力を除いてもその変形が残るという可塑性、および膨張して水と結びついて無機物をしっかり保持し、植物の消化吸収を助けてくれる能力である。

粘土が乾くと、縮んで表面が固くなる。しかし粘土の下層土は、さながら小さな拳をぎゅっと握るように水分を保ち、上部の乾ききった土壌に気前よく水分を供給する。では、粘土がワインにもたらす味を味わうことはできるのかと問われれば、確実に分かる味もある。口に含んで少し経ってから感じるリッチな味わい、ときにはさびたような印象を探してみてほしい。またあるときには、ブドウ由来ではないと分かる深みのあるチェリーのような味わいが感じられるかもしれない。一般に粘土質土壌の地域のワインの味わいはどっしりとしている。テロワールの専門家ペドロ・パッラ（訳注：チリ出身のテロワール専門家かつ地質学者。自身もドメーヌをもちワインを造る）によると、こうしたワインは、例外もあるものの、芳醇で丸みのある味わいになる。というのも、粘土質土壌の地域のワインでは果実感も強く感じられるからだ。ブーツの靴底にべっとりつくような土壌をもち、粘土質土壌らしい味わいのワインができる産地としては、イタリアのアブルッツォ州とエミリア＝ロマーニャ州、そしてジョージアのイメレティ州が挙げられる。

砂

白い珪砂（訳注：主に石英粒からなる砂。花崗岩などの風化により生じる）が広がる砂浜であれ、玄武岩質ガラス（訳注：玄武岩が結晶化されず、光沢のあるガラス質になったもの）の黒っぽい砂粒が広がる海辺であれ、砂とはあくまで粒子であり、岩石の種類ではない。細かく砕かれた粒子であれば、元の岩石が何でも砂である。粘土質とは異なり、砂質土壌はざるのように水はけがよい。これはまるでモンスーンのような雨期には大いにメリットとなる。しかし、干ばつのときはどうなのだろうか。ブドウ樹よ哀れ、である。とりわけ高湿な気候下で植えられていない限り、ブドウ樹は何とも哀れな境遇になる。一方で、世界各地のブドウが栽培されている地域のなかで、自根の古木が育っているのは、こうした砂質の区画になる。さて、砂に由来するワインの特徴を味わうことはできるのだろうか。一八二五年、オーストラリアのワイン愛好家であるジェームズ・バズビーは、こう記している。「砂質土壌は一般に繊細なワインを生む」。その一方で、とりわけ非常にさらさらとした珪砂の土壌ではシンプルな味わいとなる傾向がある。また、複雑さはないものの、楽しんで飲めるような、果実の味わいがそのまま映し出されたかのようなワインになることも多い。こうした土壌の好例をいくつか挙げよう。まず、米カリフォルニア州サクラメント郊外の堆積岩が分布する地域にある「エヴァンジェロ・ヴィンヤード（Evangelho Vineyard）」についてワインを探すのならば、「ベッドロック（Bedrock）」（訳注：レイヴェンス・ウッドのジョエル・ピーターソンの息子、モーガン・ピーターソンが立ち上げたワイナリー）、「ダーティ・アンド・ラウディ（Dirty&Rowdy）」、「サンドランズ（Sandlands）」、「ダッシュ（Dashe）」がお薦めだ。ポルトガルのコラレス地方のワインも優れている。火山性の砂質土壌から造られるワインの例を挙げると、イタリアのシチリア島のマウント・エトナ、およびカナリア諸島のランザローテがよいだろう。

砂利

この岩石の粒子は、大きさが中礫から大礫（訳注：中礫は直径四〜六十四ミリメートル程度、大礫は六十四〜二百五十六ミリメートル程度）におよび、堆積岩の地域でよく見られる。熱を吸収しやすいため、アルコール度が高めのワインを造るのに効果的だ。ただし産地によって、恵みとなるか害となるかが分かれる。あまり知られていない産地ではあるが、ニュージーランドのギムレット・グラベルズと米ワシントン州ワラワラがこの土壌である。きわめて有名な産地としては、フランスのシャトーヌフ・デュ・パプと、ボルドーのメドック、グラーヴが挙げられる。

世界で最も高貴な砂利質の土壌がボルドーにあり、この地域には十七世紀までさかのぼる興味深い歴史がある。当時まったく役に立たない沼地だったこの地域をオランダ人たちが干拓したことにより、沖積土（訳注：河川が比較的新しい時代に運搬した土砂の堆積物）の地層と大量の砂利が露出したのだ。砂利の大きさは中礫・大礫どちらでも、ボルドー地方の熟しにくかったブドウがおいしい果実となるうえで非常に効果的だった。これは、砂利の水はけがたいへんよかったからにほかならない。高湿なことも多いグラーヴ地区ではこの水はけのよさが重要だ。しかし何よりも特徴的な性質は、砂利の色が明るいため、太陽光を反射しつつ、地面を温める効果や保温性に優れている点である。つまり、砂利の地質が石灰岩であろうと火成岩であろうと、土壌に含まれる鉱物成分よりも、砂利の粒子とその大きさが、土壌の性質を決定づけるうえで優位に立ったのだ。この地域を耕作するには困難をきわめ、ブドウ樹以外の作物には適さない。

シルト

シルトはときに岩粉とも呼ばれ、砂よりも粒子が細かく、より肥沃で、かつ保水力が優れている。しかし、固まりやすいので耕作をする際には要注意だ。ブドウ栽培において最適な土壌とはいえず、水道管を詰まらせてしまいがちである。

黄土

黄土は、粒の大きさがシルトとロームとの中間で、主として風で飛ばされて堆積したシリカ（訳注：二酸化珪素。石英を主成分とする土で、陶磁器やガラス製造に使用される）からなる。オーストリアで広範囲にわたり見られるが、黄土の地域でリースリングが栽培されることはほとんどない。米ワシントン州ワラワラではたいへん厚い層をなし、おがくずが層状になったような状態になっており、水はけが非常によい。

ローム

ロームは、正確には粒子の一種ではなく、異なる種類の粒子が混合したものである。ときに過剰なほど肥沃で、砂とシルト、粘土がほぼ等分ずつ堆積して混ざっている。こうした状態のロームは、米カリフォルニア州の大部分でよく見られ、同州の肥沃な土壌とあいまって、当然ながらかなり果実味の豊かなワインになると予想される。もしも、最高のワインは不毛でやせた土壌からしか生まれないと考えている人がいるのなら、そう結論づけるのはその人の自由だが、こうした肥沃な土壌でも気候を考慮した賢い農法を選びさえすればよい。では、具体的にはどうすればいいのだろうか。たとえば、畝間に適した野菜を植えて、植物同士をより競合させることで、ブドウ樹の樹勢を調整することができる。そうすれば、決して悪い結果にはならないはずだ。

偉大なブドウ畑を形づくるのは何か――テロワールの謎を解く――

もはや伝説的ともいえるワイナリー「ドメーヌ・ド・ラ・ロマネ・コンティ（Domaine de la Romanée-Conti）」（以降ＤＲＣ）の共同経営者、オベール・ド・ヴィレーヌとともに畑に立っていたときのことだ。そこは、ヴォーヌ・ロマネ村のグラン・クリュの一つ、ラ・ターシュの区画だった。二人でその土を見つめていると、彼は特定の場所が優れているとされる裏付けの信憑性について物思いにふけりながら、私にこう問いかけてきた。「日が昇るということを証明するのに、科学的な理論が必要かい？」

こんなことは誰もが直感的に分かりきっている。しかし、ド・ヴィレーヌには何十年も考察を続けてきたという強みがある。ヴォーヌ・ロマネ村で、そしておそらくブルゴーニュ地方でも最も卓越した畑として知られる区画は、ＤＲＣの名称となった区画、すなわちロマネ・コンティだ。偉大な区画は何が違うのかと尋ねると、彼はこの畑名を引き合いに出して答えた。「ここはすべての畑のなかでも、天候条件に最もうまく対応できる畑なんだ」。つまり偉大なテロワールとは、あらゆる要素が一体となったものであり、人の介入が少なければ少ないほど、ブドウ樹は苦しむことなくすこやかに育っていくのだ。

科学者が表面上で何と言おうとも、否定しがたい真実が宿る土地がある。隣接する二つの土地でまったく同じ農法をとっても、一方の土地がもう片方よりも良質となる可能性は、十分にありうるということだ。これはなぜだろう。複雑な話になるが、それぞれの土地には、霜の降り具合や雹害、湿度のわずかな違いのみならず、風の吹き方や天気を要因とする固有の微気候（マイクロクライメイト）がある。その結果、どうやら一部の土地だけがきわめて恵まれた立地条件になる。

テロワールには土壌以外にも多くの要素が含まれる。しかし土壌こそが、健全に育っていくチャンスをブドウ樹にもたらすのである。

では、最高の土壌とは何だろうか。簡単には類別できないし、しばしば、科学者でさえも間違えることもある。ここで数年前のできごとをふり返ってみたい。友人のアンディ・ブレナンが、米ニューヨーク州のキャッツキル山地でシードルを造ろうと考えた。彼は、ここならばと思う土地を見つけたが、コーネル大学の研究者たちから、頁岩の地域の土壌はリンゴ栽培には不適切だと教えられた。ブレナンは彼らの言葉をほとんど信じこむところだったが、自分の選んだ土地に野生の果樹が繁茂し、何世紀にもわたってリンゴ栽培の歴史があることに気づいた。コーネルの農学者たちは一体、何を考えていたのだろうか。ブレナンは当初予定していた土地を購入し、シードル造りが始まった。いまや彼の「アーロン・ブラー・シードル（Aaron Burr Cider）」は最高の味で知られている。このように、優れた農業者には直感力があり、それを駆使できるものだ。科学者が何と言おうと関係ない。

土地の特性を見きわめて適した作物を植えれば、たいていの土地は、その土地ならではの魅力を発揮する。地質が石灰岩であれ、玄武岩あるいは片岩であれ、ド・ヴィレーヌが語っているように、「偉大なテロワールは、過剰でもないし過小でもない。ほかのさまざまな要素と作用し合ってブドウ樹を助ける土壌が、優れたテロワール」なのだ。人生についても同じことがいえそうである。ド・ヴィレーヌにとって、偉大な土壌とは全体図の一部に過ぎない。ブドウを育てるうえであまり困難に遭うことのない土地であれば、問題なく栽培できる。たとえば、灌漑の必要がなく、人の手を加えるのが最小限に済む場所であればよい。また、暑い地域の土地ならば温風から守られる場所、逆に寒冷な気候であれば寒風にさらされない場所がよい。最高の土壌は、自然が最もよいバランスを保っていられる土地にあるのだ。

正しい耕作方法

ブドウは繊細な植物である反面、丈夫でもある。ブドウを植えるならほかに何も育たない土地がよいとよくいわれるが、これは道理にかなっている。なにしろブドウは火山の頂上でも、岩や灰、あるいは砂の上でも育つのだ。これほど強靭な植物を、わざわざトウモロコシと同じ土壌で育てる必要などあるだろうか。ブドウは「苦労なくして得るものはない」ということわざを体現する植物だ。ブドウ樹を甘やかすと、何の主張もないつまらない果実で終わる。ブドウが苦労しながら水分を求めて地中深くまで根を伸ばすよう、やせた土壌で厳しく育てるのが一番よい。ところが文明というのは、ものごとを何でも容易にしたがる。そのために無用な灌漑を行ってしまうのだが、これは環境にも良質なワインにも悪影響をおよぼす。また、土木機械を使って土地を平らにしたり、農地に化学肥料を投下したりする農法も同様である。こうして品質は度外視される。

本書に登場するワイン生産者のほとんどが繰り返し訴えているのは、表土は耕作によって改変されるということだ。優れた表土でも扱いを誤ると、ワインはとんでもない代物になってしまう。一方、土壌の質に半信半疑であっても、適切かつ思慮深く扱ってやれば、後はうれしい驚きが待っている。ロワール地方のブルグイユでワインを造り、現在すでに（妻のカトリーヌとともに）伝説的な醸造家として知られるピエール・ブルトンは、こう語っている。「土壌がブドウの味わいや酸味に影響を与えるとするならば、それはブドウ畑で化学合成物質を使わずにいることで、豊かな腐植土が生成され、土壌で多くの微生物が活動するようになるからだ」。彼の要点は、超近代的な農法で栽培されたブドウ樹の根が表面にしか張らなければ、ワインの味わいも表層的になるということだ。ちなみに本書ではさまざまな生産者を掲載するにあたって、彼らの農法と理念とともに、それら農法の認証の有無についても記している。

ではここで、表土の耕作方法にどんなものがあるのかを紹介しよう。

慣行農法

除草剤や殺虫剤を使う農法を、耳に心地よい言葉で表現したもの。この農法は耕作する場合とそうでない場合があるが、おそらくほとんどが耕さない。本書では慣行農法をとる生産者は一切紹介していない。この本で物議を引き起こそうとしているわけではないが、一点主張するとすれば、化学物質を駆使した農法と添加物を多用したワイン造りは私たちの理念とは正反対で、ブドウが育まれるべき土地を窒息させてしまうということだろう。

サステーナブル農法

これはやや創意工夫に富んだ農法のように思われる。しかし、一口にサステーナブル（持続型）農法といっても、実に多様である。フランス語ではリュット・レゾネ（lutte raisonnée）と呼ばれ、常識的な農法を指し、基本的には「われわれには必要なときに農薬を散布する権利がある」という姿勢を意味する。まったく散布しない生産者もいれば、ひっきりなしに散布している者もいる。となると、一体どうやってこの農法が誠実に行われているかを判断できるのか、それが問題だ。人は誰でも嘘をつく。悲しいけれどそれは事実である。だからこそ、パスカリーヌや私のような人物を頼ってほしいのだ。生産者たちを頻繁に訪ねて、数々の厳しい質問をぶつけているのだから。

有機農法

この手法では、化学合成物質である除草剤と殺虫剤が禁じられ、有機的な方法で病虫害に対処する。かつて一九七〇年代には、有機農業を実践する農家は、見栄えの悪い野菜を作るヒッピーだと物笑いの種にされた。しかし現代では、この良心的な手法が猛烈な勢いで広がっている。いまや有機農法は産業化しているが、少なくとも有機農法でない手法よりは好ましい。

ビオディナミ農法

哲学者のルドルフ・シュタイナーが提唱した農法で、古代の考え方にならい、精神世界を重視し、ホメオパシー療法（訳注：同種のものが同種のものを治すという原理に基づく治療術）に似た姿勢で農業に取り組む農法である。この農法では、自然のリズムに合わせて農作業を行う。発酵などの自然作用を通して、変化とは何であるかを理解するよう努める必要がある。たとえば、牛の角に詰めた牛糞を土中に埋めておき、人工的な物質を含まない、よく効く堆肥を作ることもある。よく行われるのは、季節や星の位置や月の満ち欠けに基づいて行われる農作業だ。その目的は、ブドウに対して害をなすことなく、癒すことにある。自然に対して受け身になるのではなく、自然に対して積極的に働きかけていく農法だ。単に土とブドウ樹だけを見つめるのではなく、はるかに広い視野をもって農業を実践する。この農法では、動植物や鉱物由来の、プレパラシオンと呼ばれる九つの調合剤をベースに使用し、これをホメオパシー療法のように散布する。こうした調合剤に含まれている物質は批判的な人びとの嘲笑の的となっているものの、よく効いているようだ。たとえば動物の糞、イラクサ、シリカ、そしてカモミールなどの材料を激しくかき混ぜて水に溶かし込むこと（ビオディナミ農法ではディナミゼーションと称される）で、活性化してティーを作る。こうした調合剤の助けによって、農家はブドウ樹との精神的な結びつきを強めると同時に、ブドウ樹に並外れた注意力を注いで見守れるようになるという。これ自体は悪いことではないだろう。

自然農法

パーマカルチャー（訳注：永続性のある自然農法）、あるいは熱狂的な崇拝者をもつ日本の農業者・福岡正信の信奉者であろうと、この農法の考え方は同じだ。すなわち、人はできるだけ介入せずに生態系の働きに任せるのだ。そして有益な植物によって土壌に養分をもたらす。たとえばクローバーのような植物を植えれば、土壌を開いて空気を行き渡らせてくれるため、人が耕す必要もなくなる。自然体でブドウ樹に接して、ブドウ樹自体がおのずとバランスを保つこと、ひいては野生の生態系には万能の治癒能力があることを理解するのだ。ちなみに、完全に人手を介入させない農法については、本書一四五ページの大岡弘武の項でより詳しく紹介している。

正しいワイン造りとは

市場に出回っているワインのほとんどがブドウのみで造られているわけではないと知ると、大半の人は驚く。実はアメリカでは（訳注：日本では異なる）ワイン造りにおいて、法的に使用を認可された添加物が約七十種類もあるのだ。しかし、土地と収穫年のありようを誠実に伝えてくれるワインとは、最低限、有機栽培で育てたブドウを使い、添加物を加えずに、おそらくは亜硫酸添加を最小限に抑えたワインである、と私は心から信じている。言い換えれば、真のワインとは、総じて何も足さず何も引かないワインである。

アルコール発酵の過程は、どんなブドウでも同様だ。酵母が果実に含まれた糖分を食べつくし、主にアルコールを生み、さらに二酸化炭素を発生させる。この過程にはいくつかの手法がある。最も一般的なのは、ブドウを破砕して酵母に糖分を吸収させる手法。もう一つは、ブドウを全房のまま容器に入れてふたをかぶせて炭酸ガスを注入し、ブドウの粒中で発酵をスタートさせる手法であり、酵素の働きによる発酵と称される方法だ。これはさまざまな種類のマセラシオン・カルボニック法を伴う。ボジョレー地方を代表する手法となり、今では気楽に飲める香り豊かなワイン造りによく使われる。ワイン造りの工程でのあらゆる選択が、ワインの風味や色に影響を与える。ここでは、最も基本的な選択肢を紹介しよう。

- 農法は慣行農法か、有機農法か、ビオディナミ農法か
- ブドウは手摘みか機械収穫か
- 選果は、専用の選果台（振動するタイプを使うのだろうか）を使うのか、それとも畑で行うのか
- ブドウの除梗をするのか、しないのか
- 全房のままか、果粒のみを使うのか
- ブドウを足で破砕するのか、垂直式プレス機あるいは空気圧式プレス機を使うのか
- ブドウの破砕後、果皮をただちに取り除くのか、それともスキンコンタクトを実施するのか
- 酸化防止剤として亜硫酸を添加するかどうか、添加するならどの程度の量を加えるのか

ワインにはありとあらゆる色とテクスチャーがある。一般に色合いは、果皮と一緒に醸し

発酵させた時間の長さで決まる。白ワインは通常、シャルドネなどの白ブドウから造られるが、果皮がピンク色がかったグリ系のピノ・グリ、あるいはピノ・ノワールのような黒ブドウからも白ワインを造ることができる。つまり、果肉自体が赤くなければ可能なのだ。ロゼはバラ色のワインで、黒ブドウと白ブドウをブレンドして造られるか（特にシャンパーニュ地方ではこの手法が使われる）、あるいは数時間だけブドウをスキンコンタクトさせて造られる。一方、オレンジワインとも称される琥珀色のワイン（アンバー・ワイン）は、白ブドウもしくはグリ系のブドウで、数時間から数カ月間にわたるスキンコンタクトで造られる。

続いて、どんな種類の容器にワインを入れるのか（どんな種類の発酵容器を使うか）を決める必要がある。ガラス、グラスファイバー、あるいはステンレスタンク、コンクリート、粘土または木などさまざまな材質があり、大きさと形状もよりどりみどりだ。木製のタンクにするとしても、オーク、桜、アカシア、クリなど、木材の種類も豊富にある。

ふたのない開放型の発酵槽を使う場合、これはたいてい赤ワインの発酵用だが、発酵中の液体の表面を果皮が帽子のように覆う果帽ができる。この果帽は液体の下部に沈めてやらねばならず、機械あるいはピジャージュをするための櫂入れ棒や網を使うほか、人が足で踏むこともある。この作業を行う目的は、果帽の湿った状態を保つことで、バクテリアの感染を防ぐことにある。ただし、この作業によって色とタンニンも抽出されるので、やり過ぎない方がよい。

発酵が自然に始まると、数日で終わる場合もあれば、数カ月かかる場合もある。発酵中は炭酸ガスが発生する。

アルコール発酵が終了すると、仮にまだ残糖があったとしても、果汁だった液体はワインに変わっている。場合によっては、さらにマロラクティック発酵と呼ばれる二次発酵を経るかもしれない。これは、バクテリアによってブドウ中の酸味の強いリンゴ酸がやわらかい乳酸になるプロセスで、その結果、ワインの味わいはまろやかになり自然に安定する。白ワインよりも赤ワインで知られるプロセスである（訳注：マロラクティック発酵は自然に起こることがある）。さらに、別容器に移し替えるか移し替えないかにかかわらず、ワインの味わいが落ちつくまでそのまま保管する。赤ワインやオレンジワインを造る場合は、発酵終了後ただちに、あるいは目指していた程度まで色と成分が抽出できたら、ワインをプレスして果皮と液体を分離する。

次に、死んだ酵母細胞を取り除くかどうかという判断をしなければならない。奇妙に思えるかもしれないが、残った酵母は澱と呼ばれる沈殿物となり、これには実は有益な成分が多く含まれている。澱を取り除く作業、つまり澱引きはかなりクリーンな風味を求める場合によく行われる。一方、あえて澱を発酵槽内に残しておく手法があり、これはシュール・リー（sur lie）と呼ばれる。仏ロワール地方のミュスカデというワインで、味わいの豊かさを加える目的でよく採用される。この手法では、ブルゴーニュ地方でしばしば見られるように、澱の攪拌によって、樽の風味にも似たクリーミーさをワインに与えることができる。この攪拌作業はバトナージュ（bâtonnage）と呼ばれる。澱にはワインを酸化から保護する効果もあるため、亜硫酸を添加せずにワインを造る場合には非常に有益である。そのため多くの自然ワインの醸造家たちが、ワインを澱と一緒に保管する手法をとっている。

それでは、ワイン造りにはどのような方法と定義があるのかを紹介していこう。

在来型ワイン造りの定義

これまで紹介したすべての技法も含めて、ありとあらゆる手法が許される醸造法である。逆浸透膜式濃縮機（訳注：ブドウを濃縮して糖度を上げる機械）や分離装置（訳注：ワインの澱や沈殿物を除去し清澄化するための装置）、そして熱抽出機（訳注：色とタンニンの抽出をよくするためにブドウを七十～九十度で数時間加熱する機械）など、過剰なほどに機械使用が許されている。どの機械もすべて使用することで、最終的に均一な製品ができあがる。許可されている亜硫酸の最大使用量（訳注：酸化防止目的で添加される）は、アメリカでは赤白ともに三百五十ｐｐｍ（訳注：一ｐｐｍは一キロリットルに対して一ミリリットルが含まれる状態）、ＥＵ圏内では赤ワインは百六十ｐｐｍ、辛口の白ワインとロゼは二百十ｐｐｍと規定されている。

有機（オーガニック）認証ワインの定義

有機認証を受けた添加物であれば何でも使用が許され、あらゆる工程が許される。アメリカでは亜硫酸の添加は許されない。一方ＥＵ圏内では、赤ワインは百ｐｐｍまで、辛口の白ワインとロゼは百五十ｐｐｍまでの添加が許されている。

ビオディナミの認証ワインの定義

ビオディナミについては認証する政府機関はなく、ドイツのデメター（訳注：Demeter、ドイツ最古のオーガニック製品推奨・認証団体）などの民間団体によって認証を受ける。アメリカのデメターでは、亜硫酸の添加は百ｐｐｍまで許されている。また、培養酵母など申請によって添加物が許可されることもある。ヨーロッパでは基準がより厳しく、赤ワインは七十ｐｐｍまで、辛口の白ワインは九十ppmまでの添加が許されている。

自然ワインの定義

この手法について、公的に規定された法律はない。しかし、自然農法および、何も足さず何も引かないというワイン造りの理念を前提としていると思われる。唯一加えてもいいのは最大二十ppmの亜硫酸だろう。自然ワイン生産者の多くは、石油化学から生まれた亜硫酸の代わりに火山活動から生じた硫黄を使っていて、それが基準となっている。

亜硫酸（二酸化硫黄SO_2）の功罪

日本では亜硫酸塩（固体）が使われることが多いが、海外では亜硫酸液やガスが使われる。亜硫酸は、火山活動、石油化学、いずれに由来するタイプであれ、ワイン醸造においてはバクテリアの繁殖や酸化を抑えるために広く使われている。その歴史は古代ローマまでさかのぼり、当時はアンフォラ（訳注：ギリシャ・ローマ時代にワインの貯蔵や運搬に使われた陶製の容器）の殺菌のため、アンフォラのなかで硫黄を焚いていたという。近代に入ると、亜硫酸はワイン造りの工程を制御するために使用されるようになった。そもそも亜硫酸は、発酵の副産物としてある程度の量が自然に生成される。しかし亜硫酸はアレルゲンとなる（とはいえ、タンニン〔パウダー〕などほかの添加物の方がもっと悪質だろう）ため、ワイン中の含有量が十ppm以上の場合は、ボトルのラベルに注意書きすることが義務づけられている。自然志向のワイン生産者たちは、亜硫酸がワインから生命力を奪うという悪影響をおよぼし、さらには二日酔いの原因になると信じており、使わないに限ると確信している。そのため、最も表現豊かで健康的なワインを造るには、ごく少量を使う以外には、亜硫酸の使用を避けた方がよいとしている。

土の味は本当に分かるのか

これまでに何度、生産者たちとテイスティングを経験してきただろうか。彼らは、ワインから感じる火打石のような香りは、実際に土壌に含まれるシレックス（火打石）に由来するのだと言い張り、あるいはムルソーのもつショウガのような特徴の風味は、石灰岩に由来する土壌の影響だと断言する。もう数えきれないほど、こうしたテイスティングを繰り返してきた。

特定の土壌とワインの味を結びつけるなど、ほとんど不可能だ。もしそんなことができるなどと主張しようものなら、パスカリーヌも私もツイッター上でワイン好きな人びとから攻撃され、たちまちSNSの炎上が起こるだろう。おそらく攻撃する側が正しい。そんなことをできるはずがないのだ。しかし、ワインの味わいには土壌の特徴を示す指標のようなものが表れており、味覚を鍛えればそれを感じ取ることができるだろう。

土壌は、ワインの酸とタンニンの発生および質に影響を与える。ワイナリー内での醸造技術と同様に、天候や畑での農法が酸とタンニンに影響を与えると言って過言ではない。たとえば、暑くて日照に恵まれた年のワインはアルコール度数が高くなり、いわゆるソーラーワインと呼ばれる。木樽熟成はワインにタンニンをもたらし、全房発酵はある種のスパイスのような風味をもたらす。

では、ワインと土壌の直接的な関連性を説明できないのだったら、一体この本はなぜ、一冊まるごと使ってまで、土壌について力説しようとしているのだろうか。それは、土壌由来の特徴を探すことは、たとえそれを見つけられなかったとしても、テイスティングの感受性を向上させ、ワインを味わう楽しさを高めてくれるからだ。そして何よりも、一人の飲み手として、ワイン愛飲家としての情熱の根源へとあなたを連れ戻してくれるからである。その根源が、土壌なのだ。音楽理論の知識があると、ベートーベンのソナタを聴くときの情緒反応が予想をはるかに上回るほど増幅されるということと同じようなものだ。

ワインがどこで生まれたかに耳を澄ませ、酸味や塩味、そしてタンニン、ひいてはワインのテクスチャーとストラクチャーを生む根幹を注意深く見つめてみよう。香りも興味深いが、常に変化し続けるため、ほかのものほど重要ではない。

ワインの専門家は、ワインの垂直方向や水平方向のストラクチャーというテーマを話題にすることがある。これはワインを形づくる要素である。

ワインによって、口中での質感は異なっている。余韻が非常に長いワインとは、味わいが長く続くワインという意味だ。口中に広がるような印象を与えるワインもあり、味が舌の左から右へと横切るように感じたことがあるのではないだろうか。これが水平方向のストラクチャーである。一方、垂直方向のストラクチャーとは、直線的で鋭い感覚だ。

ワインの専門家は、ワインの酸味のストラクチャーについて触れることもある。これはやや複雑に聞こえるが、酸味のストラクチャーとは口中のどこできりっとした刺激を感じるか、ということに尽きる。上あごか、舌先の近くか、あるいは口の奥か、それとものど元だろうか。

専門家が話題にするもう一つのワインの特徴が、タンニンのストラクチャーだ。これはざらついたような感覚のことで、紅茶やコーヒーのタンニンとよく似ている。木樽など、ワイン自体には含まれていない成分から生成されることもあるが、自然ワインの場合、タンニンは、ブドウの果皮や果梗、そして種子の成分から生成される。タンニンにはさまざまなタイプがあり、粗い、青臭い、引き締まったグリップ感、乾いた、湿った、やわらかい、あるいはチョークのようなタンニンまである。ときおり私は、針のようなタンニンという表現を使う。これは、細い線がワインのなかに描かれているように感じられるためだ。またときには、タンニンが口中いっぱいに広がって、あらゆる部分で感じられる場合もある。

あまり目新しい表現に走らなくてもよいので、一息ついて少し時間をかけて、こうしたことに目を向けてはどうだろう。口に含んだときの第一印象、少し後の感覚、そして最後まで、あらゆる特徴を捉えられるよう挑戦してみよう。

ワインのプロが口やかましく言うもう一つの用語に、ドライ・エクストラクト（訳注：酒類を加熱した際に、蒸発せず残る不揮発性成分。酒石酸などの有機酸、窒素成分など）というものがある。やや心地よくない用語で、ここで紹介する実験めいたことをやってみると想像がつくだろう。

浄水器を通した水を飲んでから、瓶詰めされたミネラル分の多い天然水を飲んでみよう。味わいの違いは歴然としているし、ほのかにセロリソルトやさび、あるいは銅のようなやや塩水のようなニュアンス、そして少しぎしぎしするようなニュアンスも感じられるだろう。そこで今度はミュスカデをグラス一杯飲んでみよう。エリキシル剤（訳注：甘味および芳香のあるエタノールを含む澄明な液状の内用剤）のような香りをもつ、仏ロワール西部産のワインだ。すると、先ほど飲んだミネラルウォーターと同じような感覚と香りに気づくはずだ。

ドライ・エクストラクトの意味をさらに具体的に理解するには、キッチンのカウンター上にワインを数滴垂らしたグラスを一晩置いておき、翌日グラスの底を見てみるとよい。ワインが蒸発した後に白い膜のようなものが残っているはずだ。これが、ワイン自体の抽出物とおぼしきものである。触るとざらざらしているだろうか、味わいはしょっぱいのだろうか。ここであのミネラルウォーターやミュスカデのワインを思い出してみよう。それがドライ・エクストラクトだ。

こうした特徴はすべて、ワインが生まれた土壌を知る手がかりになるかもしれない。ワインを飲む前には、これらの特徴を感じ取ることを意識してみよう。そうすることで、後で点と点が結びついて理解が深まるかもしれない。さまざまな特徴を味わうには、土壌の特徴を最も映し出す白ワインが分かりやすいだろう。それゆえテイスティングの際には、最初に白、次にロゼ、スパークリングワイン、オレンジワイン、赤の順で飲み、最後に甘口ワインの順番で見ていこう。

AOPとAOCについて

たいていの国では、自国のワイン産地とその産地で生まれたワインを認証する何らかのルールを定めているが、フランスは一九三六年にこの考えを法律化した。これがアペラシオン・ドリジーヌ・コントローレ（Appellation d'Origine Contrôlée、原産地統制呼称）、すなわちAOCという略称で呼ばれる制度で、現在はアペラシオン・ドリジーヌ・プロテジェ、略してAOP（Appellation d'Origine Protégée、保護原産地呼称）と呼ばれる。どの産地がほかに比べてより良質あるいは高級であるのかを周知し、その産地とそこのワイン（訳注：ワインのほかチーズやバターなどの農産加工品、畜産加工品も対象である）の特徴に対して注意を向けるために制定された。当初の目的は偽造品を取り締まり、ボトルの中味がラベル表記どおりであることを保証することだったが、やがてヨーロッパ全体のワイン業界の基準となり、ほかの国々も追随していった。

イタリアでは、DOCGの略称で知られるデノミナツィオーネ・ディ・オリージネ・コントロッラータ・エ・ガランティータ（Denominazione di Origine Controllata e Garantita、統制保証原産地呼称）がワインを主とする食料品の原産地認定制度の最上位で、DOC（訳注：統制原産地呼称）がこれに続く。スペインにもデノミナシオン・デ・オリヘン（Denominación de Origen）という独自の原産地呼称制度があり、略称はDO、最上位の格付けはデノミナシオン・デ・オリヘン・カリフィカーダ（Denominación de Origen Calificada、DOC）（訳注：特選原産地呼称）と呼ばれる。ポルトガルにはデノミナサン・オリジェン・プロテジーダ（Denominação de Origem Protegida、DOP）（訳注：旧DOC。原産地統制名称ワイン）制度があり、ギリシャには、プロテクテッド・ディジグネイション・オブ・オリジン（Protected Designation of Origin、PDO）制度がある（以前はOPAPおよびOPEと呼ばれていた）。新世界に移って、アメリカではAVAの略称で知られるアメリカン・ヴィティカルチュラル・エリアズ（American Viticultural Areas）制度がある。たとえばナパ・ヴァレーはAVAの一つで、ナパ・ヴァレー内、サブリージョンであるオークヴィルもAVAである。しかしヨーロッパの法律と異なり、醸造方法、品種、栽培地、さらには、それぞれの地域でどんなワインが造られるべきか、といったことに何の法的な規制もない。こうした寛容さは、ある程度は、どんなブドウをどこで育てようと自由だという新世界らしい考え方の恩恵でもあるが、結局のところ、この分類の背景には政治や行政、そして金銭的な利害がからんでいて、卓越した産地や土壌の品質による分類ではない。

一口に原産地認定といっても、コート・ド・ローヌのように広大な産地があれば、コルナスやサン・ジョセフのように非常に小さな産地もある。シャトー・グリエのように品質が際立った特定のブドウ畑である場合もあれば、クレレット・ド・ディのように、ワイン自体が認定を受ける場合もある。後者はローヌ地方産のスパークリングワインで、まだあまり広く知られていない。認定当局によると、この規定では、生産地ごとの生産者集団に対して、栽培できる品種、栽培が許される土地、そして収量が指定されている。たとえば、収量の少なさは品質の高さに影響するからである。また、フランスのバンドール、スペインのリオハ、イタリアのバローロのように、木樽であれ、ステンレスタンクであれ、あるいは瓶であれ、ワインの熟成期間について法律を定めているところもある。ＥＵはそれまでＡＯＣとして知られていた制度を「保護原産地呼称」を意味するＡＯＰへと変更し、それはＥＵ圏外へと広がりつつある。二〇一六年の時点では事態はまだ混乱しているが、うまくいけばこれから数年の間に徐々に定着していくだろう。

一方、こうした法制度の発祥国フランスで、これらの規制に反対する声が上がっている。過去二十年にわたり、同国の原産地に関する法制度を管理する国立原産地呼称研究所（INAO：アンスティテュ・ナチオナル・デ・アペラシオン・ドリジーヌ、Institut National des Appellations d'Origine）は、非難を浴びてきた。そもそもはワインの産地と品質を保護する目的で発足したはずの法が、危険な存在となってきたという意見があるのだ。同団体は品種や栽培方法を定めるだけにとどまらず、ワインの味わいまで規制することに乗り出した。この背景にはINAOが、地方の伝統に敬意を払う、あるいはこれまで十分に試されてきたはずのヴィヴ・ラ・ディファランス（vive la différence）（訳注：主に男女の違いや文化の多様性を尊ぶ姿勢を讃えるフランス語）の姿勢に賛同することなく、市場ではこんなワインが人気だろうという先入観にとらわれていることがあるのだろう。

健全で味わいもよいが、既成概念にとらわれていないワインを、基準から逸脱していると見なすのはかなり危険なことだ。こうした考えは、ワイン造りの工程への過剰な人為的関与を助長しかねない。ワイン生産者は誰でも、多少は商業的な考えにつき動かされるからだ。収量が少なくて酸味が強いブドウは万人向けではなく、許されるべきではないのだろうかという疑問を抱くかもしれない。こうした考え方がロワール地方の土着品種、ロモランタンのような事態を招いてきた。このブドウは同地方の小さな村、クール・シュヴェルニー以外のあらゆる土地から追い出されてしまった。さらに憂慮すべきなのは、当局が、職人気質で造られたワインよりも、商業的なワインを持ち上げるようになってきた点である。これまでしばしば、月並みな大量生産ワインはもてはやされ、個性豊かなワインは忌み嫌われてきた。こうした動きが、一部の卓越した生産者の離反を招き、彼らは自由なワイン造りを求めて、「ヴァン・ド・フランス（Vin de France）」、「ヴィノ・ディ・ターボラ（Vino da Tavola）」（訳注：テーブルワインの意）（こちらはイタリア）という「下位の」ワインラベル表示をあえて選ぶようになった。下位のラベルの難点は、ワインの出自を示す正確な土地の表記が禁じられている点だ。私にとって産地の表記は、どのワインを買うべきか決めるうえで、最も重要な情報といってもおかしくないのだ。産地こそが何よりも肝心なのである。以上、訴え終わり。

ワインの味わい方

まずはグラスを用意しよう。

紙コップは論外だ。グラスの方が断然よい。私の好みはグラスの縁がごく薄いタイプで、ボウル部分の大きさは気にしない。ワインが呼吸できるだけの大きさであれば十分だ。とはいえ、スパークリングワイン用のクープグラスのような広口タイプを選ばないようにしてほしい。これだと香りが逃げすぎてしまうからである。

ここですぐに飲んでみたくなるはずだ。しかしちょっと待ってほしい。

食べ物に関しては、たいていの人がかなり幼い頃からマナーを習う。ナイフとフォークの使い方や、食べ物をかんでいるときは口を閉じておくことなどを教えられたことだろう。では同様に、誰もがワインの味わい方を習っただろうか。いいや、ただ飲むだけだ。それなのに、いきなり誰かからグラスを押しつけられて、例の恐ろしい言葉を突きつけられるときが来る。「さあ、当ててみて！」。そんなとき、あなたはどうするだろうか。まずワインを見つめ、グラスをスワリング（グラスのなかのワインの香りをかぐ際に、グラスを回すこと）して、香りをかいで、一口含む。それから、さながら探偵のように手がかりを探すのだ。手がかりは至るところにある。ここで、パスカリーヌと私がいつも行っている方法を紹介しよう。

最初にすばやく香りをかぐ

ある種のアロマはたちまち消えてしまう。とりわけ、グラスをあまり激しくスワリングするとすぐに消え失せてしまう。これは最も軽くて繊細な微香で、木の葉や花々、果物など、ワインのニュアンスをささやきかけてくる。こうした香りはすばやく捉えておかないと、もう二度とかぐことはできない。

清澄度を確かめる

ワインが濁っていたら、そのワインは清澄濾過の処理をしていない可能性がある。清澄や濾過により、化学的にせよ物理的にせよ、ワインを磨き、浮遊物を取り除くことができる。しかしこうした工程を経ていないワインが、必ずしもいつも濁っているとは限らない。たとえばジョージア産ワインは、地中に埋め込まれたアンフォラと呼ばれる甕で発酵させ、それに何も手を加えずに最長で八カ月間熟成させ、瓶詰めするが、その頃にはワインは完全に透明になっている。だから、ひたすらワインを注意深く観察することだ。ワインの品質について判断してはいけない。

色調を見る

白なのか、赤なのか、ロゼなのか、あるいは琥珀色だろうか。グラスを傾けて、ワインの液面の中心から縁に向かって注意深く色を見ていこう。一般に白ワインは熟成とともに色が濃くなり、反対に赤ワインは色が抜けていく。若い白ワインは緑色または銀色がかった色調で、若い赤ワインはピンクがかった紫色をしている。では琥珀色のワインはどうかというと、保存状態が劣悪なものかもしれないし、あるいは白ブドウを発酵または熟成中にスキンコンタクトさせて生まれた、素晴らしいワインなのかもしれない。

テクスチャーを見る

スワリングした後に、グラスの内側をワインが筋状に流れ落ちる状態を見てみよう。これはレッグ（訳注：脚とも呼ばれる）と呼ばれており、アルコール度数が高いほど液体粘性も強くなり、ゆったりとした流れ脚になる。また、この粘性がワインの産地とヴィンテージを探るヒントにもなる。粘性の弱いワインは冷涼なヴィンテージ、あるいは冷涼な気候の産地で生まれた可能性がある。逆に粘性が強ければ、温暖なヴィンテージや産地のワインと推測できる。粘性の強さによっては、ワインはリッチである、あるいは甘口である可能性もある。グラスにあまり脚が見られないのならば、冷涼な産地のワインかもしれない。まったく脚が見られないのなら、それはまあ、グラスが清潔すぎるのだろう。何度も試してみてほしい。かす状のものが浮いていたとしても、無害だから心配はいらない。そのワインは年数が経っていたために澱が生じたのだろう。この澱を飲むと健康的だと言い張る人もいるくらいだ。澱が氷砂糖のように見えたら、それは酒石と呼ばれる物質だ。濾過されていないワインや、涼しい場所で保管されたワインに生じるものだ。

香りをかいで問題がないか確かめる

普通と異なる要素があると、何でも欠陥だと決めつけてかかる人がいる。しかし、一本のワインには時間こそがすべてというのは、ときとしてまぎれもない真実だ。香りの背景には、次に述べるようなさまざまな事象がある。もしワインにコルク臭、つまりかび臭いセラーや動物の腐敗したような匂いが感じられたとしたら、それは醸造所かコルクが、ＴＣＡ

（二、四、六―トリクロロアニソール）と呼ばれる化合物に汚染されているということだ。これは好ましいことではない。家畜の羊でいっぱいの小屋のような匂いだったら、ブレタノマイセス（Brettanomyces）と呼ばれる酵母菌の問題かもしれない。この菌は、少々ならばおもしろい効果があるが、大量に生成するとかなり問題となる。また、酢のようなきつい匂いが鼻を突くとなると、酢酸菌が深刻な影響をおよぼしているということだ。言い換えると、ワインが酢に変わってしまったのである。マニキュアの除光液の匂いがほのかに感じられたら、これは揮発酸と呼ばれるもので、ワインの味わい自体が受け入れられるものであれば問題はない。

心地よい香りを探す

果実香や味わい深いアロマを探し求め、グラスのなかの香りを楽しんでみよう。といっても、すべてのワインにグレープフルーツやマンゴーのような、あるいは調香師のスーツケースのような強い香りが感じられるわけでもない。だから先入観をもたずに、鼻孔を大きく開いてみよう。もし果実香だけがあまりに強すぎて活力に乏しかったら、おそらく発酵は野生酵母に委ねられたのではなく、培養酵母に支配されてしまったのだろう。それともぎちぎちに温度管理された発酵だったか、あるいはステンレスタンクで発酵させた可能性もある。もし白ワインが味わい深かったら、それはコンクリートタンクあるいは粘土製の（クヴェヴリのような）容器で造られたのかもしれない。ワインが造られた容器の香りは感じ取れるだろうか。そうした香りには、バニリンやチェリーバニラ味のアイスクリーム、あるいは焦げたトーストのような香りがあるだろう。香り（および風味）がずっと続くようなら、それは複雑さのあるワインということである。

ホストの立場で香りを確かめる

お客さんを招いたディナーでワインを用意する場合は、デキャンタージュするべきかどうかを判断するために抜栓する必要がある。そんなときは香りをかいでみよう。もし男子更衣室のロッカールームのような匂いやゴム臭、あるいはマッチを擦ったときの匂いがしたら、そのワインはおそらく還元状態にあるはずだ。これはワインが酸欠に近い状態にあり、呼吸をしたがっているということだ。シラーなど、還元しやすい品種はいくつかある。また、ワイン造りの一部の手法や、スクリューキャップを使った密閉性の高いボトル栓などが原因となりやすい。スティル・ワインにガスをわずかに感じることがあるが、これは問題ない。亜硫酸を使わずにワインを造る生産者のなかには、ワインを守るために、発酵中に二酸化炭素を発酵槽に封じこめておく人もいるからだ（こうすると、ワインを劣化させる酸素を二酸化炭素が追い出してくれる）。しかし、もしも還元臭が強い場合、さらにはそれがスティル・ワインだとうたっている場合は、デキャンターかピッチャーに移し替えた方がよい。多くのワインは、開かせて味わいや香りが出てくるようにするために、このように酸素と触れ合うことが必要なのだ。これが、ワインをボトルからでなく、デキャンターからグラスに注ぐ本来の理由である。

味わう

さあ、いよいよ疑念の裏付けをする、あるいは疑念を打ち破る段階だ。ワインは辛口か、甘口か。フルーティか、味わい深いか。アルコールがきついか、穏やかか。熟成しているか、それともまだ若いか。飲んで確かめてみよう。

このとき、ワインの骨格とも呼ばれるストラクチャーに注目してほしい。テイスターたちがワインの好ましい点を挙げる際、大柄である、リッチである、タンニンが強い、軽やかである、生き生きとしている、爽やかである、などといった言葉を使うが、これらは皆、ストラクチャーについて語っているのだ。

骨格がまったくないワインだ。それとは正反対に、鋭く、あるいはパンチのような強烈さを備えたワインもある。緊張感や締まりがなく、はっきりしたポイントのないワインもある。そうかと思えばまとまりのよいワインもあり、そうしたワインは第一印象から中間、そして最後まで味わいが明快だ。味わいながら自分自身に尋ねてみよう。このワインは弛緩しているだろうか。明るい印象だろうか。焼けるようなアルコール感があるだろうか。酸味の強い赤ワインで、北方の気候由来のタンニンを感じるワインがあるかもしれない。一方で、桃の皮とビターアーモンドの風味、そしてタンニンを備えた、あふれんばかりの果実味のリッチな白ワインは、きっと夏が暑い地域の果皮の厚い白ブドウから造られたのだろう。

ワインを吐き出す

まさか自分が人前でこんなことをするようになるとは、思ってもみなかった。ところがだ！　初めてテイスティング用の百本ものジンファンデルのワインを前にしたときに、逃れようもないと悟ったのだ。吐き出す前提でテイスティングをするときは、まずはワインをよく見て、口に含み、スープをすするようにして口内に少し空気を取り入れ、口内の手前の方にワインを戻し、タンニン由来のざらつきを感じ取る（あるいは甘味や苦味を感じ取る）。また、レトロネーザルと称される、口の奥から鼻道の部分で感じられる、後鼻腔経由の匂いからも、さらにアロマを感じ取ることができるだろう。続いて、できるだけ上品に吐き出そう。この手法は、たとえテイスティングしなければならないワインが百本もない場合でも、ワインの各構成要素に集中するうえで一助となってくれる。

飲む

好きなように飲んでもらってかまわない。結局はこれが最も大切なのだ。

パスカリーヌのように、ワインをテイスティングしてすぐに、ヴィンテージと品種、原産地、おまけにときには生産者までずばり特定できてしまう人間がいる。そうした人のなかには、ソムリエ兼ワイン生産者のラジャット・パーのような人物もいる。彼は、ブドウ樹が育った土壌の種類までほぼ特定してしまうのだ。このような例はごくまれだし、きわめて難しい。何よりも肝心な着眼点は、そのワインが自分の好みかどうかを見きわめることだ。好みのワインならば、今度は自分のテイスティング能力を次の段階へと引き上げることができる。つまり、そのワインをどのように供すればよいか、どんな食べ物とペアリングするか、そしてどのぐらい保存しておけるのかといったことを考えられるようになるのだ。こうしたことが出発点であり、終着点である。それ以上のことはプロ向け、あるいはパーティーなどの隠し芸向けだ。

二〇一六年に、私はワイン見本市「ヴィニタリー」（ヴェローナで毎年開催されるイタリア最大のワイン見本市）で、自然な造りのワインを対象とした審査会の議長役を依頼された。審査員の選定も頼まれていたため、パスカリーヌを五人の審査員の一人に選んだ。こうした賞はたいてい得点制で審査され、色、香り、清澄度、そして味わいのそれぞれに得点が割り当てられている。しかし、私は審査員たちに独自の審査基準を提案し、彼らはその基準にしたがって実によくやってくれた。ここにその審査基準を紹介したい。

1 活発度

一口含んだときに、はつらつとした印象があるかどうかの度合い。これは良質な酸と関連性があると考えられる。

2 グラスのなかでの進化

一カ所にじっと閉じこもることなく（はじめの印象のままではなく）、一口ごとに新たな特徴が現れること。

3 バランス

すべてはグラスに注がれたワインがよいかどうかだ、という考え方がある。ワインのさまざまな要素、つまりブレットや揮発性、もっといえば、若干のネズミ臭や還元臭といった、工業的なワインでは欠陥と見なされるはずの要素ですら、全部含めて、バランスが取れているかどうかである。

4 飲み手を引きつける力

ぜひ飲んでみたいと思えるかどうか、いわば飲み手に喜びを与えることができるかどうかの度合い。

5 情動的効果

　ワインは人に何かを感じさせることができるのだろうか。もちろん、できると考えている。飲む人を恐怖ですくませることもできる一方で、飲む人を微笑ませることも、声を上げて笑わせることもできれば、好奇心をかき立てわくわくさせることだってできるのだ。たとえ、はじめは否定的な感情を抱いたとしても、その第一印象はそのほかのさまざまな優れた特徴によって、よいものに変わっていくこともある。

6 味わい深い特徴

　ワインには、まるで果汁そのもののようなおいしさを感じさせるものもあれば、味わい深さをもっているものもあるはずだ。それは、ドライハーブや葉、森、マリファナ、新鮮な干し草、革製の靴紐、オリーブ、アールグレイの紅茶などを思わせる。こうした風味はワインの偉大さを感じさせてくれる。

7 ワインの出自を映し出しているか

　そのワインはただの塊のように何も伝わってこないか。ワインの向こう側に透けて見えるものがあるだろうか。つまり、どのように造られたのかといった、何かの詳細が分かるだろうか。素性を正直に語ってくれているだろうか。ヴィンテージの細かい事情はどうだろう。温暖な年だったのか、それとも冷涼な年だったのか、見当がつくだろうか。

8 土地の感覚

最後に審査する要素として挙げたいのは、きわめて捉えどころのない属性だ。そのワインを口にしたときに自分が世界のどこにいるように感じるか、仮に間違っていたとしても、何らかの見当がつくだろうか。そのワインはあなたをどこかへ連れて行ってくれるだろうか。

ここに述べた項目のうち、いずれか六つの要素を捉えることができれば、あなたはそのワインのテイスティングの勝者だ。

第1章

火成岩

(凝灰岩を含む※)

Igneous

※日本では凝灰岩を堆積岩の一種とするのが一般的であるが、海外では火成岩に分類することもしばしばあり、本書の筆者はその立場をとっている

こんな話を聞いて、心を奪われずにいられるだろうか。地獄の業火が吹き出さんばかりに熱く煮えたぎっている地球の胎内から、ワインを造るというのだ。こうした火成岩質の土壌、なかでも火山岩質の土壌に、私はすっかり夢中になっている。しかも自分が魅了されたワインの産地の土壌を探ると、たいていが火成岩だ。最初は偶然だろうと思っていた。しかし、好ましく感じたワインに共通する味わいをさらに掘り下げて調べていくうちに、これはまったくの偶然ではないのではないだろうか、という疑問が湧いてきた。火山地域の土壌から生まれたワインには、非常に際立ったテクスチャーがある。灰を思わせる場合もあれば、切れ味を感じさせる場合もあって、テロワールの専門家ペドロ・パッラならば、これを「ナーバス・センセーション（生命力あふれる感覚）」とでも表現することだろう。

こうした火成岩質土壌の生みの親は、熱く溶けたマグマだ。それは地下に存在し、いわば地球の血液である。とはいえ、マグマがどんな岩石になるかは、地下にたまっている状態、あるいは火山の噴火口から溶岩として噴出された状態のいずれかに左右される。こうした差異によって、マグマは最終的に貫入岩または火山岩（噴出岩）となる。同じ親から生まれた双子のようなものだが、胎内にいる期間、つまり形成される間の状況が異なる。貫入岩は、地中にある圧力と熱が加わったマグマから生まれる。火山が爆発的に噴火する際に放出される巨礫は貫入岩のことが多い。熱せられたマグマが冷えて加圧されることで形成される斑レイ岩と花崗岩は、貫入岩の仲間である。もう一方の火山岩は、地球の胎内、つまり地中から地表へと溶岩が流出して冷えて固まったものだ。溶岩は何百年もかかって分解し、耕作に適した土壌に変わる。火山岩には流紋岩などがあり、軽石、凝灰岩、火山岩滓（スコリア）、火山灰などの空中に噴出した後に地表に堆積した物質を含むこともあるが（訳注：大気中や海水中に噴出した後に堆積した物質は、火山岩ではなく堆積岩に区分されることも多い。特に凝灰岩は、前記のように日本では堆積岩に含めるのが普通である。本書の筆者は火成岩を広く解釈する傾向がある）、何よりも重要なものは、玄武岩である。

玄武岩質土壌

火山岩の一種である玄武岩は鉄を豊富に含み、熱い溶岩流が冷えて形成される。最も分かりやすい例は島々の産地で見られる。

玄武岩は複雑である。私がこの岩質の土壌に群を抜いて興味をそそられるようになったのは、カナリア諸島への訪問がきっかけだった。ここは、世界中の火山活動を知るうえでもきわめて重要な土地である。スペイン領であるこれらの島々は北アフリカの沿岸にほど近く、ほとんどすべての島で昔からワインが造られていて、なかには火山活動がひときわ活発な島もある。たとえばランサローテ島とラ・パルマ島の一部には黒い火山灰質の土壌が見られ、その上を歩くと、まるで黒い雪でも踏んでいるかのようにきしんだ音がする。ほとんど粘土質が含まれない土中深くを、ブドウがもがきながらどうにかして岩石と鉱物にたどりつこうとするのだと思うと、まるで命がけの挑戦のように感じられる。この地で造られたワインを何種類か飲んでみて思い浮かんだのは「玄武岩とは、地球の核にある鉄をそのままグラスへと運ぶ岩である」という一言に尽きる。

カナリア諸島の素晴らしい旅から戻ってまもなく、私は米ワシントン州へ向かった。同州にあるウィットマン大学でテロワールについて話をするためだ。驚いたことに、招待してくれたケヴィン・ポーグ教授は玄武岩の専門家だった。見えざる力が玄武岩からのメッセージを私に送ってくれていたらしい。教授は講演のあいまに、コロンビア盆地にある地元ワラワラの玄武岩質土壌が見られる畑をいくつか車で案内してくれた（訳注：コロンビアヴァレーAVAのなかに、ワラワラヴァレーがサブリージョンとして含まれる）。

私は心のうちに芽生えた玄武岩への情熱をポーグ教授に伝え、なぜワインの世界で玄武岩がほとんど注目されないのかと疑問をぶつけてみた。教授によると、理由の一つは、玄武岩質土壌にブドウ畑があるワイン産地がそれほど多くないからだという。そして彼は、「確かに玄武岩はちょっとした奇跡ですね」と続けた。

玄武岩には魔法ともいえる能力が宿っている。玄武岩の粉末を使った土壌改良や、優れた保水力を活用するための研究も進んでいるほどだ。気候変動の影響で、世界各地の多くのブドウ畑が水不足に直面している現在では、保水力はなおさら欠かせない特性だ。ポーグ教授はひざまずき黒い岩のかけらを拾い上げ、分かりやすく説明してくれた。

教授が実物を見せながら言うには、玄武岩は熱を放射して果実の成熟を促してくれるため、どんな冷涼な地域のブドウ畑でもプラスに働くはずなのだ。玄武岩のような火山岩は溶岩が急激に冷やされてできるため、きめが細かくなる。しかし、硬い岩がワインの味わいに影響を与えるようになるのは、岩が水はけのよい土にまで分解されてからだ。雨や熱に痛めつけられた岩は風化し、石炭のような暗い色、あるいはしばしば赤い土へと変わっていく。赤く変色するのは、鉄を含んでいるせいだ。釘が水にさらされた場合を思い起こしてほしい。それと同じ原理である。このように、地球の核から生まれてきた玄武岩には鉄が豊富に含まれている。そして鉄は土壌であれ人間であれ、その活力に影響を与える。血液中の鉄が足りないと、貧血になり体力が落ちることはご存じだろう。逆に多すぎると、たちまち有害となる。だが適量を摂取すれば、ポパイのような健康体になれるのだ。鉄はブドウ樹にも必要だ。光合成に欠かせない養分であり、化学反応を助ける。ポーグ教授によれば、鉄は、アロマや風味を生み出すフェノール化合物の組成成分と濃度にも影響を与えるという。

「しかしながらですね」と教授は科学者らしい口調で続けた。「いまだ分かっていないのは、こうした要素がワインの香りや味わいにどんなふうに影響を与えるのかという点なのです」

実際にそうなのか、単なる想像なのかは別として、玄武岩質土壌の畑から生まれたお気に入りのワインのいくつかに、私は特定の土壌らしさを感じることがある。さびたような印象とやや酸化を思わせる酸とともに、灰のような印象をはっきりと感じるのだ。玄武岩質の土壌が、素晴らしいテロワールとして知られている石灰岩質や花崗岩質土壌と、高貴さをめぐり競うほどになるかどうかは現時点ではまだ分からない。しかし、玄武岩質土壌が生み出しうる優れた品質を示す例が知りたいなら、すでに頭角を現してきた産地がいくつかあるので、紹介していこう。

イタリア　マウント・エトナ

エトナのワインは、原地の生産者たちが信じているほど人気があるのだろうか。マーケティングや広告担当者がそのように誘導しているのではないか。それとも、大げさな宣伝のなかにはいくらか真実も含まれているのだろうか。私の頭に浮かんだのはこうした疑問だった。パスカリーヌとともに、エトナ山からもうもうと絶え間なく吹き出す煙柱に見惚れていたときのことだ。地元でこの山は「ラ・コンテッサ」（訳注：イタリア語で「伯爵夫人」の意）と呼ばれている。その姿はまるで、私たちが思いきり羽を伸ばそうなどと企まないよう、伯爵夫人が絶えず警告しているかのようだった。火山は決して眠りにつかず、彼女こそがエトナ山の真の支配者であることを、絶えず私たちに思い起こさせていた。

雄大なエトナ山は、イタリアのシチリア島北東部にねじこまれたように存在しており、絶え間なく噴煙を上げている。神秘的な雰囲気が漂い、豊かな神話が宿る山だ。言い伝えによれば、ギリシャ神話の怪物ティフォンの屍が山の下深くに埋められたという。同じくギリシャ神話では、単眼の巨人キュクロプスがさまよった果てに、鍛冶をつかさどる神ヘーパイストスとともに、ゼウスの武器「雷霆《らいてい》」を作り出したのもこの山だと伝わる。

こうした神話の歴史を考えてみると、この山がこれほど強い自我をもっているのも無理はない。しかしとびきり大声で自我を主張するわりに、山が生んだ最高傑作は無口で控えめだ。エトナでは長年にわたり、瓶詰めせずに地元消費用としてすぐに消費されるようなワインが造られ続けており、ボトリングするようなワインを造るようになったのはわずか二十年ほど前からだ。この島では、古くからパルメント（palmento）と呼ばれる醸造作業場でワインが造られてきた。そこにはまるで浴槽のような古びたコンクリートタンクが並んでいる。ジョージアの片田舎の家に行けば、どこでもマラニ（marani）と呼ばれるワイン造り専用の狭い作業場があったのと同様に、エトナにある農村の家々のほとんどにパルメントがあった。ところが一九九一年、ＥＵは、ヨーロッパ全土を味気ないショッピングモールに変えようという決定のもとに、こうした一連のパルメントやマラニを非合法化してしまった。ブドウを足で踏んで発酵させていた石の発酵容器は、おそらく衛生上不十分だったのだろう。こうして今では、ワイン造りには真新しいステンレスタンクを使うようになり、これらの地域のヴィンテージごとの個性を際立たせていた貴重な道具類は失われてしまった。では、まだワイン造りが完全に確立されていないシチリア島の小さな天国を、なぜ本書で紹介しているのか。それはこうした事情の奥底に、この土地ならではの気候と土壌、そしてブドウが存在しているからだ。そしてこれから輝きを放つ潜在力たるや、膨大なものだ。

エトナの土壌

エトナの土壌をめぐるツアーの案内人として、ブドウ栽培家であり、ワイン生産者でもあるサルヴォ・フォーティほどうってつけの人物はいなかっただろう。彼こそが、これまでずっとエトナの歴史と正統性を守ってきた張本人だ。フォーティのブドウ畑の訪問は一日がかりだった。なにしろ、彼のブドウ畑は低地から高地まであるのだ。標高が最も高いものは平地から一千三百メートルで、この地域でＤＯＣの認定ワインを造ることが許可される地点よりはるかに高い立地になる（当局は先見性がない）。畑に向かう途中で私たちは近隣の人に会い、立ち止まって少し言葉を交わした。夕食用に、自生しているタマネギと青菜をその辺の地面から採ってきたところだという。「土壌は肥えていて豊かだけど、玄武岩質なので砂っぽくもある。しかも砂はとても細かくて、粘土質が含まれているとしてもごくわずかなので、乾いているんだ」とフォーティは言う。彼の言葉は、この土壌のもう一つの矛盾を物語っている。肥沃でありながらやせた土地。この矛盾が、エトナのワインに緊張感を与える。

この地方では黒い玄武岩の石がごろごろしているため、土地を耕すのも一苦労だ。大手の企業は土木機械を使って土地や土壌を平らにならす。一方、小規模な農家はたいてい、さながらブリューゲルの絵画で描かれているように、骨身を惜しまずよく鍬《くわ》を使って土壌を耕している。フォーティはこれまで、アルベレッロ（alberello）と呼ばれる仕立て方でブドウ樹を育てる手法を推してきた中心的存在だ。この仕立てでは、従来の仕立て方のようにワイヤーに固定する方法とは異なり、栗の木で作った一本の支柱にブドウ樹を固定する。アルベレッロは骨の折れる手法でもある。「この作業には一ヘクタール当たり二百日分もの手間がかかる。従来の方法なら五十日程度で済むのだが」とフォーティは言う。しかし、それだけの手間をかける価値は十分にある。なぜなら、ブドウの果実は樹からより多くの栄養分を得られるため、一本ずつに実る房がどれも均等に熟すようになるからだ。

フォーティとともに訪れたブドウ畑は、どこも黒っぽい火山灰が見られた。これと類似したものはカナリア諸島のラ・パルマ島やランサローテ島にもあり、あちらではピコン（picon）と呼ばれている。エトナ山は、年に数回、青黒い灰を激しい勢いで噴出し、灰は車や煙突、ブドウ畑を覆う。この灰自体はテロワールにさほど多大な影響を与えず、単に火山の恐ろしさを住人に思い知らせるだけだ。カルデラ（訳注：火山爆発によって生じた大きな窪地）からは軽石も吐き出される。この石は軽量で多孔質、かつ黒っぽい灰色をしており、ざらついた手触りでサンゴのように空気を含んでいる。テロワールに影響を与えるのは、この軽石である。軽石はエトナに降る雨を吸収し、ブドウ樹に栄養分を与える。こうして畑を見ている間にも、パスカリーヌは土や岩を持ち帰ろうと、ポケットいっぱいに詰めこんでいた。

この土壌の耕作方法にはもう一つコツがある。各ブドウ樹の周りをすり鉢状に窪ませるのだ。フォーティの発案だという人もいるが、本人は、古来の耕作方法を復活させただけだという。「こうして窪ませておくと、雨が実際にブドウ樹の根元にどれだけ降ったのか、はっきり分かるんだ」。また彼は、窪みによってブドウ樹が土壌のミネラル分をより吸収しやすくなるとも考えているそうだ。

旅が終わりを迎え、空港でのできごとだった。三キログラム近い石の入ったバッグとともにセキュリティチェックを通り抜けようとしたパスカリーヌが、警備員に止められたのだ。頼むから石を押収しないでくれと頼みこむ彼女を、彼らは気でも触れたのではないかという表情で見ていた。こんな物をなぜ欲しがるのか、という警備員の問いに、パスカリーヌは一瞬考えてから答えた。「あなたたちの美しい国のかけらを、持ち帰りたいだけなの」

エトナの品種

ネレッロ・マスカレーゼが単一で初めて瓶詰めされたのは、一九八五年のことだ。しかし、ワインとしての特徴が確固としたものになるまでには、さらに十年かかった。現在ではよく見かけるワインだが、ワインメーカーたちはこの品種からどのように、そしてどんなワインを造るべきなのか、（いま現在）確信をもってはいない。ネレッロ・マスカレーゼのワインにはストラクチャーがあり、芯にブラックベリーのような味わいを感じさせるきしるようなニュアンスを持ち合わせる。この品種の特徴を余すところなく語っている、と私が思う言葉を引用しよう。エトナの老舗ワイナリー「ジローラモ・ルッソ（Girolamo Russo）」の生産者であるジュゼッペ・ルッソの言葉だ。「ネレッロ・マスカレーゼは、エトナの土壌ならではの特徴をはっきりと表現できる、類まれな可能性をもっている。このブドウをほかの土地に植えようものなら、その魂は失われてしまう」

シチリア島には、土着品種の赤ワインの魅力を見出してくれるさまざまな手法があり、私の好きな五人の生産者はそれぞれ異なる手法でワインを造っている。サルヴォ・フォーティは、パルメントはエトナ山周辺に暮らす人びとの生命線であり守るべき伝統であるとEUに申し立て、違法とされていたパルメントでのワイン造りを復活させつつある。彼は自身の醸造所でこの手法の復活に取り組み出した。足でブドウを踏み、開放型の槽で発酵させる手法だ。そしてできあがったワインは、古樽および栗材の樽で熟成させるのである。こうして、彼がいうところの「違法ワイン」であるネレッロ・マスカレーゼのワインができあがる。

「フランク・コーネリッセン（Frank Cornelissen）」は、ワインにブドウとテロワール以外の風味を加えないという信条を貫いている。除梗後、グラスファイバー製タンクで発酵させた後、内側にエポキシ樹脂を塗り、口付近まで地中に埋めたスペイン製のアンフォラのなかでワインを育てる。そして熟成期間を長く取らず、ただちに瓶詰めする。通常、瓶詰めは発酵後七カ月間以内である。アンナ・マルテンス（九四頁参照）も、やはり粘土製の容器を愛用している。「カラブレッタ・ワイナリー（The Calabretta Winery）」では、イタリア本土で同ワイナリーが伝統的な発酵方法を取っているように、さまざまな大きさのオークや栗の古樽を使って、最長十年まで熟成させる。そして、つい最近登場したのが、スペイン領カナリア諸島のテネリフェからシチリア島に移住し（訳注：二〇一一年に移住）、エトナでワイン造りを始めた「エドアルド・トーレス・アコスタ（Eduardo Torres Acosta）」だ。彼のワイン造りのアプローチはほかの生産者と完全に異なっている。彼は、収穫したブドウを、全房、除梗済み、そして除梗破砕済みという三つのキュヴェ（cuvée）に分ける。そして発酵後、これらをブレンドして非常に古い樽に入れる。

白ワイン用品種で注目すべきは、塩味を感じさせるカリカンテだ。DOCエトナ・ビアンコ（訳注：DOC認定されたカリカンテ種主体の白ワイン）に使われ、酸が高めで、柑橘系のニュアンスがあり、それはみごとな熟成を遂げる。サルヴォ・フォーティが暮らすミロは、カリカンテのワインで「エトナ・ビアンコ・スペリオーレ」（訳注：スペリオーレは、イタリアのワイン法において普通のDOCより少なくとも〇・五～一パーセント高いアルコール度数を含有するワイン）とラベルに表記することが許された唯一の地区である。そこは、エトナ山東麓とイオニア海の景色を望む辺境の地で、土壌はきわめて砂っぽく、地元では「空から降ってきた石」という意味のリピド

(ripido) と呼ばれる軽石を豊富に含む。フォーティは「火山性土壌は砂っぽい土壌で、粘土はほとんど含まれていない」と言う。パスカリーヌと私は、彼がカリカンテで造ったワイン「アウローラ（Aurora）」を、まずブドウ畑で味わい、続いてワインの源である畑からわずか数メートルのところにある醸造所で味わった。それはもう、至高の味としか言いようがなかった。ところで、フォーティがあらゆる知恵を駆使してワインを造っているのは疑いの余地がないが、産地に関してはエトナだけが名誉を独占してよいものだろうか。私たちは、エトナ火山の北にあり、ネレッロ・マスカレーゼ産地の心臓部ともいえるカルデラーラ地区産のワインを味わう機会があった。ちなみにフォーティの古木の畑もそこにある。そのとき私は、エトナ産以外のカリカンテにも生命力があふれていることを思い知った。そのワインはジュゼッペ・シルトとヴァレリア・フランコの若い夫婦が造ったもので、六年の熟成によって、塩味のあるメロンのような味わいでエネルギーがあった。このブドウはフォーティの畑と似たような土壌で育てられていたが、東向きで海に面したフォーティの畑と異なり、北向きで、より温暖な区画だった。エトナといえばネレッロ・マスカレーゼにすべての注目が集まっているなか、私たちは首をひねらずにいられなかった。実はカリカンテこそ、真のエトナの宝石なのではないだろうか、と。

ワインメーカー・プロファイル　ヴィーノ・ディ・アンナ（Vino di Anna）

小柄で快活な女性、アンナ・マルテンスは、オーストラリアなまりのイタリア語を流暢に話す。エトナへ移住してきた多くの新顔の一人だ。自分こそ最高の造り手であると譲らない多くのワインメーカーとは違い、彼女は控えめな姿勢を保ちながら、独自のやり方で自分の畑から生まれるワインを探究している。この土地で醸造所を開く前に、イタリアとエトナのほかの土地でワイン造りの経験があったことも、彼女にとって助けとなっている。

アンナがイタリアのほかの産地で働いていた頃、彼女の夫であり、英ロンドンにベースをもつワイン輸入業者のエリック・ナリオがエトナにやってきた。以前、エリックは火山のある産地で生まれた一本のワインを味わったことがあり、その味を探し求めていたのだ。彼が引きつけられたのもうなずける。なぜならそのワインはエトナの伝統製法で造られたものではなく（エトナではつい最近まで主として早飲み用のワインを造っていた）、ときには六年間も熟成させてから発売される、イタリアの伝統製法で造られていたのだ。そのワインには、玄武岩質土壌の特質が灰っぽさと生き生きとした特徴とともに映し出されていた。

一本のワインを追い求めたいという衝動はしばしば新たな展開へと続くもので、二人はエトナの土地を探究しようと決めた。アンナはイタリアワイン界の鬼才、アンドレア・フランケッティが運営する「パッソピッシャーロ・ヴィンヤード（Passopisciaro Vineyard）」でワインメーカーとして働き始めた。やがて、まるで里親を求める保護施設の子猫たちのように、みごとなブドウ樹が放置されたまま広がっている光景を目の当たりにした二人は、エトナを第二のふるさとにしようと意志を固め、さまざまな種類の良質なブドウ畑を購入していった。私たちが訪ねたとき、エリックは火山の北側斜面にある、まさに特別な場所に案内してくれた。そこは、一九八一年の噴火で溶岩流が大損害を与えた地帯よりもさらに標高が高かったのだ。

エリックとアンナの最も新しいブドウ畑は、アルプス山脈にいるように爽やかな場所だった。パスカリーヌと私はエリックとともに畏怖の念に打たれながら、立ちつくしていた。春の日のことで、エトナ山は鮮やかな紫色のアイリスと桜の花であふれ、さながら日本の富士山のようだった。見下ろすと、ブドウ樹を襲った溶岩流が途中で冷えて固まったまま残っていた。噴火からまだ三十年で、岩が砕けて土壌へと変わるまでにはまだ何百年もかかるだろう。念入りに段丘状に整えられ、まだ無傷で横たわるブドウ畑に立てば、誰でも火山という自然の力に酔ってしまいそうだ。山の下の方で草をはんでいる家畜たちの姿にうっとりしながら見下ろしていると、エリックが、エトナでの真の問題は土地を所有する羊飼いたちとの衝突だと打ち明けた。こうした対立には、映画『ゴッドファーザー』に描かれた抗争に匹敵するような、切断された馬の首やら恐ろしい火事やらといった逸話も含まれていた。

エリックとアンナが島で生まれ育った人びとよりも自由な感覚を強くもっているのは、おそらくエトナ出身ではないためだろう。一方、栽培を担うサルヴァ・フォーティは、この地域の標高の高さと火山ならではの爽やかな空気を生かし、リースリングとシュナン・ブランを植えた。とはいえ自由は、払わねばならない代償を伴う。

ロンドン〜エトナ間を、小さな二人の男の子を連れて飛行機で行き来するのは、そう簡単な生活スタイルではない。私はアンナに、一体どこからそんなに飛び回るエネルギーが湧いてくるのかと尋ねてみた。すると彼女は、サーファーが海で絶好の波を待つようなものだと答えた。「火山性の土壌には途方もないエネルギーがあるの。肥沃で、銅や鉄、ホウ素などのミネラル分も豊富なのよ」。しかもエトナには、この土地ならではの美しさがある。石垣で区分けされた段丘状の畑での伝統的なブドウ栽培と、昔ながらのアルベレッロ仕立てのブドウの樹々、そして土着品種のブドウがあるのだ。音楽家が優れた楽器を探すように、ワインメーカーは、土壌と土地の個性を映し出すブドウを探し求めるものだ。アンナにとっては、ネレッロ・マスカレーゼが、この地方きっての赤ワイン用の土着品種であり、エトナのテロワールのさまざまなニュアンスを表現してくれる絶妙な媒体なのである。

エトナ山の北側斜面に位置する伝統あるワイナリー「ラ・カラブレッタ（La Calabretta）」では、ボッティ（botti）と呼ばれるさまざまな古い大樽を使っている。しかしアンナとエリックは、ジョージアでワイン造りに使われるクヴェヴリと呼ばれるアンフォラを用いる、異なる造り方を選んだ。この巨大な土器製の甕を二個贈られたアンナが、試験的にワインを造ってみたところ、気に入ったワインができたのでさらに甕を注文したという。醸造所の敷地には、アンナが修復して「実験」的なワイン造りに使っている古いクヴェヴリがあった。そのワインは魅力的で、まるで渇きを癒すヴァン・ド・ソワフ（vin de soif）（訳注：フランスでよく造られる、のどの渇きを癒す飲みやすい味わいのワイン）のようだった。ひたすらがぶ飲みして楽しむためのワインというところだろう。しかし、彼女が造るワインの大半は、たとえ粘土の甕で造られたものでも、もう少し本格的だ。木樽をまったく使わないというわけではなく、ときに応じて古樽、大樽、小樽、そしてスロヴェニア産の樽を組み合わせて使っている。だが、決してワインに樽の風味をつけることはしない。彼女のワインはやがて、「ラ・カラブレッタ」の「エトナ・ロッソ（Etna Rosso）」や「ヴィーニ・シルト（Vini Scirto）」と肩を並べ、エトナを人びとの崇拝の的となるような高みへと導いていくだろう。ちなみに「エトナ・ロッソ」は、エリックがエトナまで探し求めてやってきたワインである。

エトナのお薦めの生産者と農法

- イ・ヴィニェーリ（I Vigneri）（有機農法）
- カンティーナ・カラブレッタ（Cantina Calabretta）（有機農法）
- ヴィーニ・シルト（Vini Scirto）（有機農法）
- フランク・コーネリッセン（Frank Cornelissen）（有機農法）
- ヴィーノ・ディ・アンナ（Vino di Anna）（有機およびビオディナミ農法）
- エドアルド・トーレス・アコスタ（Eduardo Torres Acosta）（有機農法）

アフリカ北西岸沖　スペイン領　カナリア諸島

スペインに属しながらアフリカ大陸の方が近く、強風と太古からの火山の噴火に痛めつけられてきた七つの群島は、大西洋の真ん中に位置しており、つい最近まで謎に包まれていた。

現在、一つの島を除いたすべての島でワインが造られているが、シェイクスピアとカント（訳注：シェイクスピアはカナリア諸島に近いマデイラ島産のマデイラワインを愛好し、作品にもワインを登場させた。カントも著作でこの地のワインについて記している）を信じるのなら、この諸島は十七世紀から十八世紀にかけて注目の的だった。事実一七九七年には、イギリス海軍のネルソン提督がカナリア諸島のテネリフェ島をめぐってスペイン艦隊と戦ったほどである。そのとき提督が右腕（および数百名の部下）を失ったことなど、損失としてはましな方だった。しかしどうしたことか、その後二百年間あまり、この島々はまったく注目されなくなってしまったのだ。やがてスペインからアメリカに渡りワイン輸入会社を経営していたホセ・パストールが島々を「発見」すると、カナリア諸島は世界の舞台に復活を果たした。というのも、この島々には、ワイン通を気取るさまざまな人びとを引きつける次の二つの側面があったのだ。

一、十九世紀後半、ブドウの樹液を吸い取るフィロキセラという害虫によって、ヨーロッパのブドウ樹の大半が枯死した。北米系品種のブドウ樹を台木にしてヨーロッパ系品種を接ぎ木することで、ワイン産業は救われた。しかし、その後の果実は以前とは異なるものになり、それまでのワインの味わいは永遠に失われてしまうこととなった。あるいは、そう思われた。一方カナリア諸島では、これまで一度もフィロキセラの被害を受けていないことが判明している。火山性土壌で育てられている（訳注：火山性土壌ではフィロキセラの生存が困難）この島々のブドウ樹は、フィロキセラ禍以前の遠い過去のワイン造りの時代と直接つながっているのだ。

二、火山性の玄武岩質土壌であること。

カナリア諸島の土壌

この島々で最もフォトジェニックな火山性土壌は、ランツァローテ島とラ・パルマ島に見られるピコンと呼ばれる黒い灰で、踏みつけるとまるで雪のようにきしる音がする。ランツァローテ島のブドウ樹は大きな円形のすり鉢状の穴のなかに植えられ、その光景には目をみはるものがある。こうした火山灰に掘られた窪みでブドウを育てるのは、アフリカ大陸から吹きつける強風からブドウ樹を守るためである。ラ・パルマ島の南部では、ブドウ樹は火山の斜面に植えられており、土壌がやせているために、古木でさえ、ひょろひょろと弱々しげに見える。

一方、カナリア諸島最大の島であるテネリフェ島は、ピコンこそ見られないものの、あらゆることが起こっている土地だ。「常春の島」と呼ばれているが、七島のなかで、気候、土壌ともに最も多様性に富む。島を特徴づけるのはテイデ山という巨大な火山で、島部にある火山としては世界第三位の高さを誇る。山の北側に行くと、やや高湿で、風の強いフランスのロワール地方にいるようかのようだ。しかし、南側は太陽に恵まれて乾燥しており、南仏にいるような印象を受ける。山頂近くまで数キロメートルにわたって、かつて大噴火を起こした火山から流れ出た溶岩が冷え固まって、でこぼことした月面のような光景が果てしなく続く様を目にすることができる。この大地が風化してブドウ栽培に適した土壌へと変わるまでには、まだ長い年月がかかることだろう。

今日では、現代という時代に即した産地へとつくり変えようとしている地域がある。ブドウ栽培を近代化し、カベルネ・ソーヴィニヨンやメルロといった品種を植えるべきだという圧力にさらされてきた。しかしこうした方向性をたどるのは愚かであり、その地域に適しているからこそ育ってきた古木をも冒涜する行為だ。一方、テネリフェ島には、この島を国際的に評価される産地へと導くであろう人物がいる。ロベルト・サンタナという先見の明のある男性だ。テネリフェ生まれで、体内に玄武岩の血液が流れているともいえるサンタナは、学校でワインをともに学んだ友人たちを集めて、「エンヴィナーテ（Envinate）」というワインの会社を始めた。サンタナたちは、これこそアトランティック（訳注：大西洋岸独特の個性をもつワイン）という特徴をワインに表現できる土地に焦点を当てて、スペイン各地でワインを造っている。彼が最初に手掛けた土地の一つが、テネリフェ島北東部のタガナナという小さな村の崖の上にある、放棄されたブドウ畑だ。ここは島で最大の都市サンタ・クルスから北東へ三十分ほど行ったところにある。

この土地では鉄を豊富に含んだ土と黒い岩々が見られる。溶岩流の置き土産だ。幸いにも、テイデ山の山頂が噴火してからかなりの年月が経っている（訳注：最後の噴火は一七九八年に記録されている）。うまくいけばサンタナは、ほとんど野生化しているブドウ樹と土壌を融合させ、フィールドブレンド（訳注：一カ所の畑にさまざまな品種を混植すること）のワインを復活させ続けることができるだろう。そしてきっとその畑からは、鉄のニュアンスをもつワインが生まれてくるだろう。

カナリア諸島の品種

カナリア諸島で育つブドウの大半は（もちろん優良な品種である）、スペインの本土全体でも育つ。白ワイン用で最も有名で重要な品種はリスタン・ブランコで、パロミノという名前でも知られ、シェリー用にも使われる。どちらかというと果皮が薄くて酸が弱め、早飲みタイプで魅力的な白ワインを生む。ロベルト・サンタナがサンタ・クルスに所有する区画産のワインも間違いなくこのタイプで、無数にあるほかの品種とのブレンドの相性がよい。しばしば、厳しい海の空気がそのままワインに変わったかのような味わいが感じられる。リスタン・ネグロは赤ワイン用の主要品種で、世界のほかの地域ではあまり見かけることはない。ハーブのような味わいのネグラモルは、スペイン南西部からカナリア諸島に伝わった。マルヴァシアは地中海地方全域で栽培され、甘口ワインの品種として知られる。かつてはラ・パルマ島では高貴な品種とされていたが、何十年もの間に見捨てられ、バナナ農園にするために引き抜かれてしまった。

カナリア諸島のお薦めの生産者とワインおよび産地と農法

- エンヴィナーテ（Envínate）／タガナン（Taganan）／テネリフェ島（有機農法）
- ドロレス・カブレラ（Dolores Cabrera）／ラ・アラウカリア（La Araucaria）／テネリフェ島（有機農法）
- ボルハ・ペレス（Borja Perez）／イグノアス（Ignios）／テネリフェ島（有機農法）

アメリカ北西部　オレゴン州　ウィラメット・ヴァアレー

オレゴンのピノ・ノワールはお好きだろうか？　そう、カリフォルニアのように重たくなく、甘い香りがないピノ・ノワールのことだ。しかし、あなたはその理由を明解に説明できるだろうか。それは土地の違いなのか、それとも気候か、あるいはワイン造りの姿勢、または土壌の違いなのか。

結局のところ、理由はこれらすべての要素にある。

ウィラメット・ヴァレーの土壌

オレゴン州のウィラメット・ヴァレーは、北はポートランドの少し上から、南はユージーンの辺りまで二百四十キロメートルにわたり伸びている。同州でピノ・ノワールが造られているのはこの地域だ。気候は湿潤で、年間降水量は約一千ミリにまで達する。ブドウの生育期間は長いが、天候は予想がつかない。夏は高温で乾燥した日がしばしば続くのだが、突然の雨に見舞われることもある。この地域でワイン生産者と話すと必ず、「ジョリー（Jory）」という言葉を耳にするだろう。それがこの土地の土壌で、崩積土（訳注：傾斜地のふもとにたまった土砂や岩屑）の堆積物、崖や丘陵から供給された岩と細かい砂が混合した堆積物、ミズーラ洪水（訳注：最終氷期の末期に米ワシントン州とその周辺の北西部で連続して起きた、大規模な氷河湖の決壊による洪水）がもたらした大量の土砂や岩、さらに土地の基盤を形成したメイン・イベントともいうべき約一千五百万年前の噴火で生まれ、深部まで風化した玄武岩が混ざり合っている。飛行機でポートランドへ向かえば、フッド山とジェファーソン山という火山が窓から見えるだろう。いずれも活火山と考えられているが、この地域の大半の火山性土壌は、人類誕生より前の、まだこの地域全体が海面下にあった頃の玄武岩が風化して生まれたものである。この地域の日照量と雨量を考えると、土壌はかなり分解されたものもあるはずだ。赤土であるジョリーは鉄分が豊富で、粘土混じりの砂質土壌だ。もしこの本を書くのが二〇一〇年代初頭だったら、私はオレゴンを除外したかもしれない。というのも、自然なワイン造りを実践し、私の心を躍らせるようなワインを造る生産者はほとんどいなかったからだ。そのうえ、アメリカでは降水量が最大のワイン産地であるにもかかわらず、灌漑によって土壌を不用意に痛めがちなのだ。一体なぜだろうか。これについては今でも驚きあきれるばかりだ。しかし最近では、灌漑をせずにブドウを育てる生産者が増えつつあり、灌漑用の配水パイプの使用をやめるようになってきた。自然な農法に取り組む人も増えてきている。いまやオレゴンは、アメリカにおいて、興味深いワイン造りが活発で刺激的な存在になってきた。こうした魅力的な産地の大半が、ウィラメット・ヴァレーの丘陵地帯にある。

このヴァレーで、ワイン造りの草創期からの傑出した生産者に名を連ねるのが「ジ・アイリー・ヴィンヤーズ（The Eyrie Vineyards）」だ。ワイン産地オレゴンの父ともいえるデイヴィッド・レットが始めたワイナリーで、現在は彼の思慮深い息子ジェイソンが受け継ぎ、今もオレゴンワインのトップの座を守っている（訳注：デイヴィッド・レットは二〇〇八年に死去）。ジェイソンが成し遂げたのは、傑出した世代継承物語だ。この親子こそが、オレゴンワイン界への新規参入者のための場を提供したのだ。それを彼らが自覚していないとしても、私はそう信じている。この土地の歴史に精通しているジェイソンはこう語っている。「たび重なる海底火山の噴火が、このどろどろした溶岩を供給したんだ。溶岩は大陸棚の上の堆積物を覆い、さらにそれを超えて流れていった。これにより、大陸棚を構成する玄武岩、海底堆積物、流動していた溶岩が積み重なった層が生み出されたんだ。この地域ではこうした地層を現場で見ることができる。土地を垂直に切った断面を見れば、色の変化によってさまざまな層が重なっているのが分かる。各層は化学的にも物理的にも組成が異なっているんだ」

玄武岩質土壌で育つピノ・ノワールの例といえば、フランスのローヌ地方とロワール地方の間に位置するオーヴェルニュ地方以外にはほとんどない。そのワインはオレゴンと同様に、風味が重層的に感じられる傾向がある。私はジェイソンに、ピノ・ノワールの黄金律ともいえる石灰岩質土壌とは劇的に異なる土壌にこの品種を植えることについて、何らかの不安を抱かなかったのかどうか、尋ねてみた。

「不安はなかったと思うよ」と彼は答えた。「父は全体を見渡していた。土壌の化学的な特徴よりも気候を気にしていた。また海底堆積物である砂岩と頁岩（シェール）に由来する土壌の一部に注目していたが、水環境についてはは予測がつかなかった。父はより予測しやすい土地を求めていて……、灌漑せずにブドウを育てたかったんだ。その点でジョリーの土壌はとても優れている。玄武岩質土壌ならどこでも同じようにできているわけではないんだ」。ジェイソンによれば、鍵は土壌を結合させる粘土質の種類にあるという。「濡れると膨張する粘土質がある。これはごめんだ！　この粘土は干ばつになると縮んでひび割れてしまい、空気を通さないんだ」。デイヴィッドは、ジョリーの土壌中の粘土質がカオリン（訳注：白く細かな粘土鉱物で陶磁器や医薬品などに使われる）という種類であることに気づいていた。カオリンには肌から不純物を取り除く効果があるため、化粧品にもよく使われる。一部の文献をうのみにせず、デイヴィッドはこの粘土質がブドウ樹によい効果をもたらすと信じた。「カオリンは風船のように膨らんだりせず、平らなシートが層状に重なったようになっていて、二方向に膨張する。広い板のようにね。だからしりもちをつかずに、雨で濡れたブドウ畑を歩くことができるんだ。それに、夏に日照りが続いても粘土の微小なかけらが水分を保ってくれる」とジェイソンは説明してくれた。

気候について検討していたデイヴィッド・レットは、ピノ・ノワールに適した気候を探し求めていた。その点でウィラメット・ヴァレーは、ブルゴーニュに比べると冬は暖かく、夏は暑いものの、かの地の気候に似ていなくもない。彼が二番目に重視したのは、斜面や丘陵地帯があることだ。気候と地理という二つの要素がそろったときようやく、デイヴィッドは土壌という条件で栽培地を絞った。彼が必要としたのは、繊細きわまるピノ・ノワールの樹と相性のよい土壌だった。「水がブドウ樹にどう作用するかという点は非常に重要だ。灌漑をしたり化学肥料を使ったりすると、ブドウ樹の生命力を奪ってしまい、すべてが失われてしまう。ブドウ樹には気候と地形、土壌などあらゆる環境条件が必要なんだ」とジェイソンは言う。石灰岩に由来する土壌のような塩基性の土壌と玄武岩のような酸性の土壌とでは、陽イオン交換容量（訳注：土壌に保持できる陽イオンの量で、土地の肥沃度の指標）が大きく異なる。最後にジェイソンは、ことワインに関しては「さまざまな要素のコラボレーションの成果を味わっているんだ」と語った。

ウィラメット・ヴァレーの品種

オレゴンといえば一般的にピノ・ノワールが有名で、ウィラメット・ヴァレーならなおさら当然である。人が適切に介入を行えば、オレゴンでもカリフォルニアスタイルの大柄なピノ・ノワールのワインを造ることが可能だ。しかし、この地域の大半のピノ・ノワールはより味わい深く、太陽をたっぷり浴びたような果実味は強烈ではない。オレゴンではほかにも多くの品種がよく育つ。たとえばガメイは将来性があり、オレゴン南部ではシラーやテンプラニーリョといったさまざまな品種を試すことができるだろう。南部は温暖で土壌も異なるため、カリフォルニア州との州境に近いアップルゲート・ヴィンヤードでは太陽を感じさせるワインができやすい。白ワイン用品種も豊富だ。シャルドネは言うに及ばず、ジ・アイリー・ヴィンヤーズのシャルドネのワインは、偉大で整っている。ミュスカデを造るのに使われるムロン・ド・ブルゴーニュは、フランスのロワール・ヴァレーでよく見られるが、オレゴンでも頭角を現しつつあり、ロワールのものよりも果実味豊かに仕上がる。リースリングもとても良質だが、この品種の名産地であるドイツのモーゼル地方の片岩質土壌の斜面で生まれる洗練された味にはおよばない。ポートランドから車で一時間ほど東にあるコロンビア・ゴージには、たまらなく興味をそそるワインがいくつかある。私はこの地域のワインであればほとんど何でも飲んでみたくなる。印象的なピノ・ノワールとピノ・グリのワインが造られているほか、聞いたところでは、このうえなく心躍らせるメンシアのワインも造られているらしい。

ウィラメット・ヴァレーのお薦めの生産者と農法

- ジ・アイリー・ヴィンヤーズ（The Eyrie Vineyards）（有機農法）
- ボウ・アンド・アロー（Bow & Arrow）（有機およびビオディナミ農法）
- モンティノレ・エステート（Montinore Estate）（ビオディナミ農法）
- モンテブルーノ（Montebruno）（有機およびビオディナミ農法）
- デイ・ワインズ（Day Wines）（有機およびビオディナミ農法）
- J．K．キャリアー（J.K. Carriere）（有機およびビオディナミ農法）
- ミニマス・ワインズ（Minimus Wines）（有機およびビオディナミ農法）
- ベッカム・エステート・ヴィンヤード（Beckham Estate Vineyard）（有機およびビオディナミ農法）
- キャメロン・ワイナリー（Cameron Winery）（有機農法）
- スウィック・ワインズ（Swick Wines）（有機農法）
- イヴニング・ランド（Evening Land）（ビオディナミ農法）

凝灰岩質土壌

火山活動から生まれた別の火成岩が凝灰岩である。英語名がタフ（tuff）であるため、しばしば石灰岩の一種テュフォー（tuffeau）（二七九頁トゥーレーヌの項を参照）と混同される。しかし、両者はまったく異なっている。凝灰岩は火山から噴出して吹き飛ばされる砕けた玄武岩などの物質と、シリカを豊富に含んだ流紋岩などの混合物である。外見は、小さな穴がたくさんあいた灰色のものから、なめらかでガラスのように光るタイプまでさまざまだ。イタリアのトスカーナ地方によく見られるが、凝灰岩が広く分布し、個性的で心躍るようなワインの産地はほかにもあり、ここで紹介する価値が十分にある。

イタリア　アルト・ピエモンテ

火山性土壌が何たるかを知るずっと前から、自分がイタリアのアルト・ピエモンテ産のワインに魅了されていることは自覚していた。この産地では、私の大好きな品種の一つであるネッビオーロを栽培していたのだ。この品種は、しばしば別の名前で呼ばれていたが、何よりも重要だったのは、この品種でできたワインが出自の土地を物語るということだ。

ピエモンテ州北部の湖水地方にほど近く、ミラノ空港から車で約一時間の距離にあるアルト・ピエモンテは、海抜約四百五十メートルという、同州で最も標高が高い場所になる。経営の傾いたブドウ園を潰してできた「ロロ・ピアーナ」などのアウトレット店舗が並ぶ通りを抜け、ブドウ畑のある地域へ入ると、空気がぴんと張りつめてきて、一種の荒涼とした雰囲気が一帯に漂っている。

この土地には小さなDOCが集中しているが、ほとんど注目されていない。何ともばかげたことだ。こうした産地のなかには、カレーマ、レッソーナ、ファーラ、ゲンメ、シッツァーノなど素晴らしいDOCがいくつかあるというのに。また、ガッティナーラ、ボーカ、ブラマテッラという非常に有名な三大産地がある。ゲンメとガッティナーラはDOCGに格付けされている。赤ワインは主にスパンナ――ネッビオーロの地元名である――から造られ、ピエモンテの名誉ある高級赤ワイン、バローロとなる。ほかにもいくつか脇役的な品種があるが、私はこの地域産の白ワインには一度も出会ったことがない。

この地域のワインには、快活でやや渋みが効いたアルプス地方らしい特徴がある。言い換えると、味わいの第一印象としてハーブの香りとフレッシュさが感じられる。年によっては、レッソーナなど一部の地域でジャミーな味わいになってしまうが、たいていの場合は骨太で、禁欲的なワインとなる。いわば良書のようなもので、意見や思想がたっぷり詰まっていて、読み終わっても再び開きたくなる本を思わせるワインだ。この地域で私が最も魅力を感じる産地は、ボーカとブラマテッラである。

アルト・ピエモンテの土壌

ボーカとブラマテッラの土壌はいずれも、貫入性の斑岩と、溶岩などの噴出性の火成岩、そして凝灰岩が混ざり合って生まれた土壌である。この地域の凝灰岩は、シリカと鉄を豊富に含むほか、きめの細かい岩の場合は内部に大きめの結晶化した石英も含む。

この地域の地質学上の謎といえば、地元でヴァルセージア（Valsesia）と呼ばれている超巨大火山だ（訳注：地下の大量のマグマが一気に噴出し大規模噴火を起こす火山。スーパーボルケーノ）。ヴァルセージアは約二億八千万年前に激しく噴火していた火山で、アフリカ大陸とヨーロッパ大陸の衝突によって現れた。約一千万年にわたって噴火し続けた後に、さらに驚くべき事変が起こった。火山が山体崩壊を起こし、すっかり姿を変えたのである。これにより巨大なカルデラが生まれただけでなく、オルタ、マッジョーレ、ヴァレーゼという三つの湖も姿を現した。

ここで想像してみてほしい。テイデ山やエトナ山の山体が崩壊したら、どんな恐ろしい事態になるだろう。ボーカはかつて、ある火山の頂上に位置していた。しかしその跡に育っているブドウ樹のそばに立ってみても、そんな過去があったとは思いも寄らないはずだ。実をいうと私自身、ボーカにある好きなワイン生産者である「ヴァッラナ（Vallana）」（訳注：アントニオ・ヴァッラナ・エ・フィリオ〔Antonio Vallana e Figlio〕）を訪れたとき、火山の歴史についてまったく知らなかったのだ。

二十代後半の頃、私はヴァラーナのスパンナを浴びるほど飲んでいた。そしてそれから何十年も経ってから、ようやくその産地を訪ねることになった。私はワインメーカーのフランシス・フォガーティ（妹のマリナとともに家族経営のドメーヌを管理している）に依頼して、九ヘクタールほどの小規模なＤＯＣ産地へと車で連れて行ってもらった。ボーカはその地域で最も高い標高地を占めている。フランシスの土地に近づくにつれて、周囲には奇妙な見ためのマジョリーナ仕立てのブドウ樹が広がっていた。これはアルベレッロ仕立ての一種だが、ブドウ樹を自由に伸ばすのではなく、上向きに伸ばしてから四方向へと引っ張るため、まるでタコの日干しのようになっている。これは一七〇〇年代に考案された手法で、仕立てるには非常に手間がかかるので、めったに使われない。私がヴァラーナを訪れたときにはブドウ樹がすべて引き抜かれ、新たに植え替えられるのを待っている状態だった。私たちが訪ねた際も、近くの大きな修道院を見下ろす斜面の区画には何も生えていなかった。「この土壌の色がほかと違っているのが分かるかい」と、赤やバラ色の縞模様が入った白っぽい土を指しながら、フォガーティが尋ねた。彼が指した酸度の高い斑岩質土壌は、通常は地下数キロメートルの深さに地層として見られる物質で、一般的な地表の堆積物の土壌のバローロよりも、彼らのワインの方がさらに長期熟成するのは、その土壌が原因かもしれない、と説明してくれた。実際、ボーカの土壌は近くのゲンメやガッティナーラよりも酸度が高い。DOCの規定では、DOCボーカを名乗るには、スパンナ以外のほかの認定品種を加えるよう求められている。その理由は、ワインの味わいをやわらかくして、穏やかでアロマティックなワインに仕上げるためだろうか。

この土地の土壌の特徴について、フォガーティはさらにこう話す。「土壌の母岩（訳注：土壌の元となった風化する前の岩石）が土壌のすぐ近くに位置しているため、ブドウの根は、岩のなかのわずかな割れ目にまで必死に入りこんで、ほとんど母岩と融合してしまうほどなんだよ」。彼は、ブドウ樹がこのように深く根を伸ばすことによって土地の侵食を防ぎ、より上質な果実を育む効果があると考えている。そのうえ、この土壌の上に形成された地形がきわめて複雑なため、比較的狭い地域内でもたいへん幅広い種類の微気候が見られるのだ。そのためボーカの農民は、こうした土壌と微気候の多彩なバリエーションへの対処を強いられることになる。

ＤＯＣボーカの南方、セージア川の対岸にＤＯＣブラマテッラがある。ここも小規模なＤＯＣで、わずか二十一ヘクタールの広さだ（それでもボーカの三倍の広さがある）。二つのＤＯＣには異なる点が数多くあり、たとえばブラマテッラでは、スパンナはネッビオーロと呼ばれる。土壌はどちらも斑岩質土壌だが、ブラマテッラの土壌には、ポルフィード・トゥファツェオ（porfido tufaceo）と呼ばれる岩片が含まれる。これは元素として珪素とホウ素を多く含む。エトナの軽石にも同じ元素が含まれるが、ブラマテッラでは石灰岩層というワイン造りにとって重要な岩石層と結びついて、ややひねりが加わっている。というのも、ここでは地下の帯水層（訳注：地下水を含む地層。石灰岩は優れた帯水層になる）が、どんなに過酷な干ばつの時期でも、ブドウ樹が欲する水を与えてくれるのだ。しかしブラマテッラが抱える問題点は、ボーカと同様に、干ばつどころか雨が多すぎるということだ。私はこのＤＯＣ地区でも屈指の、ともに優れたブドウ栽培家であるアントニオッティ・オディリオとその息子マッティーア・オディリオに会い、二〇一四年ヴィンテージのワインを複数テイスティングさせてもらった。はっとするほどみごとなワインで、この年のイタリアが豪雨に見舞われたことを考えると、なおさら驚かされた（ヨーロッパの大部分がそうだった）。雨でベト病など多くの病気が発生し、ブドウはなかなか熟さず、ようやく熟した果実もかびの害を受けた。それでもあれほどのワインができあがったというから、天候に恵まれない年には、ブドウ畑ではどれほどの作業が必要なのかが分かる。オディリオ親子のように細部まで配慮して取り組んでこそ、天候不順の年でも申し分のないワインができるのだ。

オディリオ親子によれば、この地域、ブラマテッラの土壌には、石灰岩と粘土がいくらか含まれているが、大部分はボーカと同じように斑岩がベースとなっているという。そしていずれの地区でも、太古の超巨大火山の噴火の影響で、斑岩が地層の上部に見られ、その上の土壌は酸度が高く鉄を豊富に含んでいる。そして、どちらの地区も素晴らしいワインを生む力があるというのに、アパレル産業に気圧されつつあり、ブドウ畑はアウトレット店舗群に成り果ててしまった。やりきれない気分だ。こんなに素敵な贈り物を世界に届けてくれる力を備えた産地を、どうして見捨てることができるのだろうか。もし幸運にもブラマテッラ産のネッビオーロのワインを飲む機会があったら、その後で、それより南方の産地で同品種のネッビオーロから造られたワインと比べてみてほしい。車でわずか一時間の距離でも、異なる土壌と気候のもとで育てられたブドウがどんなワインになるか、確かめてほしいのだ。

このDOC地区はオルタ湖とマッジョーレ湖という二つの大きな湖の間に位置しており、背後にそびえるアルプスの山々は、アルト・ピエモンテの地を、気温差の激しい極端な気候から守る役割を果たしている。冬は寒く乾燥している。春になると気温は穏やかで適度に雨が降る。夏は暑く、九月までずっと高温が続く。やがて収穫を行う十月になると、夜間はぐっと涼しくなる。とはいえ、昨今の地球温暖化の影響で今後は変わっていくかもしれない。

アルト・ピエモンテの品種

アルト・ピエモンテの品種といえば、ネッビオーロだ。この品種からバローロとバルバレスコが造られる。しかしこの地域では、ネッビオーロはスパンナと呼ばれている。ボーカとブラマテッラはいずれも、クロアティーナ、ヴェスポリーナ、ウヴァ・ラーラといった品種の名産地でもある。ヴェスポリーナはネッビオーロの兄弟品種で、やや繊細で腐りやすい。

十九世紀、フィロキセラ禍によりヨーロッパのブドウ樹のほとんどが壊滅した頃に人気を失った。ちなみにこの害虫には、耐性のあるアメリカ系品種を台木にして、ヨーロッパ系品種を接ぎ木する対策が有効であると判明したが、そこには代償もあった。ブドウの味である。イギリスの著名なワイン評論家、ジャンシス・ロビンソンは自著『*Wine Grapes: A Complete Guide to 1, 368 Vine Varieties, Including Their Origins and Flavours*（ワイン用葡萄品種大事典）』で、新しい「足」（台木はときおり「足」と呼ばれる）を得たヴェスポリーナはうまく熟さなかったと書いている。そのため、かつてはどんな気難し屋をも魅了する甘味を生み出したワインが、今ではいくらか控えめな味になり、ブレンド用に使われている。ウヴァ・ラーラはこの地域でかなり古くから栽培されていた品種で、ブレンドした際にはワインに芳香をもたらす。最後にクロアティーナ（ロンバルディア州のオルトレポ・パヴェーゼDOCではボナルダと呼ばれる）を挙げれば、この地域の品種リストは完成だ。このブドウは単一品種のワインに仕上げても可能性があるかもしれないが、通常はブレンドによって真価を発揮する。

アルト・ピテモンテのお薦めの生産者と産地および農法

- ヴァッラナ（Vallana）／ボーカ（有機およびサステーナブル農法）
- アントニオッティ・オディリオ（Antoniotti Odilio）／ブラマテッラ（有機農法）
- コロンベラ・アンド・ガレッラ（Colombera & Garella）／レッソーナおよびブラマテッラ（有機農法）

花崗岩質土壌

キッチンカウンターの天板や歩道などの材料に使われる花崗岩は、よく知られた存在かもしれない。しかしありふれた岩とあなどっては、落とし穴にはまってしまう。確かに、この岩は至るところにある。地球を建物に見立てれば、その地下にも中二階にも、そして最上階にも見られる。つまり、地球の地表面の大半と山岳地帯に存在するというわけだ。貫入性火成岩の一種である花崗岩は、どろどろに溶けたマグマの形状で生まれ、圧力を受けながらゆっくりと冷えていき、輝く石英と混ざり合った形で固まった。何百万年もかけて風化した花崗岩は、雲母、石英、黄土、粘土など、さまざまな種類の細粒物を生み出し、砂利や砂、またはシルト大の粒子の混合物を形成しやすい。

花崗岩質土壌は、ブドウ栽培には屈指の土壌といえよう。その理由は何だろうか。花崗岩質土壌のワインというと、際立ったストラクチャーと刺すようなピリッとした酸味、そして爽やかさが連想される。こうした特徴はよく、「ミネラル感がある」といわれる。チリ出身のテロワール専門のコンサルタントであり地質学者、さらに自身もワインメーカーであるべドロ・パッラは、花崗岩質土壌では、タンニンのなかに魔法が表れるのだと考えている。そんな土壌から生まれたワインは常に、ほかの土壌産のワインよりもやや辛口で、ざらついた感覚がのどの奥、それもほぼ下あごの骨に近い部位で感じられ、緊張感がある。

花崗岩質土壌から生まれたワインは、若いうちはアロマはおとなしめだが、熟成とともに花開くタイプが多い。たとえばミュスカデは、濡れたダンボールのような味と香りで、まるでブショネ（訳注：コルク臭）を思わせるのだが、数年後には、さながら毛虫が蝶へと羽化するように、みごとな威厳を備えたワインへと進化する。

では、花崗岩由来の土壌はどんな特質を備えているのだろうか。まず、分解された花崗岩はpH値が低いので、土壌は酸性である。地質学者のケヴィン・ポーグによると、岩が分解することによって、鉄などの重要な金属が植物の各器官へ運ばれるが、花崗岩質土壌は石混じりで酸性のため、一般に栄養分が少ない。このように栄養分の乏しい花崗岩質土壌は、粘土質の含有量が少ない場合が多く、あまり多く実をつけない。収量の少なさは、より上質なワインを造るうえで不可欠とされている。また、適度に風化した花崗岩質土壌があると水はけがよいため、雨の多い年でも、ブドウ樹は泥にまみれたり水を過剰に吸収したりすることがない。その一方で、根はあまり深くまで伸びない。

偶然かどうかはさておき、私の好むワイン産地のうち、数カ所に花崗岩質土壌が存在し、フランスだけでも、ボジョレー、ミュスカデ、そしてローヌ北部という、重要な産地が名を連ねる。この土壌でとりわけよく育つブドウは何だろうと考えてみたところ、ガメイ、シラー、ムロン・ド・ブルゴーニュ（訳注：ミュスカデ）の三つが思い浮かんだ。これらの品種から生まれたワインは、少なからぬ爽やかさ、味わい深さ、そしてストラクチャーをもつという点で共通している。さらに重要な共通点は、果実味とアロマが控えめなことだ。ブルゴーニュのような石灰岩質土壌で育ったブドウこそ至高である、という声も聞くが、花崗岩質土壌で育ったブドウも、ブルゴーニュに匹敵する最高クラスのものではないだろうか。

私はペドロ・パッラに、花崗岩などの貫入岩についての意見を尋ねてみた。パッラはテロワールに対して人並み外れた情熱をもっている。岩石は彼にとって、いわば親友も同然だ。そうと分かってはいたものの、彼の狂おしいほどの反応は私の予想を超えていた。「花崗岩質土壌は石灰岩質土壌の次に大好きな土壌なんだよ」。彼はこう言うと、ほとんど神がかり的に語りだした。「花崗岩といえば、石英が豊富に含まれている。そして石英といえばエネルギーだ。だけどもっと大切なことがある。石英は多孔質、つまり穴が多いから空気をたっぷり含んでいる。そして根から吸収される水分は命そのものなんだ。何もかもごく単純だが、こういう要素が組み合わさった土壌はあまり理解されていない。いいかい、花崗岩はとびきり健康で深い根を育ててくれるんだ」。有益なバクテリアと菌類が共存する健康な土壌は、テロワールにとって不可欠である。その理由は、パッラが力説してくれたような、土壌内部で起こる相互作用にこそあるのだ。

フランス　ローヌ北部

私はそれまでずっと、この地域の土壌といえば花崗岩だと思いこんでいた。ある夏の日、ブルゴーニュから南に向かって車で高速道路《オートルート》A七号線を走り、ヴィエンヌの村から四十分ほどの辺りにさしかかったときのことだ。カーラジオから流れるボブ・ディランの「スペイン革のブーツ」に合わせて歌いながら、ふと顔を上げた私は、思わず「わあっ」と叫んだ。ブルゴーニュ南部の緑豊かな石灰岩地帯を後にして、ローヌ北部の地味な花崗岩地帯へと入っていたのだ。変わっていく風景を目にして、息を飲む思いだった。

ローヌ北部で有名なものといえば、花崗岩質土壌、急斜面、荒れ狂う強風、ぴりっとした酸味の強いアプリコット、そして、世界最高のシラーだ。今回の旅では高速道路A七号線を使ったが、私が好きなのは、リヨンからトゥルノン＝シュル＝ローヌまで、魅力あふれる小さな村々をめぐる、北からの曲がりくねった小道を通るルートだ。この村々の位置関係を把握するには、この道を行くに限る。最初にたどりつくのは有名なコート・ロティ（花崗岩よりも変質が進んだ片麻岩や粘板岩が多い）、続いて、ローヌで唯一のモノポール（monopole単独所有畑：単独の生産者が一区画の畑を所有している）であるAOCコンドリューがある。この小さな村は、花のような香りを放つヴィオニエのみから造る白ワインでもっぱら知られている。急傾斜の丘陵が続く田園風景は、ときとしてアメリカのヴァーモント州にいるかのような錯覚を起こさせる。ただし、ここでは東にローヌ川が流れ、リンゴの代わりに、至るところにアプリコットが栽培されている。

グルナッシュでできたリッチなワインで有名なローヌ南部と比べると、北部の気候は冷涼だといわれている。夏は焼けるような暑さになりがちだが、雨が多く降るときもある。しかし、冬の気候は過酷で、特に風の強さは信じられないほどだ。私がそれを経験したのは、「ドメーヌ・ロマノー・デストゥゼ（Domaine Romaneaux Destezet）」のエルヴェ・スオーとともに、サン・ジョセフにある彼の畑に立ったときで、一月の突風はムチのように私の頬をたたいた。ブーツの足元には、氷に覆われた土にサボテンがたくさん混ざっていて、夏の暑さを思い起こさせた。この地方特有の二つの強風、ビーズとミストラルによって、あらゆるものがからみ合い、たたきのめされていた。ローヌ北部でこの強風がピークを迎えるのは三月から四月頃だといわれているが、私が訪問した一月には、すでに耐え難いほどの風が吹き荒れていた。エルヴェはかがみこむと、平たくなった岩のようなものを手にとった。それはピンクがかった赤色で、鉄が混ざっていた。彼は平らなその石を私の手のひらに押し当てながら、何の石か確かめた。それは地元でアゼル（arzelle）と呼ばれる花崗岩の一種で、割れやすいのが特徴だ。かけらを割ってみると、もろい紙きれのようにぼろぼろと崩れた。アメリカのニュー・ハンプシャーやシエラ・フットヒルズなど、ほかの地域で見かけた花崗岩を思い浮かべたが、エルヴェから手渡された石は、まったくなじみのないものだった。それでもほかの地域のもっと硬い花崗岩と生まれは同じで、いわばいとこ同士であり、ともに地下のはるか深い場所でとてつもない高熱と圧力を受けて生まれたのである。

ローヌ北部の土壌

太古の昔、地下では劇的な世界が展開していた。フランス中南部を占める中央高地、マシフ・サントラルの下に横たわるテクトニックプレート（訳注：地球の最表部を構成する岩板。単にプレートと呼ぶことも多い）と、まだ若かったアルプスの山々が激しくぶつかり合い、ローヌ渓谷が生まれた。約四千五百万年前のこうした巨大な衝突による隆起の影響で、地中海の水が今の渓谷の南部に浸水した。長い年月の後に水が引き、分解された海洋生物の死骸によってローヌ南部に石灰岩地帯が誕生した。一方、マシフ・サントラルでは、すでに三億年前に激しい火山活動が起こっており、ローヌ北部地域の土台が築かれていた。地下ではどろどろに溶けて荒れ狂うマグマが圧力を受け続け、やがて何百万年もかけてゆっくりとほかの物質と混ざっていき、花崗岩となった。

花崗岩質土壌は、分解されると非常に砂っぽくなる。ローヌ北部の斜面のように、あまり粘土質を多く含まない土壌は保水性が悪い。さながら茶こしに水を通すように雨は土壌中を流れ出ていき、雨の多い地域や多雨の年は、特にひどくなる。しかし、そんな洪水の年にローヌ北部で造られた素晴らしいワインを、私はこれまでに何度か味わったことがある。雨が少ない年だと状況はさらに困難だ。土壌の保水性が悪いため、ブドウ樹はもがき苦しむ。水分が欠乏すると、果皮は厚くなり、タンニン、そして果実風味に影響が出る。だがシラーは、ほかの品種ほど水分を必要としないため、この地方の夏に頻発する干ばつに耐え抜くことができる。干ばつの影響で侵食も起きやすい。しかし、化学物質を使わない有機栽培によるワイン用ブドウが増えたのに伴って土壌の活力が向上し、さまざまな有益な植物が土壌の定着に一役買ってくれている。こうした条件下でワインが造られると、不思議なことに、花崗岩質土壌にうってつけのシラーが魔法を起こし、ボトルのなかで絶妙な効果をもたらすのだ。

「シラーと花崗岩の相性は完璧だよ」とパッラは語る。「シラーのようなブドウのことを『柔軟なブドウ』と呼ぶんだ」。これは、シラーは水分が非常に多いため、たとえ質の悪いワインを造ろうとしても造れない、という意味だ。パッラは続ける。「花崗岩は甘くて水分の多い果実にミネラルを与えるのさ」。彼によると、ミネラル感のないワインはただの「ハッピーなワイン」だという。これは太陽の恵みを受けた果実味があるだけのワインという意味で、まぎれもなくおいしいのだが、注目を集めるワインではない。お分かりのように、ブドウと土壌が最高の相性であれば、それほど必死に畑に手を入れなくてもうまくいくのだ。恋愛と同じ論理だ。相性のよさは、一緒にいる安心感と並んで、カップルが長続きする秘訣である。

エルミタージュに拠点を置くジャン・ルイ・シャーヴは、地元への忠誠心が強いワイン生産者だ。ポッドキャスト番組「I'll Drink to That」の司会を務めるリーヴァイ・ダルトン（訳注：アメリカの元ソムリエ。ワインに関する執筆も行う）によるジャンへのインタビューは素晴らしかった。彼は、自身の畑の土壌について、「石灰岩と花崗岩は互いに正反対なんだ」と断言した。さらに、雨の少ない年だと土壌の表層部分は水分不足で苦労するが、その地下では粘土質が湿度を保ってくれる。これはまぎれもなく粘土質の恩恵であるという。彼は、花崗岩質土壌は赤ワイン用品種にやや攻撃的なタンニンをもたらす場合もあるが、ルーサンヌやマルサンヌのような白ワイン用品種にはフィネスを与える、と語っていた。さらにジャンは、DOCクローズ・エルミタージュが見下されがちな一方（土壌に多くの粘土質を含むために締まりのないワインになると評されている）、クローズと同様にローヌの東側に位置するエルミタージュの丘は称賛を集めていると語った。彼は、レ・ベサールの自社畑のブドウの育ち方についても触れている。彼の所有する畑のなかでも、最も深いところまで花崗岩が集中している場所だ。「ここの花崗岩はすっかり粉々になっていて、ブドウの葉は濃い緑色になる」とジャンは言う。この畑で生まれたブドウは、タンニンがことのほか際立っているといわれ、一方でル・ミールの畑のブドウはより濃厚で熟度が高いと評価されている。彼はその理由を、「土壌のpH値がほかより高いからなんだ。土には小石が多く、葉の色は淡い黄緑になる」と説明した。このようにル・ミールのブドウの葉色が独特なのは、土のpH値が高いために鉄を吸収しにくくなるからである。

ワインの分野で大いに尊敬を集める番組で、少なくとも有機栽培を実践していなければテロワールを語る資格はない、と語られるのを聞いて、はっきりと確信がもてた。「ワインに土壌の特徴を表現させるには、ブドウの根を十分に深くまで伸ばす必要がある」とジャンは訴えていた。「根を深く伸ばすことが重要なのはどこのブドウ畑でも同じだ。しかし、土壌によってその割合は異なっている。粘土質土壌のブドウ樹はより力強くなる。一方、花崗岩質土壌のやせた畑では常に苦しんでいるが、根が花崗岩の割れ目に深く入りこんでいく限り、ブドウ樹は永遠に生き続けるんだ。樹は根をしっかりと張りめぐらせて土壌の構造を変え、さらに土壌を生み出す。干ばつのときでさえ、根はきちんと働く。崇高なテロワールとは、ブドウ樹が自然にバランスよく保たれている土地なんだ」

ローヌ北部の品種

ある産地で特定の品種が人気を呼ぶと、ほかの品種はすべて消えてしまうようだ。ローヌ北部も同様だった。もし幸運にもガメイのワインが手に入ったら（一六七頁ボジョレーの項参照)、期待してよいだろう。ここではほとんど見かけなくなったが、果実は野生的なたくましさを備えている。白ワイン用品種を挙げると、コート・ロティに隣接するコンドリューでは、もっぱらスイカズラの花のようなヴィオニエがある。偉大な白ワインは、マルサンヌとルーサンヌといった品種からも造られ、ローヌ北部でもとりわけ南の地域でよく見られる。しかしローヌ北部の品種を語ることは、シラーを語ることにほかならない。

ワイン評論家のジャンシス・ロビンソンは、先述の著書『*Wine Grapes: A Complete Guide to 1, 368 Vine Varieties, Including Their Origins and Flavours*(ワイン用葡萄品種大事典)』で、タニックなシラーという品種の原産地がイランの都市シラーズである、という説に風穴をあけた。この説はいかにも詩情あふれる話ではあるが、この品種名の起源は「セリーヌ(Serine)」と呼ばれる最古のクローンである可能性が最も高い。ちなみにセリーヌは「晩熟」という意味で、シラーの特徴を的確に表している。

遺伝子的にいうと、シラーはピノ系品種を曾祖父にもつが、生みの親はもっと近くで生まれている。母親のモンデユース・ブランシュは、すぐ近くのサヴォアが原産地だ。やはり近隣に位置するアルデーシュは、父親に当たるデュレーザの原産地になる。つまり、シラーは生粋のローヌ北部生まれということになる。世界のどこを探してみても、土地の個性がこれほど深く表れたブドウが見つからない理由は、こういうことかもしれない。またシラーの味わいは、産地と土壌、気候、そして収穫とワイン造りの工程でどんな選択がされるかによってさまざまに異なる。しかし典型的な風味を挙げるとすれば、オリーブ、ベーコン、肉、血、香草類、ローリエ、ローズマリー、そして土っぽい風味になるだろう。

二十世紀までは、オーストラリアを別として、シラーはローヌ地方以外では育てられていなかった。しかし今日では、イタリアのトスカーナ地方、チリ、そして南アフリカなど、さまざまな地域で盛んに栽培されるようになった。オーストラリアではシラーズという名称でよく見られる（同国のバロッサ・ヴァレーには、一八四三年植栽の、世界最古の一つともいえる古木があり、いまだ健在だ）。米カリフォルニア州でもシラー栽培とワイン造りの成功を目指して取り組まれている。

しかし、カリフォルニアのシラーには問題がある。ワインメーカーたちはこの品種を好んでいるが、今のところあまりよく売れていないのだ。この問題の本質を伝えるのは難しい。ときおり私は、原因は生産者の側にあると思わずにいられなくなる。彼らはローヌ地方のコルナスの偉大な造り手にインスピレーションを受けたとうたいながらも、百八十度方向転換をして、フルーツ爆弾のような代物を造ってしまう。こうしてできあがった、シラー主体でありながら、ナパのカベルネ・ソーヴィニヨンのような濃密なワインは、本物のシラーとは似ても似つかない。飲み手から拒絶されるのも無理はない。

だからといって、望みがないわけではない。現在では、このブドウを新たな産地に適した形で解釈しようと努力している醸造家たちがいる。早めに収穫することにより、アルコール度数を抑えようとする者もいる。しかしこれは完璧な解決策ではない。というのも、結果として単に質の劣ったワインがたびたびできあがるからだ。では、答えは何だろうか。カリフォルニア州ソノマに「アルノー・ロバーツ（Arnot-Roberts）」という素晴らしいワイン生産者のチームがある。ダンカン・アルノー・メイヤースとネイサン・リー・ロバーツという幼なじみの二人が、共同で本格的なワインを造っている。彼らは霧の多いマリン・カウンティで、ブドウがどうにか熟すことができる場所を見つけた。これは心躍るような発見である。なぜなら、最良のブドウは最も苦しみながらやっとのことで熟した場所から生まれるという理論が、多くの人から支持されているからだ。アルノーたちのブドウは十一月に入ってから収穫される（通常の収穫は九月である）。クラリー・ランチにある彼らの畑で収穫されたシラーはローヌ地方のような黒オリーブの味わいを備えているのだが、ほかにも何かがある。さながらブドウが、ローヌの風と花崗岩ではなく、マリン・カウンティの霧とローム質土壌を用いて、テロワールを表現するダンスを踊っているかのようだ。

　一方、スティーヴ・エドモンズは、「エドモンズ・セント・ジョン（Edmunds St. John）」というブランドを掲げて、一九八〇年代後半からワインを造っている。有機栽培のブドウこそ使っていないが、カリフォルニアにおいて、彼は抑制のきいたシラー・ワインの造り手として草分け的存在だ。長年にわたって、どんなスタイルのワインが流行ろうと、一度たりとも自身の信念からそれたことがない。彼が使うのは、粘土と砂からなるローム質土壌、および花崗岩質土壌で育ったブドウだ。彼は自分の造るワインを、花崗岩質がより先鋭化した土壌に見出している。彼が原料として使うブドウ畑の一部は、シエラ・フットヒルズＡＶＡの、風化した花崗岩質土壌にある。ここにはもう一人の優れたワインメーカーである、ハンク・ベックマイヤーが「ラ・クラリーヌ・ファーム（La Clarine Farm）」でワインを造りながら暮らしている。彼の畑のテロワールを形づくるのは、標高約八百メートルのやや平らな尾根である。ここにはガラガラヘビが生息し、回転草（訳注：タンブルウィード）と野生のセージが繁茂し、乾燥してほこりっぽい土地だ。どういうわけか、ベックマイヤーの土地で彼が造るシラーは、酸が強めで膨らみがあり、ザクロのような風味をまとうようになる。今後もそうだろう。これは単なる連想にすぎないかもしれないけれど、誓ってもいい。ベックマイヤーのシラーを味わうと、私にはいつも、野生のセージが生い茂って荒涼とした、彼の農園が思い出されてならないのだ。

カリフォルニアと同様、オーストラリアでは大半のブドウ樹が平地に植えられている。こうした土地では太陽の恵みだけを反映したワインが生まれる、という意見がある。一方、ローヌ北部のように、ほとんどのブドウ樹が斜面に植えられている産地では、土壌を反映したワインができるといわれる。太陽は光合成にとって欠かせないが、ある種の農法と組み合わせたり、あまりにも過熟な状態で収穫したりすると、水っぽくて甘ったるいワインになりやすい。まさにオーストラリアのシラーズは、こうした言葉で酷評されるようになってしまったのだ。

しかしそんなオーストラリアでも、シラーズのワインは成長しつつある。同国の南東部に位置するヴィクトリア州のメルボルン郊外には花崗岩質土壌の一帯があり、以前映画製作に携わっていたジュリアン・カスターニャが、ビーチワース地区の郊外の自社農園「カスターニャ・ヴィンヤード（Castagna Vineyard）」でワインを造っている。彼は自分のシラーズを「シラー」と呼び、ローヌ北部の伝統的な農法を実践している。発酵についてもローヌ北部と似た方法を採用していて、開放式の発酵槽にブドウを房ごと投入する。カスターニャは、原則として暑さと陽光を必要以上に重視しないよう心がけてブドウを扱っている。その成果は並外れており、結果として彼のワインは、花崗岩質土壌をみごとに描き出し、オーストラリアの土壌らしい特徴がみごとに体現されたブドウから造られている。しかもほかのシラーズが陥りがちな、ボリューム感のあるこってりとしたワインという落とし穴をうまく避けている。

ここで断言しておきたいのだが、私はシラーの生育に適しているのはローヌ北部だけだと主張しているわけではないし、このブドウの栽培地を、風化した花崗岩質土壌に限定すべきだとも考えていない。ジャン・ミシェル・ステファンやステファネ・オスガイがコート・ロティで造るワインに、粘板岩や片麻岩に由来する土壌におけるブドウ樹の健全な生育ぶりが如実に表れているのは言うまでもない。それでもなお、花崗岩には何か並外れた特質がある。花崗岩質土壌は果実を適度に抑制し、タンニンをなめらかにし、ストラクチャーを与える。私はこうした特質をこよなく愛している。しかも花崗岩質土壌には病原菌が少ない。これらはすべて真実である。私は、ローヌ北部の花崗岩質土壌で生育されているシラーが、ほかのあらゆるワイン生産者にとって基準点となるべきだと提言したい。なぜこの地で花崗岩が効果をもたらすのかを学び、その知識を尊重するべきなのだ。言語や音楽を学ぶ場合でも、基礎を習得してからこそ、自由な会話や優れた即興演奏ができる。それと同じ理屈である。

ローヌで生まれるワインをめぐるうえで、原産地呼称（AOC）を理解することは大切だ。赤ワインについては、ローヌ左岸にクローズ・エルミタージュおよびエルミタージュがあり、右岸にはコルナス、コート・ロティ、そしてサン・ジョセフがある。大半のAOC産地は赤ワインで知られているが、白ワインのAOCもいくつかあり、白ワインだけを造る産地も三カ所ある。石灰岩質土壌のサン・ペレは南方にあり、ほぼ無名の産地だが、マルサンヌとルーサンヌから白ワインとスパークリングワインを造っている。そのほかは花崗岩質土壌にあり、コート・ロティのすぐ南に位置するコンドリューではもっぱら、花のような香りをまとったヴィオニエが育てられている。シャトー・グリエもやはりヴィオニエを産出し、三・八ヘクタールのブドウ畑はモノポールである。では赤ワインのAOC産地での白ワインの生産状況はどうなのかというと、コート・ロティとコルナス以外では、サン・ペレのように、マルサンヌとルーサンヌから白ワインを造っている。

ローヌ北部の注目AOC

・クローズ・エルミタージュ

一九三七年にAOCを取得したこの産地が、ローヌ地方産ワインの生産・流通の中心地、タン・レルミタージュのすぐ近くにありながら（しかも最高級チョコレートのヴァローナ社の工場も近い）、いまだに高い評価を得られずにいるのはなぜだろうか。一九五八年にAOCの認定地域を大幅に拡大したが、一九八九年にそのほとんどが修正され、面積は約一千二百ヘクタールにまで減少した。それでもなお、作付面積は広い。このAOC地域にはあまり質のよくない土地が多すぎる。多くのブドウ樹は、品質の劣る平地に植えられている。そこは以前アプリコットの木が生えていた土地だ。こうしたブドウからできるワインは、地元向けの最も低価格帯の商品になると決まっている。しかし、あらゆる物価と同じように、価格は上がるばかりだ。最良の畑は、北東部の区画の急斜面にあり、豊かな花崗岩質土壌の、レ・シャシ、レ・セプ・シュマン、そしてレ・メゾニエである。

・エルミタージュ

エルミタージュも、一九三七年にAOC認定を受けた。ここは畑が一カ所にまとまった一枚続きの区画になっている。ほぼ花崗岩質土壌からなる南西部の丘の頂上付近には、ハリウッドの丘のように、Hermitageと書かれた大きな看板がある。この地域で最良のブドウ畑はレ・ベッサール、ル・メアル、レルミット、ペレア、そしてレ・ボームだ。ここで造られるワインは高級感にあふれ、価格も高い。エルミタージュは「ヴァン・ド・パイユ（Vin de Paille）」（訳注：フランス語で「パイユ」は「藁《わら》」を意味する）と呼ばれる少量生産の甘口白ワインでも知られている。その名は、ブドウを醸造前に藁の上で乾燥させる製法に由来する。

・コルナス

ローヌ北部で最小のAOC地区であり、私の大好きな産地の一つだ。エルミタージュが認定された直後、一九三八年にAOC認定を受けた。古代ローマの円形劇場のようなすり鉢状の土地に植えられたブドウ樹の間を歩いているだけでも、心が揺さぶられるような気持ちになる。真に偉大な数名のワインメーカーが集まっているのも、ここである。畑は急峻な斜面にあり、土壌の大半は花崗岩が細かく砕けて分解されたものだが、あちこちに石灰岩質土壌も混ざっている。ローヌ北部で最も温暖なＡＯＣ地区でもあり、非常に乾燥しており、激しく吹きつけるミストラル（訳注：フランス南東部に吹く乾燥した寒風）から守られている地点が多い。コルナスでは、シラー百パーセントの赤ワインだけがＡＯＣ認定される。また、どういうわけか、この地のワインは長年にわたり「粗野」だとそしられてきた。しかしそんな昔の悪評など忘れてしまってかまわない。この地区で最も有名なブドウ畑はレイナールで、土壌の大半が花崗岩質だ。レ・シャイヨもよく知られており、場所によってはいくぶん石灰岩質も含まれた土壌である。

・サン・ジョセフ

この地区がＡＯＣ認定を受けたのは、一九五六年。イエス・キリストの父、聖ヨセフに由来する名前をもつこの栄光あるブドウ畑は、南北五十キロメートルにわたって細長く伸び、その距離はブルゴーニュの銘醸地コート・ドールとほぼ同じである。この長く伸びた産地は土地の起伏が激しい。また、この地区では、疑わしい土地までＡＯＣ認定地区としてブドウ樹を植栽してしまうという愚行に悩まされてきた。しかし、良質なブドウができたときのこの地区のシラーには、ローヌ屈指のシルクのようなきめ細やかな質感が感じられる。このワインは元来、「ヴァン・ド・モーヴ（Vin de Mauves）」として知られ（モーヴは聖ヨセフに捧げられた主要な町の名称）、ヴィクトル・ユーゴーの小説『レ・ミゼラブル』にも登場する。この地域のワインはフランス王ルイ十二世（在位：一四九八―一五一五）に愛されたといわれ、王自身も「クロ・ド・トゥルノン（Clos de Tournon）」として知られるブドウ畑を所有していた。一九八〇年からは、シラーのAOCワインには十パーセントまでマルサンヌとルーサンヌを混醸することが認められるようになった。最もよく知られたブドウ畑はサン・テピーヌとセシューである。

●コート・ロティ

この地区の名称を直訳すると「焼けた斜面（côte rôtie）」という意味になる。古代ローマ時代に開墾されたという輝かしい歴史をもつこの地区は、一九四〇年にAOC認定を受けたが、第二次世界大戦後にほとんど消滅してしまった。当時の栽培面積はわずか五十二ヘクタールほどだったのではないだろうか。当然ながらブドウ生産量が少ないため、ワインを売ることができなかった。しかし、一九八〇年代には少しずつ売り上げが好転し、一九九〇年代には一躍その名が知られるようになった。だが結果的には、このワインは再びほぼ消えてしまった。売り上げ不足ではなく、信頼性の欠如という問題が原因だったからだ。熟成用の樽材にそれまで使ったことのなかった種類の木を使ったり、近代的な技術を使ったりした結果、伝統的な特徴を備えたワインが造られなくなってしまったのだ。

この地区の堕落した評判をかろうじてもちこたえているワインも、わずかながら存在する。とはいうものの、そうしたワインの造られる場所は花崗岩が豊富ということで知られているのではなく、地質の大半は片麻岩と片岩だ。しかし、注目に値する著名な区画が二カ所ある。その一つ、コート・ブロンドは、大部分の土壌が花崗岩および片麻岩に由来する。もう一つの区画、コート・ブリュヌは、雲母と片岩を豊富に含んだ雲母片岩に由来する土壌が大半を占めている。AOCの規定では、この区画のシラーには、発酵時にヴィオニエを最高二十パーセントまで加えてもよいと定められている。ところで、もし「ジャンタ・デルヴュー（Gentaz-Dervieux）」という生産者のワインに遭遇したら、その奇跡的な発見を存分に楽しんでほしい。すでに生産されていないため、伝説のワインと化しているのだ。

ローヌ北部のワイン造り

産地ならではのワイン造りの手法とその方向性については、議論の余地がまったくない場合もある。しかしローヌ北部のようなところでは、どんな要素がその地域独特の魅力を際立たせているのかを知っておく必要がある。

この地域で栽培されるブドウの大半は、支柱（フランス語でéchalasと呼ばれる）に固定させるのが一般的だ。トマトの栽培を思い浮かべてもらえればよいだろう。この方法は急斜面の畑でブドウを最適に熟させる効果がある。一本の木から最大量のブドウを収穫するのにも効果的だ。ブドウは甘くなる直前に収穫されるため、味わいのすべての要素がバランスよく保たれ、果実味だけが突出することがない。

次に、どんな発酵をさせるかという問題がある。近代的なスタイルを好むワインメーカーの多くは、よりクリーンで果実味が前面に出たスタイルを追い求め、除梗をしてステンレスタンクで発酵させる。ときには、その後で新樽に移して熟成させたりもする。一方、私の好きなワインメーカーたちは伝統的な手法を好み、全房で発酵させる。こうすることでスパイシーな味わいと深みのある複雑さが生まれる。彼らは収穫したブドウを房のまま、開放型のコンクリート製または木製の発酵槽に入れる。そして果汁が流れ始めるように、少しだけ足で踏む。発酵が終わると古樽に移し替えて、造り手がこれでよいと納得できる段階まで熟成させる。通常、この期間は収穫から一年半ほどである。

ワインメーカー・プロファイル
大岡弘武　ドメーヌ・ド・ラ・グランド・コリーヌ（Domaine de la Grande Colline）

大岡弘武のような日本の好青年が、一体どうしてコルナスにやってきたのだろうか。ここは辺鄙で、外国人嫌いといっても過言でないほど閉鎖的な土地である。そして急斜面で悪戦苦闘しながらワインを造るヴィニュロンたちがいる土地であり、感覚的にも東京とはかけ離れている。しかし、「大」きな「岡」という彼の名前を見ると、こう考えたくなる。きっと何らかの因縁があったのだ、ワイン造りは彼の運命だったのだと。

一九九七年、大岡はボルドーでワイン造りを学ぶために日本からフランスにやってきた。彼が行動を起こすきっかけとなったのは、コルナスの名手ティエリー・アルマンが造った一本のワインだった。アルマンは酸化防止用に亜硫酸を使わずに、みごとなワインを生み出して名を成したワイン生産者である。シラーのワインを造った経験のある醸造家のほぼ全員が、彼から影響を受けている。

アルマンのボトルからワインの真実を感じ取った大岡は、名手のもとで働く糸口を求めてローヌ北部へ向かった。しかしアルマンに拒否されてしまったため、同じローヌにある大手ワイナリー、ギガルの畑の栽培の職に落ちついた。ギガル社は必ずしも自然ワインの牙城ではなかったが、ともかくも彼はアルマンのすぐ近くにいられることになったのだ。やがてアルマンが態度を和らげて彼を雇い入れてくれるようになり、コルナスの丘で働き始めた。二〇〇一年、彼は自身が初めて造ったワインに「ル・カノン（Le Canon）」というラベルを貼った。その翌年、コルナスで人手の入っていない十九ヘクタールの土地が売り出された。そこは、サン・ペレとコルナスの境目にあるアルマンのブドウ畑と醸造所の近くだった。土壌にはそれまで農薬などが散布されたことはなく、この土地を購入したことが、大岡のドメーヌ「ラ・グランド・コリーヌ」の始まりだった。グランド・コリーヌ（Grande Colline）の意味はもちろん、「大きな丘」である。ちなみに、この土地が売り出されたことをきっかけに、ローヌ北部の地価は急上昇していった（現在、一ヘクタール足らずの耕地が百万ドルを超える可能性がある）。

私がサン・ペレの大通りから外れて、大岡の敷地へと続く私道へ車を乗り入れたのは午後も遅い時間だった。車を降りて庭へ入っていき、色鮮やかな菜園を前にして、私はここへ来る直前に訪れたヴィニュロン、フランク・バルタザールが含み笑いをしながら放った言葉の意味を考えずにはいられなかった。フランクはこう言っていたのだ。「ヒロタケに会ったら、二〇一三年はどうだったか聞いてみるといいよ！」

大岡は私を待っていてくれた。家の周囲では、小さな子どもたちが裸で走り回っていて、その愛らしい姿に魅せられてしまった。辺りにはできたての旨味を感じさせる寿司の香りが漂っていた。何とも胸躍る光景を見たものだと思いながら、彼のワインセラーがある洞窟までの短い距離を車で走った。セラーの入口の上部には、ほとんど文字が読めなくなった看板が掲げられ、カーヴ・ド・クルッソル（Caveau de Crussol）と書かれていた。

セラーに入ると、寒さで震え、石のように固まってしまった。内部は冷気と湿気で濡れていて、貯蔵されたボトルも石の割れ目も、黒っぽいかびの毛玉で覆われていた。

「このなかは決して十一度を超えません」と大岡から説明された。

この寒さが、ナチュラルなワイン造りに役立っている。それは有機栽培のブドウ作りに始まり、法的に許された添加物さえも一切使わない手法だが、ごく少量の亜硫酸を添加することもある。そうしたワインこそ、彼が少なくとも赤ワインに関しては習得したと信じている造り方でできあがったワインだった。そう語りながらも、彼の口調は謙虚そのもので、自慢しているようには感じられなかった。彼の赤ワインの大半は全房発酵で造られている。粒のなかで発酵が始まり――まるでマセラシオン・カルボニック（酵素発酵）が起こっているようだ——その後すぐにアルコール発酵に移る。果実が破砕され、酵母が果実の糖分を食べ始めることによってアルコールができる工程だ。そしてワインは瓶詰めまで樽で熟成される。大岡の手法の一つに、ワインが落ちつくまで絶対に動かさないようにするというものがある。たとえば彼の「二〇一一年サン・ジョセフ（Saint-Joseph）」は三十六カ月間もエレヴァージュ（élevage）させる。エレヴァージュとは、発酵後のワインを瓶詰め前に木樽で熟成させることを示す用語だ。しかし例外があり、彼の造る手頃な価格の（といってもたいへんおいしい）日常向けワイン「ル・カノン」は比較的フレッシュな状態で発売される。彼は日本向けにボジョレー・ヌーヴォー・タイプのワインも造っている。ボトルにはすべて密閉性の高い合成コルクが使われている。「こうしておけば、もしワインに何か問題があっても、コルクのせいではなくて僕の責任だと分かりますからね」と彼は言う。

食事の用意ができたと電話がかかってきたが、私は大岡に畑を見せてくれと頼んだ。彼が快諾してくれたので、丘の畑に戻り近くの家の裏庭を通り抜け、アルマンのキューブリ（cuverie）（訳注：フランス語で醸造所の意）の裏手にあるブドウ畑へ向かった。彼が所有する土地のうち、畑になっているのは三・五ヘクタールのみで、これが十二の区画に分かれている。私たちが歩いて見に行った畑は急峻な斜面にあり、それまでにコルナスで見たどんな畑よりも傾斜が激しかった。この景色を見て、彼の苗字「大岡」の意味するところがすっかり理解できた。

ブドウ樹は雑草が生い茂るなかに立っており、一ヘクタール当たり八千本という、密植率で植えられていた。辺りの空気は生命力に満ち、快い香りが感じられた。つい先頃わずかに降った雨のために、周囲に伸び放題に生えているガリッグ（garrigue）（訳注：地中海地方特有の、乾燥した水はけのよい石灰岩の岩山に生える植物の群系）から、さまざまな野生のハーブの入り混じった香りがふんわりと漂ってくるのだ。私はようやく、思いきって尋ねてみた。「それで、二〇一三年にどんなことが起こったの？」

大岡の説明から、彼は福岡正信の提唱した農法を極端な形で実行しようとしたことが分かった。福岡は哲学的な思想をもつ日本の農業者で、詩のような文体で書かれながら多くの人びとに影響を与えてきた『自然農法　わら一本の革命』の著者である。これは、よく「何もしない農法」と称される農法について説いた本だが、「何もしない」というのはやや誤った呼び名だ。確かにこの農法は、人手をかけず、植物の成長をじっと観察していく手法であり、化学肥料や農薬を一切使わず、農地を耕さずに、植物自体が土に働きかけ、空気から取り込むのに任せた手法である。大岡も土壌に何も手を加えないという選択をした。自然環境が、彼が必要とするすべての役割を担ってブドウを守ってくれると信じたのだ。しかし、自然は優しくはなかった。二〇一三年、大岡はすべてのブドウを腐らせてしまい、壊滅的な状態となった。しかし「危険は承知済みでした」と語る彼は、困惑しているようには見えなかった。この体験から教訓を得た彼は、必要に応じて農薬を散布するようにしている。私はさらに尋ねてみた。「ここでは、花崗岩がシラーにどんな影響を与えていると思う?」

大岡は、この地の土壌に粘土質がいかに少ないかを教えてくれ、そのため養分があまりなく、水分はほとんど含まれていないと言った。「おまけに、僕たちのブドウ樹は斜面にあるのでさらに状況が悪いんです。こうなるとブドウ樹にとっての生育条件が非常に厳しくなり、結果として、樹勢が極端に強くなり、収穫量が少なくなるのです」と説明する。

ワインの味への影響について尋ねると、彼は「たとえばレイナールとシャイヨのブドウ畑の場合は……」と、コルナスで最も有名な二つの畑名を挙げた。シャイヨは花崗岩質土壌だが石灰岩質土壌も見られ、粘土質も多いという。粘土質土壌から生まれたワインはがっしりと力強く、スモーキーなアロマが感じられる。一方のレイナールは花崗岩質土壌のみであり、エレガントでフィネスをもったピュアな味わいのワインを生むという。

現在、大岡が所有する畑から造るワインは一銘柄のみ、それが彼の「コルナス(Cornas)」

である。そのほかはネゴシアンのブドウ、つまりほかのブドウ栽培家がつくったブドウを買ってワインを造っている。ブドウはビオディナミ農法で栽培され、造られたワインは「ル・カノン」のラベルで、全部で三万本が販売されている。大岡は将来的に「ル・カノン」の製造をやめて、「コルナス」だけに注力したいと考えているようだが、それはあまりにもったいない話だ。なぜなら「ル・カノン」は、彼の優れた醸造技術を手頃な価格で味わえる絶好の機会だからである。たとえ彼自身の畑ならではの味わいを楽しめないとしても、「ル・カノン」は貴重である。このワインが消えたら、私たちの口も（そしてワインガイドのポケットブックも）寂しくなるだろう。なにしろ私は、「ル・カノン」が初めて世に出たとき以来の大ファンなのだ。

初めて大岡のワインを味わったのは二〇〇三年のこと。それはいかにもコルナスらしく、野性的で生き生きとした印象だった。現在でも私は、彼が生み出すあらゆるワインを探して味わうことをこよなく愛している。しかし、私が彼のワインに寄せる愛情は、フランスで飲んだときの方が情熱的になる場合が多い。となると、このワインのアメリカへの輸送状態が適切なのかどうか判断に迷う。アメリカで飲むと、あの非の打ちどころのない魅力がときとして弱まったように感じられることがあるのだ。しかし、たとえ完璧な状態でなくとも、もしも大岡のワインが見つかり、財布にゆとりがあるのなら、探究してみる価値はある。「ル・カノン・ルージュ（Le Canon Rouge）」から「コルナス」まで、ワインの価格帯は二十ドルから八十ドルだ（訳注：二〇一九年現在、大岡弘武はフランスから日本に戻り岡山県でワイン造りに取り組んでいる）。

ローヌ北部のお薦めの生産者と産地および農法

- フランク・バルタザール（Franck Balthazar）／コルナス（有機農法）
- ラ・グランド・コリーヌ（La Grande Colline）／コルナス（有機農法）
- ティエリー・アルマン（Thierry Allemand）／コルナス（有機農法）
- オーギュスト・クラープ（August Clape）／コルナス（サステーナブル農法）
- マルセル・ジュジュ（Marcel Juge）／コルナス（サステーナブル農法）
- ミッシェル・ブール（Michaël Bourg）／コルナス（有機農法）
- ドメーヌ・ド・ペルゴー（Domaine de Pergaud）／エリック・テクスィエ（Eric Texier）／コート・ロティ、ブレゼーム（有機農法）

- ベルナール・ルヴェ（Bernard Levet）／コート・ロティ（サステーナブル農法）
- ジャン・ミシェル・ステファン（Jean-Michel Stéphan）／コート・ロティ（有機農法）
- ステファン・オティグィー（Stéphane Othéguy）／コート・ロティ（有機農法）
- ピエール・ベネティエール（Pierre Bénétière）／コート・ロティ（有機農法）
- ダール・エ・リボ（Dard & Ribo）／クローズ・エルミタージュ、サン・ジョセフ、エルミタージュ（有機農法）
- ドメーヌ・ジャン・ゴノン（Domaine Jean Gonon）／サン・ジョセフ（有機農法）
- ジャン・ルイ・シャーヴ（J-L Chave）／エルミタージュ、サン・ジョセフ（有機農法）
- ドメーヌ・デ・ミケッテ／ポール・エステベ（Domaine des Miquettes）／サン・ジョセフ（有機農法）

フランス　ロワール地方　ミュスカデ

　ワイン生産者やテイスティングのプロが直感で理解していることを、科学者が数値で示そうとする限り、土壌がワインの風味に影響を与えるか否かをめぐる激しい議論は永遠に続くことだろう。とはいえ、ロワール川の西端、ペイ・ナンテ地区にあるブドウ畑ほど、反対論者たちを黙らせるのにうってつけの場所はない。しかも「ミュスカデ」という、愛情のこもった名前で呼ばれているのだ。「ドメーヌ・ド・レキュ（Domaine de l'Ecu）」の創業者であり、ミュスカデの巨匠に名を連ねるギィ・ボサールが君臨するのは、この地である（現在、ドメーヌはフレデリック・ニジェ・ヴァン・エルクが引き継いでいる）。彼はこう断言した。「テロワールがワインの個性にもたらす影響をかたくなに理解しようとしないのは重大な過ち、さもなければ大ばか者だ！」

　まったくそのとおりである。

ミュスカデの土壌

先カンブリア紀（訳注：地球の生成時期から五億四千百万年前までの時代の総称。大規模な花崗岩の貫入があった時代で、この時代の地層は現在までに激しい変形と変成作用を受けたものが多い）の間ずっと起こっていた海の激しい隆起によって、主に貫入性火成岩と変成岩類が陸地へと押し上げられた。こうした隆起によって、アルモリカン山地と呼ばれる山地が生まれ、現在のブルターニュ地方、ノルマンディー地方、そしてロワール川の下流域の基礎を形成した。その後に生じた圧力と変成岩の隆起により、片岩と片麻岩が火山性物質と入り混じった。ここで一気に時間が飛ぶが、今から数百万年ほど前には侵食作用によって土地が平らになり、標高はせいぜい百二十メートルほどに下がった。そのため、地形の変動が激しい土地に見られがちな山頂らしきものも高地もこの辺りには見当たらないが、興味をそそられる天候と土壌は、話題性に欠ける風景を補って余りある。

ロワール川の最下流域にある都市ナント周辺の土地は、じめじめとした低地で風が強く、土壌は砂利の混じったカッテージチーズのようだ。ここで主に栽培される品種は、そのブドウ名がそのまま産地名になった、「ミュスカデ」である。より正確には「ムロン・ド・ブルゴーニュ」という名で知られている。

私の心を弾ませてくれるワイン産地をいくつか挙げると、アルザス、ローヌ北部、シエラ・フットヒルズ、ボジョレー、そしてロワール西部が思い浮かぶ。そう考えると、単に花崗岩の影響を受けたブドウが好きどころか、すっかり夢中だという安直な結論に落ちついてしまいそうだ。でも一体、花崗岩質土壌の特徴の何に、これほど引きつけられるのだろうか。

その答えを求めて、やはり花崗岩質土壌のワインを愛するデイヴィッド・リリーに会いに行った。彼はニューヨークのトライベッカにある、自然ワインの象徴的なワイン販売店「チェンバーズ・ストリート・ワインズ」の共同経営者だ。

七月の午後のことだった。私はデイヴィッドとともに店の奥に落ちつき、彼が「ドメーヌ・ド・ラ・ペピエール (Domaine de la Pépière)」を運営するミュスカデの伝道師、マルク・オリヴィエを訪ねたときの思い出話を聞いた。「マルクは、自分のワインはすべて、自園のブドウから同じ製法で造っていると言っていたよ。畑はそれぞれかなり近接しているにもかかわらず、すべて土壌が異なっていて、味わいもまったく異なっているそうだ。もっとすごいのは、熟成していくにしたがって、その違いがさらに際立ってくるというんだ。マルクにとってそれがテロワールの証明なんだ」

デイヴィッドは分かりやすく説明するために、同じヴィンテージの二本のワインを開けてくれた（二本のうち一本はスクリューキャップだった）。一本はシャトー・テボー村のマルク・オリヴィエ所有の小さな区画のワイン、「クロ・デ・ブリオール（Clos des Briords）」だった。この区画は銀色がかった砕けやすい花崗岩が豊富だ。もう一本は、ジョー・ランドロンが運営する「ドメーヌ・ド・ラ・ルヴトリー（Domaine de la Louvetrie）」の「ル・フィエフ・デュ・ブライユ（Le Fief du Breil）」で、正片麻岩（訳注：変成岩である片麻岩のなかで花崗岩類を源岩とするもの。構成鉱物は基本的に花崗岩と大差なく、石英、長石などからなる）の岩片と粘土質、そして小さな石英が混ざった丘の斜面のブドウ畑から造られたワインだった。

「二つのテロワールの香りの違いは、酸度とアロマの質の違いによる」。そう言ってデイヴィッドは「クロ・デ・ブリオール」の入ったグラスに鼻をつっこみ、しばらく考えにふけってから、口を開いた。「このワインを味わうといつもはじめに感じるのは、フレッシュさと酸味なんだ。果実味はこれといって感じない。だけど香りが開いてくると、白い花とレモンの皮のような香りをほのかに感じるようになる。この繊細な柑橘類の皮の風味には、酸味と鋭さが比較的強く感じられる。もう一方の正片麻岩質土壌のワインはこってりとしている」

デイヴィッドの考えでは、土壌の特徴がどれだけブドウに表れるかは、農法にかかっているという。ということは、かつて平凡な産地となりさがったミュスカデの産地が再び輝きを取り戻したのはすべて、ビオディナミ農法や有機農法に取り組む人びと、あるいは少なくとも信頼できる農法を実践する人びとのおかげだということになる。こうした大仕事を成し遂げたワイン生産者には、マルク・オリヴィエ、ジョー・ランドロン、ミシェル・ブレジョン、ギィ・ボサール、そしてピエール・ルノー・パパンが名を連ねる。優れた農法と手法はボジョレーをも救い、「ボジョレー・ヌーヴォー」の呪いから解放した。

一方、ときとしてテロワールが化学物質に打ち勝つこともある。デイヴィッド・リリーはこう説明する。「ボルドーとブルゴーニュのいずれの地方でも、慣行農法にもかかわらず良質なワインができている驚くべき土地がある。不活発な死んだ土壌だというのに」。彼によるとその理由の一つは、とてつもなく複雑な生命の連鎖であり、そこでは微生物が土壌中の栄養分を運んでいるのだという。やがてこうした栄養分を菌根菌《きんこんきん》（訳注：植物の根に生息し、土中に菌糸を伸ばす菌類）が吸収し、ブドウ樹へと供給する。この複雑な連鎖は、生きた土壌と同程度とまではいかないものの、死んだ土壌にも確かに存在する。つまりテロワールは、それが偉大なものであれば、ブドウ産地として生き残ることができるのだ。

次にデイヴィッドと私は、ジョー・ランドロンの「ル・フィエフ・デュ・ブライユ」に移った。アルコール度数はブリオールと同じ十二度で、どちらも極辛口だった。このワインは正片麻岩質土壌産で、果実香とハーブ香が強く、先に飲んだワインに比べて、より熟していてまろやかな印象を受けた。「ブリオールと同じようなレモンの特徴があるけれど、こちらは熟したまろやかなレモンだ。こうしたまろやかなアロマと味わいは、花崗岩質土壌のワインからは絶対に感じ取れない。フィエフは長期熟成が可能だが、ブリオールほどではないよ」ギィ・ボサールは熟成についてこのように推定している。「片麻岩質土壌のワインは二年から五年、正片麻岩質土壌なら四年から八年ほどだろう。そして花崗岩質土壌ならば五年どころか永久に熟成し続けるだろう」

ワイングラスへと運ばれてくるテロワール由来の主要素とは、土壌がワインの酸味におよぼす影響だ。デイヴィッドとワインを味わった午後まで、私が本気で深く考えてこなかったのは、まさにこのことだった。たとえば花崗岩質土壌はpH値が低く、酸度の高いワインを生む。「われわれはさまざまな酸らしい匂いをかぎ、味わいを感じている。いわば口と鼻で酸味を体験している。つまり石やら花崗岩やらを味わっているのではなく、その岩がもたらす効果を味わっているんだ」とデイヴィッドは言う。

なぜ私は花崗岩質土壌を愛しているのだろうか、という疑問への答えもここにある。レモンが一個あればたいていどんな食べ物もおいしくなると思いこんでいる一人の女性としては、答えはきっと、酸にあるに違いないと思うのだ。

ミュスカデの品種

現在、ミュスカデは白ワインの産地として知られているが、気候変動の影響で、昔盛んだった赤ワイン用品種の栽培も徐々に復活しつつある。カベルネ・フランとコー（別名マルベック）、そして少量ではあるがガメイとピノ・ノワールも栽培されている。こうした赤ワインは、シンプルで十分満足できる品質だ。現在はワイン造りから引退しているミュスカデの巨匠ギィ・ボサールは、彼の花崗岩質土壌のカベルネ・フランは、花のような特徴が見られるピノ・ノワールに非常に近かったと語った。一方、この地域は香りが控えめな白ワイン用品種でも知られている。その一つ、グロ・プランはフォル・ブランシュの地元名であり、アルマニャック（訳注：ブランデーの一種）の原料としてよく使われる品種である。ところがスティル・ワイン用としては、病気に弱く酸度の高いブドウだという低評価にさいなまれている。このブドウから生まれる切れ味のあるワインを好む飲み手は批判に反発し、有機農法やビオディナミ農法の生産者が造るフォル・ブランシュを探し求めている。なかでもスパークリングワインとしてリリースされるものは人気が高い。しかしながら、この地域の決定的なブドウは何といっても、もう一つの品種である。ミュスカデという地域は、ムロン・ド・ブルゴーニュの支配圏なのだ。その名が示すように、ブルゴーニュがほぼ原産地である。ムロンはペイ・ナンテによく適している。というのも、この地域の厳寒な冬にも比較的たくましく耐えられるからだ。ジャンシス・ロビンソンはこの品種に否定的で、「アメリカにはごく一部であるが、ずいぶんと熱心な愛好者たちがいる」と語っている。どうぞ私たちを「ごく一部のずいぶんと熱心な愛好者たち」と呼んでほしい。

ミュスカデのワイン造り

伝統的なムロン・ド・ブルゴーニュのワイン造りは単純だ。ブドウを育ててコンクリートタンクで発酵させる。このタンクは地面に埋まっている場合が多い。こうしてできたワインのラベルにはもう一つ、謎を解く手がかり、「シュール・リー（sur lie）」という表示があるはずだ。これは「澱の上」という意味で、ワインを澱と接触させたまま、瓶詰めまで熟成させる手法である。何やら不衛生なワイン造りに思われるかもしれないが、澱に含まれた栄養分によって深みは格段に増し、テクスチャーや風味もよくなる。そしてほのかにクリーミーな特徴をワインに加えてくれる。伝統的な工程では、マロラクティック発酵が起こらず、大半のワインは醸造から一年以内に瓶詰めされる。とはいえ、例外もある。今日では、野心的な生産者たちがコンクリートタンクの代わりに樽で長期間熟成させてマロラクティック発酵を起こすことによって、従来とまったく異なるまろやかなミュスカデを生み出すようになってきた。

だまされているのではと思うほど単純な製法だが、ムロン・ド・ブルゴーニュはいたって繊細で表現力が豊かだ。財布に優しい価格にもかかわらず、かなり長期間熟成させることができる。しかも、環境の影響を非常に受けやすいために、土壌の特徴が大いに表れる品種でもある。幸運にも、一人の生産者によって一つの品種が多種多様な土壌で育てられた結果、どんなワインが生まれるのかを経験させてもらえる絶好の機会がここにあるのだ。そうしたワインは雄弁かつ切れがあり、爽やかで、かつ塩味をたっぷりと備えているものもあれば、まろやかで余韻が短いものもあるだろう。しびれるような活力あふれるタイプもあるはずだ。いずれの場合にしても、デイヴィッド・リリーが指摘していたように、角閃岩、片岩、片麻岩、あるいは花崗岩など、ブドウが育まれた土地の地質による酸味の違いに気づくはずだ。アメリカにもこの実験をしている生産者がいて、特にオレゴンでは、玄武岩質土壌のムロン・ド・ブルゴーニュ――いや、ムロン・ド・アメリカといっておこう――を味わうことができる。

ミュスカデの村名格 クリュ・コミュナー

ミュスカデの優れた生産者たちはずっと以前から、自分たちのワインが唯一無二の存在だと確信していた。しかし、長年にわたって有機農法に取り組み、伝統を守ってコンクリートタンクでワインを醸造してきた（そしていい意味で鋭角的かつ塩味のあるワインを造ってきた）生産者たちさえも、真心こめたワインからはわずかな利益しか得られなかった。この事態にうんざりしたミュスカデの生産者たちは、自分たちの主張を通すべく団結した。こうして二〇一一年、約五十名のトップ生産者たちの努力が実を結び、ミュスカデの特級畑として、クリュ・コミュナー（Crus Communaux）（訳注：村名格の意）が認定された。初めて認定地域となったのは斑レイ岩質土壌のゴルジュ、花崗岩質土壌のクリソン、正片麻岩質土壌と斑レイ岩質土壌のル・パレという三つの村だ。雲母片岩質土壌と片麻岩質土壌のグレーヌもやがて認定されるだろう（なお片麻岩、片岩および角閃岩はすべて変成岩である）（訳注：グレーヌは二〇一九年時点で認定済み）。

認定の背景には、ニッチで複雑、かつ長期熟成が可能なミュスカデ・ワインの品質を保証する目的があった。そのため、当然ながら単位面積当たりの収穫量を限定する、シュール・リーの最短期間を設けるなどの規定がある。シュール・リーの期間は十七カ月から二十四カ月と規定されている。あらゆる産地と同様に、ミュスカデの生産者たちもＡＯＣの地位が欲しいのだ。それだけの価値があるワインだが、これから価格が上がってくるのを覚悟しておいてほしい。クリュ・コミュナー認定地区および認定予定地区と、その土壌の母岩を紹介しておこう。

一　**ゴルジュ（Gorges）**（斑レイ岩、その上に粘土質と石英）
二　**ル・パレ（Le pallet）**（変成岩：斑レイ岩、片麻岩）
三　**クリソン（Clisson）**（花崗岩）
四　**モニエール・サン・フィアクル（Monnières-Saint Fiacre）**（変成岩：片麻岩）
五　**シャトー・テボー（Château-Thébaud）**（花崗岩）

六　**グレーヌ（Goulaine）**（変成岩：片麻岩と片岩）
七　**ムジロン・ティリエール（Mouzillon-Tillières）**（変成岩：斑レイ岩）
八　**ラ・エ・フアシエール（La Haye-Fouassière）**（片麻岩、角閃岩）
九　**ヴァレ（Vallet）**（変成岩：片岩の周辺に火山性の斑レイ岩）
（訳注：二〇一九年現在、シャントソー〔Champtoceaux〕も認定されている）

ミュスカデのお薦めの生産者と産地および農法

老舗の生産者

- ドメーヌ・ド・ルヴトリー（Domaine de la Louvetrie）／ジョー・ランドロン（Jo Landron）／ラ・エ・フアシエール（ビオディナミ農法）
- ドメーヌ・ド・レキュ（Domaine de l'Ecu）／ル・ランドロー（ビオディナミ農法）
- ドメーヌ・ド・ラ・ペピエール（Domaine de la Pépière）／マルク・オリヴィエ（Marc Ollivier）／メスドン＝シュル＝セーヴル（ビオディナミ農法）
- ドメーヌ・ピエール・ルノー・パパン（Domaine Pierre Luneau-Papin）／ル・ランド

ロー（ビオディナミ農法へ転換）

- ドメーヌ・ラ・パオネリエ（Domaine de la Paonnerie）／ジャック・キャロゲ（Jacques Carroget）（ビオディナミ農法）
- ドメーヌ・ミシェル・ブレジョン（Domaine Michel Brégeon）／アンドレ・ミシェル・ブレジョンとフレデリック・ラリエ（Andre-Michel Bregeon & Frederic Lailler）／ゴルジュ（サステーナブル農法）
- ブリュノ・コームレ（Bruno Cormerais）／サン・リュミーヌ・ド・クリソン（サステーナブル農法）

新進気鋭の生産者

- コンプレモン・テール（Complémen'Terre）／マニュエル・ランドロンとマリオン・ペシュー（Manuel Landron & Marion Pescheux）（有機農法）
- ドメーヌ・ル・フェイ・ドム（Domaine Le Fay d'Homme）／ヴァンサン・カイユ（Vincent Caille）／モニエール・サン・フィアクル（有機農法）
- ドメーヌ・ド・ベルビュー（Domaine de Bellevue）／ジェローム・ブレトドー

（Jérôme Bretaudeau）／ジェティニエ（有機農法）
• ドメーヌ・ド・ラ・セネシャリエール（Domaine de la Sénéchalière）／マルク・ペノ（Marc Pesnot）／ルロルー・ボットゥロー（有機農法）
• ジュリアン・ブロー（Julien Braud）／モニエール・サン・フィアクル（有機農法へ転換）
• ドメーヌ・ボネ・ユトー（Domaine Bonnet-Huteau）／ラ・シャペル＝ウラン（有機およびビオディナミ農法）

フランス　ボジョレー地方

想像してみてほしい。あなたの娘を家から追い出し、荒涼とした土地で寒かろうと雨が降ろうと、自力で生きていくよう仕向けるというのだ。この場合、哀れな少女はガメイで、冷酷な親はブルゴーニュの土地である。一体何が起こったのか、説明しよう。

ガメイが歴史に初めて登場したのは十四世紀のこと。ブルゴーニュ地方サン・トーバンの郊外にあるガメイという町で見出された。町に新しくやってきた少女というのは誰をもふり返らせるもので、このブドウもその例にもれず、当初は大評判となった。ワイン評論家のヒュー・ジョンソンが著書『ワイン物語』で書いているところによれば、当時ペストに苦しんでいた人びとは、このブドウが全能の神からの謝罪のしるしであると考えたという。この品種は収量が多く、地元のブルゴーニュ地方で愛されていたピノ・ノワールより二週間も早く熟したため、大いに有望視された。できあがったワインも豊かな風味だった。ところが一三九五年、この地方を治めていたブルゴーニュ公国のフィリップ豪胆公が、ガメイを「劣悪で不実な植物」だと糾弾し、そのワインを、匂いは鼻につくし、苦くて有害だと切り捨てたのである。信じがたいことだ！　名誉棄損もはなはだしい。フィリップは、この品種は貴族らしい気品や軽やかな口当たりに欠け、この地方のほかのワインに見られるようなかぐわしさもないとして、ガメイを引き抜くよう命令を下したのだった。

しかし、このブドウは生き残り、ロワール地方とローヌ北部で再生したほか、ボジョレーでも復活した。とはいえ、こうした地方でガメイは貴族のお姫様として扱ってもらえず、農民たちは苦しんだ。威厳のあるローヌ北部と高貴なブルゴーニュに挟まれて、ボジョレーのガメイは、さながら三人姉妹の真ん中のように、肩身の狭い立場に追いやられた。

それから数世紀後、ボジョレー・ヌーヴォーの登場によって、ガメイは再び非難にさらされるようになった。ジョルジュ・デュブッフ（訳注：ボジョレー地区のワイン醸造家かつ地区最大のネゴシアン）によって、冗談めいた販売戦略の道具と化したのだ。毎年十一月の第三木曜日は、ガメイの新酒が最も早い飲みどきを迎える日である、と世界に向けて宣言されたのに続いて、鳴り物入りの宣伝が展開され、ヌーヴォーの解禁を祝うパーティーが催されるようになった。問題は、ボジョレー・ヌーヴォーが本来のガメイワインの模倣品だったことだ。確かに飲みやすく、良質ではあった。しかしこのワインのせいで、強い風が吹きつける微気候のもと、花崗岩質土壌の険しい斜面で育つガメイがどんなに優れたブドウとなりうるかを、世界の大部分から理解してもらえなくなった。そのため世界は、貧しく低質なワイン産地へとなりさがった地域から目を背けてしまったのだ。そんな産地の救い主となったのは、マルセル・ラピエールというワイン生産者だった。ボジョレー地方北部のモルゴン村に暮らしていたマルセルは、自身や友人たちの造るワインがひどい味だと感じていた。後年、彼は私にこう話していた。「ボジョレーの突出した欠点は硫黄と糖分だった」と。これは、ブドウを未熟な状態で収穫し、糖分を加えて発酵させた後、ワインの状態を安定させておくために亜硫酸を加えたことを意味する。これでは完全に毒入りシチューになってしまう。マルセルは、自然志向の科学者でありワイン醸造家でもある紳士、ジュール・ショヴェの助けを借りて、有機農法によるブドウ栽培と、自然ワイン造りを始めた。彼は亜硫酸すら使うのをやめた。友人たちも彼のワイン造りに追随し、彼らは「五人のギャング（Gang of Five）」として知られるようになり、まずはパリで、続いて一九八〇年代には世界中にワインを売り出すようになった。

マルセル・ラピエールたちのワインの評判は人づてに広がっていき、この流行はやがて自然ワインムーブメントとなって花開き、世界中のワインの飲み方を変えた。彼らのワインは、伝統に深く根差した本格的なワインである。たいていの場合、昔からのやり方にしたがってセミ・マセラシオン・カルボニックの手法で造られる。これはブドウを破砕せずに粒のまま全部、タンクに投入して醸造する手法だ。ブドウの果粒内部で酵素が発酵を始め、果実味豊かでスパイシーなアロマを生む。こうして生まれるワインは、必ずしも早くから飲める状態ではないと見なされる場合が多いが、十一月にはできあがっているのは確かである。

ボジョレーとミュスカデには共通点が多かった。どちらの産地も貧しく、どちらの農夫たちも生計を立てるのに苦労し、自殺者さえ少なくなかった。しかしいずれの産地でも、自然志向のワイン生産者たちが自分たちの造るワインを愛する飲み手を見つけ、名を成した。私が愛飲するのはこのようなワインだ。とはいえこのワインは、まだようやく尊敬を集めるようになってきたところだ。

ローヌ北部のシラーとブルゴーニュのピノ・ノワールに挟まれ、ボジョレーのガメイは苦しい立場にある。両品種に比べるとその魅力は非常に控えめで捉えにくいが、花崗岩質土壌でみごとな特徴を発揮するブドウであることは間違いない。

ボジョレー地方の土壌

ボジョレー南部の土壌は石灰岩質由来で、かなり多くの粘土質を含んでおり、ガメイの栽培に適さないという理由だけで退けられてしまう。しかしこの理論と矛盾する、卓越した土壌がいくつかある。花崗岩質土壌のガメイは切れ味があって酸味が強く感じられ、冷涼で湿気のある土地と相性がよい。一方、石灰岩質土壌だと、粘土質の含有量によってはやや肉厚になり、乾燥した暑い土地からは良質なワインが生まれる。ほとんど無名のボジョレー・ブランというワインの原料となるシャルドネが栽培されているのも、たいていこうした土地だ。有名な地域は北部に集中している。勇壮な花崗岩の尾根が見られ、十カ所の優良なクリュ（訳注：ボジョレーの「クリュ」はブルゴーニュの「畑単位の区画」という意味と異なり、もっと大きな村単位での地域を指す）があるのも北部である。しかし何といっても覚えておいてほしいのは、ほかならぬこの地方こそ、花崗岩質土壌がガメイに忠誠を誓っている土地であるということだ。そしてそのほかにも、例外的な優れた土壌がある。

ボジョレーにある十カ所の特別な村は「クリュ・ボジョレー」と呼ばれている（訳注：ボジョレーのAOC産地のなかでも、さらに優れた地区がAOCクリュ・ボジョレーと認定され、日本ではよく「村名ボジョレー」とも呼ばれる）。それぞれの村ごとに特徴があり、みごとな骨格のあるワインを生み出している。これらは血統のよさを感じさせる美しさと、非常によく熟成する能力を備えている。この地域のブドウ樹の姿も人を引きつけてやまない。通常の垣根仕立てではなく、小ぶりに丸めたような低木状に育ててあり、まるで盆栽のようだ。そしてクリュの土壌はそれぞれに際立った特徴をもっている。

クリュ・ボジョレーの名称と土壌の母岩

- **サン・タムール**：花崗岩と粘土
- **ジュリエナス**：西部は砂質の花崗岩。東部は片麻岩と片岩。一部マンガン（訳注：金属元素の一つ）と斑岩の鉱脈や粘土質が優勢な沖積土が混ざる
- **シルーブル**：標高が非常に高い畑。花崗岩とスメクタイト（訳注：膨潤性の粘土鉱物。水を吸収す

ると膨らむ）

- **シェナス**：ピンク色の花崗岩、赤砂、石英
- **ムーラン・ナ・ヴァン**：非常に濃いピンク色の花崗岩
- **フルーリー**：標高の高い畑。ピンク色の花崗岩と若干の粘土質
- **モルゴン**：ほとんどが片岩だが花崗岩が散在
- **レニエ**：砂状の花崗岩と片岩
- **ブルイィ**：ピンク色と青色の貫入性火成岩、花崗岩、閃緑岩、片岩（ブルーストーン）、石灰岩、砂岩
- **コート・ド・ブルイィ**：西部はピンク色と青色の貫入性火成岩およびピンク花崗岩。北部と南部は青っぽい閃緑岩

ボジョレー地方の品種

以前、ロワール地方にある「クロ・ロッシュ・ブランシュ（Clos Roche Blanche）」でブドウの収穫時期に働いたことがある。石灰岩質土壌の畑でガメイを収穫すると、両手がブドウの色で真っ黒になった。果皮が薄くて水分が多く、色素が非常に濃いのだ。このブドウは

果粒が非常に密着しているために腐りやすく、萌芽も早く、実が熟すのも早い。日焼けを起こしやすいため、日当たりのよすぎる土地で育てるとひどく水っぽい代物になってしまう。こうした理由から、強風で多雨という厳しい天候、かつ荒涼としたボジョレーの地は生育に最適のようだ。では味はどうだろうかというと、ピノ・ノワールを思い浮かべてほしい。繊細で少しタンニンがあり、しかもほのかにベリー類など森の果実の印象が感じられるのには驚いてしまう。あえていえばこれは、優美で女性的なワインの部類に入る。飲みやすく、かつ過剰に主張してくるワインではない。伝統的なセミ・マセラシオン・カルボニックの手法がシナモンの味と香りをもたらしつつ、繊細なタンニンのざらつきもしばしば感じられるワインだ。ローヌ北部にはもうガメイのブドウ樹はほとんど残っていないが、もし運よく見つけたら飲んでみる価値はある。ロワール地方ではどんな土壌（母岩は石灰岩、玄武岩および片岩）でも、気取らずしっかりした印象のタイプがよく見られる。ガメイはオレゴンでも人気を呼びつつあるほか、カリフォルニアではちょっとしたブームになってきた。適した場所に植えて、ロワールのようにカベルネ・フラン辺りとブレンドすれば魅力を発揮するはずだ。話は変わるが、オーストラリアのヴィクトリア州ビーチワースにある花崗岩地帯で、ドイツ出身のバリー・モレイが営む「ソレンバーグ・ヴィンヤード（Sorrenberg Vineyard）」

において造られたガメイのワインは、ひときわ魅力的だった。その背景には、灌漑設備のないやせた花崗岩質土壌と丁寧なビオディナミ農法が融合したことがあるのだろう。つまり土地と土壌、そして農夫がまるでマリアージュのように互いに影響しあったことがなせる技だったのだろうか。私が試飲したボトルは亜硫酸無添加で、二十年以上前に造られたものだった。そのワインにはしっかりとした骨格があった。果実味があった。そして誠実さがあった。そのワインは、好ましいワインと呼ばれるに足るすべての要素を失わずに保っていたのだ。私は胸を打たれた。ソレンバーグでは少量ではあるがシャルドネも栽培しており、たいていの場合、いたって良質なワインだ。最高品質のガメイは派手なことをせず慎重に造られ、しかも割安な場合が多い。ぜひとも探し求めていただきたいガメイは、ジャン・ポール・ブランの「ドメーヌ・デ・テール・ドレ（Domaine des Terres Dorées）」、「クリストフ・パカレ（Christophe Pacalet）」、「ジャン・ポール・デュボス（Jean-Paul Dubost）」、そして「ピエール・シェルメット（Pierre Chermette）」のワインだ。

ワインメーカー・プロファイル
ドメーヌ・ド・ラ・グランクール（Domaine de la Grand'Cour）

ジャン・ルイ・デュトレーヴが、フルーリーでドメーヌを立ち上げた父親のワイン造りに加わったのは一九七七年のことで、やがて一九八九年にそれを引き継いだ。当初しばらくの間、彼のワインはロバート・パーカーからもデイヴィッド・シルトクネヒト（訳注：両者ともアメリカのワイン評論家。シルトクネヒトはパーカーの発行するニューズレター『ワイン・アドヴォケイト』に寄稿）からも好ましくない評価をされた。しかし公正を期していうならば、おそらく『ワイン・アドヴォケイト』はこのドメーヌにおける劇的な変化を知らなかったのだろう。デュトレーヴは二〇〇九年、有機認証機関「エコセール（ECOCERT）」から有機認証を受けたのだ。この年は、彼がそれまでと異なるワイン造りに取り組み始めた年でもあった。私は彼に、なぜ農法を変えたのか尋ねてみた。相応の敬意をもっていうのだが、なにしろ彼は未経験のひよっこではなく、二十年以上もワイン造りに携わっている。人生のこの時点に来ると、たいていの人はすでに仕事に対する哲学を固めているものだ。ところが、私の問いへの彼の答えはシンプルだった。「ほかのワイン生産者たちが造ったワインを飲んだら、自分のワインよりずっと生き生きとしていた。それで、より自然を重視した取り組みを始めたんだ」

デュトレーヴは完全なマセラシオン・カルボニックに立ち戻った。すなわち、房のまま発酵槽に放り込み、二酸化炭素で表面を覆い、ブドウの粒のなかで発酵をスタートさせる方法だ。発酵にはステンレスタンクと古い大樽、そしてさまざまな使用年数のバリック（barrique）を取りそろえ、これらを組み合わせて使った。瓶詰め時も無濾過で、亜硫酸の添加量は最低限に抑えた。彼のブドウ樹は平均四十年から五十年ほどの樹齢で、なかには七十年ほどの樹もかなりあり、この地域としては、まあまあの古さである。所有する畑は九ヘクタールほどで、その大半はフルーリーの花崗岩質土壌にある。ここはクリュ・ボジョレーの一つで、彼のワイナリーもその近くにある。さらに、二つの小さな区画の畑と、ブルイィの石灰岩質土壌の一・六ヘクタールの畑がある。

クリュ・ボジョレーの畑を車で通り抜け、壊れそうな農舎が並ぶデュトレーヴの農場にたどりつくと、一頭の犬が私に向かってしきりに吠えてきた。畑をさっと見渡すと、ぐったりとして生気がなく（傷んでいたり成熟度がまばらだったり）、やや気が滅入るような状態だった。この年は天候が厳しく、ブドウ栽培家にとっては特に難しい年だった。訪問のちょうど一日前、私は悲観的な予測記事を読んだ。それは、天候不順と収穫量の減少のために、ボジョレーのヴィニュロンの半分が破産の道をたどるだろうというものだった。しかし、こうした不運に見舞われるのは、品質の評判がよろしくない生産者たちが大半を占めるのではないだろうか。デュトレーヴのような真剣に取り組むワインメーカーたちのおかげで、ボジョレーは躍進の途上にあるが、この地方にはまだ能力を発揮しきれていないブドウ畑とワインメーカーたちが数多く存在するのが実情だ。

デュトレーヴは畑で、もうすぐ一ヘクタール当たりのワイン生産量を十五ヘクトリットル（訳注：一ヘクトリットルは百リットル）にまで減らす予定だと教えてくれた。六十ヘクトリットルが常識である産地としては、ばかばかしくなるほど低い数値だ。私は驚いたが、彼はまったく気にしていなかった。有機栽培を始めるにあたって、この生産量でエコセールに登録したのだという。二〇一二年はあまり売るものがないかもしれないが、彼は二〇一一年に十分な売り上げを確保していた。それに、いつだって次の年というものがあるのだ。ましてやデュトレーヴは高い評価で人気上昇中のヴィニュロンである。

デュトレーヴは飼い犬を連れて、広々としたセラーを案内してくれた。そこにはさまざまなサイズの樽が並び、その多くは巨大な楕円形をしていた。私たちは飾り気のないテーブルにつき、試飲を始めた。

彼のワインはみごとだった。「クロ・ド・ラ・グランクール（Clos de la Grand'Cour）」は樹齢十年の若樹のブドウから造られ、二ppmと、わずかではあるが亜硫酸が含まれる。しっかりとしたストラクチャーがあり、シルトの土壌のワインらしく、ほのかにブラッドオレンジのようなニュアンスがある。私が釘付けになったのは、古いブドウ樹から生まれた方のワインだった。亜硫酸を添加せずに瓶詰めした「シャペル・デ・ボワ（Chapelle des Bois）」は、ボルドーの通常の樽より大きなフードル（foudre）と呼ばれる木樽で熟成され、かすかにざらついたようなテクスチャーがあり、ほのかなシナモンの香りと食欲をそそる酸味を備えている。まさに生まれた土地の個性を高らかに叫んでいた。続いて「キュヴェ・シャンパーニュ・ヴィエイユ・ヴィーニュ（Cuvée Champagne Vieilles Vignes）」を飲んでみた。リュー・ディ・シャンパーニュ（この畑はプルミエ・クリュでもグラン・クリュでもないが）と呼ばれる花崗岩質の優勢な土壌で生まれたワインだ（訳注：リュー・ディ〔lieu-dit〕は地形や歴史などに由来する古くからの呼称をもつ小区画）。このワインは、輝くばかりのストラクチャーがあった。新樽を思わせるニュアンスがやや見られるものの、樽の風味は溶け込んでいるように感じた。次の「ブルイィ・ヴィエイユ・ヴィーニュ（Brouilly Vieilles Vignes）」は、粘土質と石灰岩質というまったく異なる土壌から生まれたワインだ。そのため、テクスチャーにはより凝縮感があり、この岩質の組み合わせならではの味わい深さと果実味のバランスが特徴的だった。抜栓後、三日経ってもこれらのワインはまだ安定していた。

最後にデュトレーヴのもとを訪ねたときは、パスカリーヌと一緒で、冬のことだった。例の犬はあいかわらず私に吠えたててきたけれど、飼い主は少し気落ちしている様子だった。見れば火事で焼け落ちた農舎があり、私がそれを指すと彼は首をふった。一晩中火を消すのに必死で、私たちの訪問予定などすっかり忘れていたという。それでも「まあしかたないさ」とでも言いたげな笑顔を見せ、持ち前の気立てのよい彼に戻ってくれて、私たちは試飲を楽しんだ。

ボジョレー地方のお薦めの生産者と産地および農法

- ドメーヌ・デ・ヴィーニュ・デュ・メイヌ（Domaine des Vignes du Mayne）／ジュリアン・ギィヨ（Julien Guillot）／ボジョレー・ヴィラージュ（ビオディナミ農法）
- ドメーヌ・ヨアン・ラルディ（Domaine Yohan Lardy）／ムーラン・ナ・ヴァン（有機農法）

- ダミアン・コクレ（Damien Coquelet）／シルーブル（有機農法）
- クロ・ド・ラ・ロワレット（Clos de la Roilette）／フルーリー（サステーナブル農法）
- ヤン・ベルトラン（Yann Bertrand）／フルーリー、モルゴン（有機農法）
- イヴォン・メトラ（Yvon Métras）／フルーリー（有機農法）
- ドメーヌ・ジャン・フォイヤール（Domaine Jean Foillard）／フルーリー、モルゴン（有機農法）
- ドメーヌ・ジュリアン・スニエ（Domaine Julien Sunier）／レニエ、フルーリー、モルゴン（有機農法）
- ドメーヌ・ド・ラ・グランクール（Domaine de la Grand'Cour）／フルーリー、ブルイィ（有機農法）
- カリーム・ヴィオネ（Karim Vionnet）／モルゴン（有機農法）
- ドメーヌ・シャモナール（Domaine J. Chamonard）／モルゴン、フルーリー（有機農法）
- マルセル・ラピエール（Marcel Lapierre）／モルゴン（有機およびビオディナミ農法）
- ドメーヌ・ルイ・クロード・デヴィーニュ（Domaine Louis Claude Desvignes）／モルゴン（サステーナブル農法）

- ドメーヌ・アントワーヌ・スニエ（Domaine Antoine Sunier）／レニエ（有機農法）
- ドメーヌ・デュクロー（Domaine Ducroux）／レニエ（ビオディナミ）
- ドメーヌ・ローラン・ピニャール（Domaine Roland Pignard）／レニエ、モルゴン（ビオディナミ農法）
- ジャン・ポール・アンド・チャーリー・テヴネ（Jean Paul & Charly Thevenet）／モルゴン、レニエ（ビオディナミ農法）
- ジョルジュ・デコンブ（Georges Descombes）／ブルイィ（有機農法）
- クロテール・ミシャール（Clotaire Michal）／ボジョレー（有機農法）
- マルセル・ジョベール（Marcel Joubert）／ブルイィ、モルゴン、シルーブル、フルーリー（有機農法）
- レミー・デュフェートル（Rémi Dufaitre）／ブルイィ（有機農法）
- ドメーヌ・デ・テール・ドレ（Domaine des Terres Dorées）／シャルネイ（有機農法）

スペイン　リアス・バイシャス地方

フランスのミュスカデに相当するスペインのワインがあるとしたら、それはアルバリーニョだろう。スペイン北西部、ポルトガル最北端間近な地方のワインだ。この地方で最高峰のワイン産地といえば、ガリシア州、なかでもとりわけリアス・バイシャスが挙げられる。

リアス・バイシャス地方の土壌

リアス・バイシャスのなかでも、海からさほど離れていないところでは紅水晶（バラ石英）をまだらに含む花崗岩質土壌が見られる。ドライブしながら辺りを見ると、ブドウの古木が伝統的なペルゴラ仕立て（訳注：棚仕立ての一種）で栽培され、花崗岩の柱で樹が支えられている。そのため、ブドウは下草より高い位置で、頭上に網を張ったように枝をめぐらしている。こうすることで、ブドウは湿度が原因で絶え間なくさらされているベト病の危険から守られ、さらには大西洋から吹く風によって湿気からも逃れられる。ミュスカデ同様、アルバリーニョのワインは好ましい塩味があり、やはりミュスカデ同様に、シンプルに醸造するのが最も適している。一方、古いコンクリートタンクで発酵させる場合が多いミュスカデと異なり、この産地で最上のワインは、樽の風味を一切ワインに移さない古い大樽で造られることが多い（そもそも樽の風味を移すべきではない）。そうすることで、酸度の高い鋭角的なワインがまろやかに仕上がるのだ。

リアス・バイシャス地方の品種

アルバリーニョはリアス・バイシャスの名刺代わりといえる品種だ。原産地はポルトガル国境を超えた辺りだとされているから、なるほどと思われる。ちなみにここではどうでもいいことだが、スペイン語ではAlbariño、ポルトガル語ではAlvarinhoとつづられる（訳注：いずれも日本語ではアルバリーニョと読む）。ミュスカデ地方にもいくつか赤ワイン用品種があるように、この地域でも何種か育っていて、カイーニョ・ティント、エスパデイロ、メンシアといった品種が栽培されている。やはりミュスカデと同様、気候変動の影響でこの地域も温暖で乾燥気味になってきたため、白ワイン用品種が全体の九割を占めるこの地域でも、赤ワイン用品種がさらに勢力を広げようとしている。

アルバリーニョは果皮が比較的厚く、乾燥した土壌が適している。こういうと雨の多いガリシア地方には合わないのではと思われるかもしれないが、そこで力を発揮するのが花崗岩質土壌だ。ガリシア地方のように雨の多い気候では、この土壌ならではの水はけのよさがアルバリーニョを救ってくれる。一方、保水性のある粘土質が混ざっている場合があり、干ばつの年には好都合だ。米カリフォルニア州でも少量ながら栽培され、そこそこのワインができるが、イベリア半島では北端部沿岸のリアス・バイシャス以外では栽培されていない。これもミュスカデと同様で、あまり特徴のない中立的なブドウとも考えられているため、よくリースリングと比較されてきたが、これはややばかげている。放っておいても、アルバリーニョは本領を発揮して、菩提樹やうっすらと優しい春の花々のような香りを帯びるようになる。しかもこうした特徴は少し熟成させることでさらに深みを増していく。この地域ならではの実例を示してくれるのは、ほかならぬ土壌とアルベルト・ナンクラレスの取り組みである。

ワインメーカー・プロファイル　ナンクラレス・イ・プリエト（Nanclares y Prieto）

かつては経済学者だったアルベルト・ナンクラレスが、海の近くで暮らそうとリアス・バイシャスにやってきたのは一九九三年のことだった。彼が購入した家はカンバドスというところにあり、バル・ド・サルネスという、将来有望なブドウ栽培地域内だった。そこにはブドウ畑があった。アルベルトは次第にその植物にのめりこんでいき、やがて彼の人生は植物を育てることにとって代わられた。当初、彼は畑に化学物質を使っていたが、それが愚かな行為だと気づき、使用をやめた。そしてあるワイン醸造の専門家とともにワイン造りを始めた。専門家はアルベルトに、ワインの除酸を勧めた。酸がワインを鋭くしてしまっているように感じたからだ。アルベルトは「クソくらえ」と言い放ってただちに専門家と決別し、それ以降は一人でワイン造りをしている。

現在、アルベルトはアルバリーニョの畑を二・五ヘクタール分所有していて、その畑は十二の区画に分かれている。その畑のブドウから五種類のワインを造っていて、そのうち二つは複数の畑のブレンド物で、残り三つはそれぞれ単一畑物になる。農法は有機農法である。収量は低く、DO規定で一ヘクタール当たり一万二千キログラムまで許されている産地にあって、四千から七千キログラムに抑えている。明るい陽光のなかを海から数百メートル足らずの畑へと歩いていくと、彼の畑の小道と近隣のものとの違いが一目瞭然だった。違いとは、生命感だ。そばではしゃぎ回る犬とともに歩いていくと、野生のミントと鮮やかなタンポポが足の下で潰れ、春の強烈なエッセンスがあふれ出てきた。

土壌はこの地域の典型ともいえる最良のもので、粘土質と砂質、そして花崗岩の岩片が混ざっていた。すべての区画は個別に仕込んでおり、仕立てはすべて伝統的な棚仕立て（ペルゴラ）だった。アルベルトは地面から高い位置で誘引する棚仕立てが、ギヨー（guyot）仕立てに比べていかに優れているか話してくれた。ギヨー仕立てはより普及している垣根仕立てで、棚仕立てよりも地面に近い位置で枝を配置する。この地域でも新たに栽培を始める際によく使われている。しかし、棚仕立ての方が湿度をコントロールしやすく、厳しく剪定する必要がない。私たちは川の近くにある彼のブドウ畑を観察するために歩いていった。そこは細かい砂質の土壌のため、水はけがよかった。ガリシア地方のように雨が多くじめじめした土地では不可欠な特性だ。ここでは酸が非常に高いブドウが生まれるため、自然なマロラクティック発酵がうまくいかない。そのためブドウは発酵しきれないことが多く、元々備わっていたシャープさが残る。同じように酸度が高く良質なミュスカデの熟成の可能性を思い起こせば、きっとアルベルトのワインもセラーに数本寝かせておきたくなるはずだ。二十年といかないまでも、軽く十年は熟成させられる。

アルベルトのキュヴェを次々と試飲していくうちに、彼は二〇一三年をふり返って話し始めた。その年は絶え間なく雨が降り、収穫の時期も容赦なかった。こういう天候不順はワイン生産者にとって困惑のもとだ。そんな苦労話を披露して彼はこう言った。「あのときは泣きたくなったよ。でも今はどうかって？　最高にハッピーさ」。彼の言葉と同様にワインも最高に素晴らしく、心地よい塩味と切れ味があり、生き生きとした活力と個性にあふれている。

火成岩質土壌産ワインのテイスティングノート

炎から生まれた火成岩が造りだしたワインの可能性を余すところなく感じ取るには、花崗岩と玄武岩、それぞれの土壌で育ったワインのリストが欠かせない。そこで、各土壌を代表する逸品をここに紹介する（生産者／ワイン／生産国／産地／土壌順）。

1 マルク・オリヴィエ（Marc Ollivier）／ドメーヌ・ド・ラ・ペピエール（Domaine de la Pépière）／グラニテ・ド・クリソン（Granite de Clisson）／フランス／ロワール地方ミュスカデ／花崗岩質土壌

ムロン・ド・ブルゴーニュから生まれたこのワインの第一印象は、フレッシュさと青リンゴを思わせる酸味。とりたてて具体的な果実香があるわけではないが、香りが開いてくると、白い花とレモンの皮の香りをかすかに感じる。繊細な柑橘類の皮の風味にはレモンがやや強めに表れている。タンニンはほとんどなく、塩味のある長い余韻にはきわめて凝縮感があり、ミネラルウォーターと間違えそうなほどである。

2 ナンクラレス・イ・プリエト（Nanclares y Prieto）／ダンデライオン（Dandelion）／スペイン／ガリシア地方リアス・バイシャス／花崗岩質土壌

このアルバリーニョのワインには、ドメーヌ・ド・ラ・ペピエールとの共通点が多い。アタックの香りはニュートラルだが、口いっぱいに味が広がる。次第に、魅力的で食欲をそそるライムのような酸味が一気に広がりだす。ペピエールと同様に、なめらかなテクスチャーと塩辛い石のような余韻がある。異なるのは、よりパワフルでオイリーで、エキゾチックなレモングラスとオレンジの花の香りがほのかに感じられるところだろう。

3 サルヴォ・フォーティ（Salvo Foti）／イ・ヴィニェリ（I Vigneri）／アウローラ　エトナ・ビアンコ・スペリオーレ（Aurora, Etna Bianco Superiore）／イタリア／シチリア島／玄武岩質土壌とスコリア珍しいカリカンテのワイン。海を望み陽光がたっぷり降りそそぐ土地で育った、小ぶりで美しいブドウで造られており、オレンジのような酸味と香りが感じられる。味わいは、野性的かつさび感のある切れ味が衝撃的に感じられ、続いて生き生きとした爽やかさが舌の両側で感じられた後、長い余韻が続く。

4 ハリディモス・ハツィダキス（Haridimos Hatzidakis）／ドメーヌ・ハツィダキス（Domaine Hatzidakis）／アシルティコ・ド・ミロス（Assyrtiko de Mylos）／ギリシャ／サントリーニ島／軽石と火山灰質土壌

アシルティコはやはり海辺のブドウで、白い砂質土壌から生まれる。レモンのような特徴があり、やや荒々しい。酸味も鋭く、口をすぼめたくなるようで、かつ口中を洗い流すような酸味とかすかにこするような口当たりもある。ここに列挙したワインのなかでは最もタンニンが強く、アーモンドの皮のようなややざらついた特徴がワインに豊かなテクスチャーを与えている。アルコール度数が高めで、迫力のあるワインだ。

5 エトナ・ロッソ・ラ・カラブレッタ（Calabretta, Etna Rosso）／イタリア／シチリア島／玄武岩質土壌とスコリア

エトナ山で生まれたこの赤ワインには、ほかの海岸生まれのワインとの共通点が多い。ネレッロ・マスカレーゼとネレッロ・カプッチョのブレンドによるワインであり、標高の低い栽培地で育てられ、土壌にはあまり砂質が含まれない。しかし酸味は控えめどころではなく、最後の方で灰がきしるような強い衝撃がやってくる。ゴマの種や亜麻の種の風味もいくらかあり、その奥底に黒スグリがほのかに感じられる。

6 ドメーヌ・マルセル・ジョベール（Domaine Marcel Joubert）／フルーリー・ヴィエイユ・ヴィーニュ（Fleurie Vieilles Vignes）／フランス／ボジョレー／ピンク花崗岩と粘土質土壌

フィニッシュでは、リンゴのような酸の奥底にタンニンが感じられる。果実味が控えめで味わい深く、まさに申し分なく満足できるボジョレー。控えめながらもはっきりとした果実味は、輪郭がはっきりとしており、ざらつき感がありつつも、透明感のあるストラクチャーがある。こうしたすべての要素が織り合わさって、春の爽やかさと凝縮感が広がるととも

に、ほんのわずかながら動物の毛のような硬質なタンニンが感じられる。

7 ジェイソン・レット（Jason Lett）／ジ・アイリー・ヴィンヤーズ（The Eyrie Vineyards）／ピノ・ノワール・リザーブ・オリジナル・ヴァインズ（Pinot Noir Reserve Original Vines）／アメリカ／オレゴン州ダンディ・ヒルズ／ジョリー土壌

ジ・アイリー・ヴィンヤーズのピノ・ノワールは、オレゴンのテロワールを最もよく映し出している。自根のブドウから造られたワインは、まぎれもなく熟成させる価値がある。傑出した成熟感が前面に表れ、タンニンはブルゴーニュのピノ・ノワールに比べてやや主張が強くはっきりしている。熟成によって、ネッビオーロのようなスモーキーかつパストラミソーセージの風味を帯びてくる。酸味があり、熟成しつつも野性味を備え、アルコールと緑色野菜のような特徴がうまくバランスを保っている。

8 エルヴェ・スオー（Hervé Souhaut）／ドメーヌ・ロマノー・デストゥゼ（Domaine Romaneaux-Destezet）／フランス／ローヌ北部サン・ジョセフ／強く風化した花崗岩質土壌

穏やかなスモーク香とほのかなベリー系の果実の香り。口に含むとシラーならではの酸味が前面に出てきて、その背後にひらめきと活力が感じられる。ボディはミディアムで穏やかな印象、わずかにぬれた釘のようなニュアンスもあり、タンニンはごくわずかである。

ここに紹介した白ワインや赤ワインには、あなたの印象と似たところがあるだろうか。ぜひ以下の要素を意識しながら、ワインを飲んでみてほしい。

酸味：口中のどの部位で感じるか。鋭いか、やわらかいか、口をすぼめたくなるほどか、ジューシーか

タンニン：荒々しいタンニンか、それとも熟したタンニンか。スウェードのようになめらかなのか、あるいは紙やすりのようにざらついているだろうか。灰のような余韻が残るだろうか

味：味わい深いか、塩味があるか、スパイシーか、火打石のニュアンスが感じられるか

テクスチャー：ざらついているか、なめらかで口当たりがよいか

ストラクチャー：どんなストラクチャーか。そもそもストラクチャーがあるか。ワインを外側から支えているか、それとも内側から支えている骨組みのようなストラクチャーか

火成岩質土壌の産地早分かり表

産地		土壌の母岩	気候	代表的な品種
フランス	ロワール地方ミュスカデ	花崗岩	穏やかな冬、温暖な夏、多湿で西風が吹く	ムロン・ド・ブルゴーニュ
	ボジョレー地方	花崗岩	大陸性気候	ガメイ、シャルドネ
	ローヌ北部	花崗岩	寒冷な冬、温暖な夏	シラー、ヴィオニエ、マルサンヌ、ルーサンヌ
ギリシャ	サントリーニ島	軽石 火山岩	強風、高温	アシルティコ
スペイン	カナリア諸島	玄武岩	熱帯性だが標高により変化あり	ネグラモル、リスタン・ネグロ、リスタン・ブランコ
	ガリシア地方	花崗岩	冷涼、多雨	アルバリーニョ
	リベイラ・サクラ地方	花崗岩	冷涼、多雨	メンシア、ゴデーリョ、トレイシャドゥーラ、ラド、フェロル、カイーニョ・ティント、ガルナッチャ・ティントレラ
	シエラ・デ・グレドス	花崗岩	高温、乾燥	アルビーリョ、ガルナッチャ
イタリア	マウント・エトナ	玄武岩 火山灰	高温、日照量が多い	ネレッロ・マスカレーゼ、カプッチョ、カリカンテ
	ブラマテッラ	花崗岩 凝灰岩	湿潤な山岳気候	クロアティーナ、ウヴァ・ラーラ
	ソアーヴェ	玄武岩	多雨で温暖	ガルガネーガ
ハンガリー	トカイ	玄武岩 凝灰岩	大陸性気候で厳冬かつ温暖な夏	ハールシュレヴェルー、フルミント
オーストラリア	ビーチワース	花崗岩	高温、乾燥	シラー、ピノ・ノワール、ガメイ、シャルドネ
アメリカ	オレゴン州ウィラメット	玄武岩	多雨、日当たり良好	ピノ・ノワール
	カリフォルニア州シエラ・フットヒルズ	花崗岩	標高が高い、高温、乾燥	シラー、ムールヴェードル、ガメイ
	ヴァーモント州	花崗岩 片岩	冷涼、多雨	マーケッテ、ルイーズ・スウェンソン、フロントナック

第2章

堆積岩

Sedimentary

年数を経たブルゴーニュ産ワインを飲み干した際に、グラスの底に残るかす状の物質をご存じだろうか。これはワインの堆積物、すなわち澱であり、ワインの成分が泥状になって底に沈んだものだ。この章で紹介する堆積岩もこうして生まれる。堆積岩は、圧力と時間が複雑にからみ合った結果、形成されるのだ。

堆積岩は、小川から海まで、あらゆる水域とその背後の地域から生じた土砂が時間をかけて堆積し、岩になったものである。堆積物にはすすけた石炭から神秘に満ちた琥珀まで、種々雑多のおもしろそうな物が含まれているが、ワイン造りに適した土壌として興味深いのは、黒みがかった頁岩、鮮やかな白さの石灰岩、砂漠を思わせる砂岩、耐久性のあるシレックス（火打石）、そして魔法のような吸水性をもつ珪藻岩だ。特徴的な粒子を含む土砂も堆積岩の一種なので、ここで触れておきたい。フランス南東部のシャトーヌフ・デュ・パプやスペイン北部のリオハに見られるギャレ（galet）と呼ばれる丸い小石、ボルドーやナパ、ニュージーランドの粒の小さな砂利、オーストリアとカリフォルニアの黄土がこの部類に入る。このように、堆積岩は実に多種多様である。

砂岩

通常、砂岩は石英、もしくは石英と長石（訳注：ナトリウム、カルシウム、カリウムなどのアルミノ珪酸塩鉱物。造岩鉱物としてたいていの岩石に含まれる）を主体とする。これらは、地球の地殻で最もよく見られる鉱物類だ。砂と同じように、砂岩にはさまざまな色合いのものがあり、含まれる鉱物によって色が決まる。よく見られるのは黄褐色、茶色、黄色、赤色、灰色、ピンク色、白色、そして黒色である。砂岩層は、よく目立つ崖を形成するほか、特徴的な地形をなしていることが多い。ワイン生産の点で注目に値する砂岩質土壌は、フランスのアルザス地方の一部、イタリアのピエモンテやキアンティ、そしてジョージア東部にある。

シレックス（火打石）

石英と同質の二酸化珪素が白亜（訳注：未固結の石灰岩。チョークとも呼ばれる）の層に含まれて化学変化すると、シレックスと呼ばれる、金属のような硬い物質になる。これは一般には火打石やチャートの名前で知られている。この石は先史時代の人類に、何かを切ったり狩りをしたりするための鋭い刃をもたらした。非常に硬いため、砕くと破片の端がたいへん鋭くなり、触れれば痛いほどだ。シレックスはチョークのなかで形成されるため、石灰岩の見られる地域以外にはほとんど存在しない。世界にはシレックスが広範囲に見られるブドウ畑がいくつか存在する。シレックスの特徴をもつワイン産地として注目すべき土地はフランスのロワール地方にあり、なかでも特筆すべき土壌はサンセールとトゥーレーヌだ。

頁岩

頁岩は粘板岩と同様に、黒っぽくて層状になっている。最も典型的な堆積岩である頁岩は熱による変成作用を受けず、圧力だけを受けた岩である。つまり堆積による自重で圧力が加わった泥であり、石英やほかの鉱物も少し含まれている。頁岩の分布域で有名なワイン産地は、イタリアのトスカーナ州モンタルチーノ（現地ではここの土壌はガレストロ〔galestro〕と呼ばれる）（訳注：岩片と砂が混ざった砕けやすい土壌で、保水性に優れる）、南アフリカのマームズベリー近郊にあるスワートランド、米ニューヨーク州のフィンガーレイクス、そしてカリフォルニア州サンタ・バーバラの一部だ。

珪藻岩

初めて名前を聞いたという読者もいるだろうか。いや、もちろん知っているはずだ。ただし、珪藻土という名前で。珪藻土は猫のトイレから水の濾過装置、練り歯磨きまで、私たちの生活のあらゆるところに使われている。このやわらかい珪藻岩は、加圧された珪藻と藻類の化石、そのほかの生物からできている。チョークのように白いが、炭酸カルシウムは一切含まない。ほぼ純粋なシリカで、有機物もほとんど含まれていない。珪藻岩は比較的珍しいが、カリフォルニア州サンタ・バーバラとロンポク近郊のサンタ・リタ・ヒルズに若干見られる。

石灰岩

太古の海底堆積物とサンゴ礁が積み重なった岩石が、人びとの羨望の的となる重要なワイン産地を生んだ。そう考えると私はときおり、ネプチューンは海だけではなくブドウ樹をも支配する神なのではないかという思いに駆られる。その気になれば、パスカリーヌも私も、偉大なワインを生む石灰岩質の産地について、三冊は本を書けるだろう。それをわずか数ページに収めるのはかなりの難題だ。それでも、何とか短い言葉で魅力を伝えなければならない。ワイン産地の母岩の頂点に君臨し、ワイン生産者のみならず、飲み手をもひざまずかせるのは、黄色がかった白色でチョークのようにもろく、いくつも小穴があいたスポンジのような堆積岩の石灰岩である。これを至高の岩として崇拝している伝道者が何人かいる。

石灰岩質土壌

床の仕上げ材からアンフォラを洗う道具まで、石灰岩には多くの用途がある。しかしワインの世界では、石灰岩といえば偉大なワイン、という図式がすっかり定着しているため、いつだったか石灰岩の定義について読んだときにはつい笑ってしまった。「硬質な堆積岩の一種で、主として炭酸カルシウムすなわち白雲石（訳注：カルシウムやマグネシウムを含有する炭酸塩鉱物）からできている。建築材料やセメントの材料として使われる」と書かれていたからだ。

厳密にいうと、石灰岩はただの岩に過ぎず、方解石とあられ石（訳注：いずれも炭酸カルシウムからなる鉱物）からできている。ではワインの精神世界ではどうかというと、なんと驚いたことに、一部の人たちにとってはブドウを育てる土壌を生み出す現代随一の神聖なる岩であり、優美さや上品さを連想させる岩である。石灰岩質土壌から生まれたワインというと、口に含んだとき、まず口中の前方、舌の先で何かが感じられる。直線的なストラクチャーをもつ長い余韻の前兆だ。石灰岩には質量の重い岩もあればチョークのように軽い岩もあり、軟体動物や魚、そしてサンゴまで、ありとあらゆる生物の死骸が分解されて、独特の土壌が形成される。よく知られた石灰岩質土壌がいくつかあり、一つは輝くように白いチョーク状のアルバリサ（albariza）と呼ばれる土壌で、スペインのアンダルシア地方へレスに見られ、珪藻岩が多くまぎれこんでいる。フランスのロワール地方には黄白色のテュフォーと呼ばれる土壌があり、シャンパーニュ地方には灰白色の白亜質土壌がある。しかし何といっても、石灰岩質土壌といえばブルゴーニュだ。

最も純粋な状態の石灰岩は白一色、あるいはほぼ白色である。そうはいっても、真っ白なはずのワンピースでもあちこち汚れているように、石灰岩にはさまざまな成分が混ざっているため、種々に色合いの異なる石灰岩がある。風化した土壌になると、この傾向が強まる。

カリフォルニア州の「タブラス・クリーク・ヴィンヤード（Tablas Creek Vineyard）」は、石灰岩質土壌を探し求めて、わざわざこの州で開業してブドウを植えた。ここの造り手によれば、カルシウムの豊富な石灰岩質土壌は、生育期間終盤のブドウが酸度を保つのに役立ち、それを示す証拠もどんどん増えてきたという。ただし、土壌に適した品種が植えられていればという条件付きだ。カルシウムはブドウに、特定の病害への抵抗力を与えるともいわれている。

こうした恩恵は素晴らしいが、石灰岩のより重要な効果は土壌の保水力にある。灌漑を行わない場合には、この効果が意味をもつ。植物が根から養分を吸収するという重要な過程には、水が欠かせない。ブドウ樹は水分を多く含む土壌ではうまく育たず、根が病気になりやすくなる。しかしカルシウムの豊富な土壌は粒子内部の保水性が高いため、ブドウ樹は水浸しにならずに、必要な水分を吸収できる。つまり、日照りの時期には土壌が水分を保つ一方で、粒子の間は水はけがよいため豪雨の時期には雨水を適度に排出してくれるのだ。とはいえ、土地によりさまざまに条件が異なることも考慮する必要がある。たとえば畑の傾斜度や、土壌に含まれる粘土質の割合、土壌の収縮の有無、水がたまりやすい場所かどうか、寒冷な土地かどうか、熱風が吹くか、あるいは乾燥した風が吹く土地であるか、などである。だが、こうした付加的な要因があるとしても、石灰岩質土壌は多くの人びとにとって、まさに聖杯なのである。

ともに土壌学者であるクロードとリンダのブルギニヨン夫妻は、熱狂的な石灰岩信者だ。私は二人の話を何度も聞いたことがあるが、なかでも忘れられないのはスイスでの講演だ。そのときのクロードはカウボーイ・ブーツをはき、いくつものシルバーの指輪をぎらぎらと光らせて、かなり奇抜な身なりだった。そしてお決まりのセリフ、「地球上の地質の七パーセントが石灰岩、そしてブルゴーニュの五十五パーセントが石灰岩だ」と言い切ったときの彼は、あらゆる点で、いかにもブルゴーニュ人らしい雰囲気を漂わせていた。

　クロードの主張する値については、ある著名な地質学者が異論を唱えている。それにもかかわらず、彼は機関銃のように早口な英語で、ブルゴーニュ地方の地形について説明し、卓越したワイン造りの伝統を生み出した地域ごとの特性について語った。「ブルゴーニュ地方で寒くて標高が高いのはコート・ド・ニュイの地域で、ここは赤ワインに適している。コート・ド・ボーヌは温暖だが、どういうわけか白ワインに適している。昔の修道士たちは自分たちがしていることをちゃんと理解していた。彼らは、自分たちがブドウを育てている粘土質の土壌には、石灰岩に由来する優れた鉱物が含まれていると判断したうえで育てていたんだ」

　クロードは、この世に存在するワインのタイプは二つだけだと訴えた。それは技術が造るワインと、テロワールが造るワインであると。テロワールに関して彼は、土地のもつ様相は気候より優位に立つべきであると主張する。「気候は時間とともに変わってしまう。これは間違いない。だが気候に比べて土壌は、年によって変わることなく安定しているんだ」。人為的な介入を最小限に抑えた自然な取り組みだけが、テロワールを表現できる唯一の手段だ、と彼は訴えた。石灰岩の優位性をめぐっては、クロードと私は歩み寄れないかもしれない。しかし農法については、完全に意見が一致する。自然を重視した手法は、活発な根系を生み出し、より生命力のある土壌をつくる。そうした土壌では、どんな特質があろうとも、植物は土に含まれた養分を吸収しやすくなる。そしてもちろん、石灰岩質土壌にとって最高の場所といえば、ほかならぬフランスのブルゴーニュ地方である（ちなみにクロードの苗字とは無関係だ）。

フランス　ブルゴーニュ地方

聖地ブルゴーニュを初めて訪れたとき、私は馬に乗って行った。いや、これは冗談で、パリから電車に乗って行った。じめついて冷たい十一月のことだ。ブルゴーニュのブドウ畑はがらんとしていた。ボーヌの硬い地面に立った私は、震えながらも感激してしまった。こういう反応を示すのは私だけではない。ブルゴーニュを初めて訪れた人の多くは、ひざまずいて土にくちづける。ブドウ畑で写真を撮る。そしてブドウやブドウの葉、石ころをお土産にと盗んでいく。ブドウは、こうしたパパラッチたちによって苦しめられている。ひどいときには、ブドウは人質に取られさえする（訳注：二〇一〇年、DRCが所有する畑のブドウ樹数本の根に毒を注入したとして、身代金を要求する脅迫事件が起こった。犯人は獄中で自殺。『*Shadows in the Vineyard*（ブドウ畑にうごめく影。未邦訳）』に詳しい記述あり）。それほどに価値があるのだ。

私はといえば、こんな英雄崇拝じみた真似をしたことはないが、この土地の伝統と、それが象徴するものには深い感銘を受けた。現代におけるテロワールと土地の重要性の問題をめぐるあらゆる議論は、ブルゴーニュで始まったのだ。

ブルゴーニュに最初にブドウ樹を植えたのは古代ローマ人たちだったが、それを優れた芸術にまで高めたのはキリスト教のシトー派修道士たちだった。西暦七七五年、フランク王国のシャルルマーニュ大帝（訳注：フランク王国カロリング朝のカール大帝のフランス名）が土地を修道院に寄贈したことから始まり、以降一千年にわたって、修道士たちは土地を細かく区分し、土を味わうなどして土質を調査し、区画ごとの違いを識別していった。そして各ブドウ畑を固有の名称で呼ぶ制度を確立し、数百もの区画に分類した畑をクリマ（climat）（訳注：区画畑）と呼んだ。こうした細かい区分制度は、世界でも究極の判断基準となった。それこそ、ほんの数センチメートルで微妙に変わるブルゴーニュの土壌の特徴を話題にして、世界中のワインコレクターは皆、自分はヴォーヌ・ロマネとヴォルネイ、そしてシャルム・シャンベルタンとシャンベルタンをブラインド・テイスティングで当てられるなどと豪語するのである（訳注：すべて畑名）。一体、何が区画ごとの違いを生むのだろうか。

ブルゴーニュ地方の土壌

ブルゴーニュの土壌を、これほどまでに憧れの存在にしている正体とは何かを理解するには、タイムトラベルをして、未来の銘醸産地が赤道近くの蒸し暑い陸地だった頃に戻る必要がある。この時代に地殻変動が起こり、熱帯性の陸地の塊はすっかり海に飲みこまれたのだ。これは二億年ほど前のジュラ紀の頃のことで、魚介類や藻類、サンゴなど熱帯の海に生息する生物の死骸も皆、深い海底に沈んだ。やがてこうした死骸は何百万年もの時間をかけて、いくつもの層状に堆積していった。こうした層はそれぞれ化学組成も粒子の大きさも異なっていた。パスカリーヌの考えでは、この層はミルフィーユのようなもので、層によって硬い部分とふやけたような部分に分かれるという。

それからざっと一億四千万年後、陸地が海から隆起したが（訳注：「アルプス造山運動」と呼ばれる地殻運動が始まったことを意味する）、地球はまだ熱帯性気候から抜けきれていなかった。石灰岩の基盤は形成されつつあったものの、陸地もまだ完成していなかった。まずはアルプス山脈が誕生したはずだ。山脈はプレートの変動によって生まれ、その際に陸地全体にわたって隆起や裂け目が発生した。現在のジュラ地方とブルゴーニュ地方に当たる部分が互いに分離し、両者の境はソーヌ断層になった。そして驚いたことに、ワイン生産に適した偉大な石灰岩質の傾斜地が生まれ、バリエーション豊かなクリマとともに、やがてその名が知られるようになったのだ。

ブルゴーニュ地方は、その全域で石灰岩の岩片と粘土質の混合物（アルジロ・カルケール〔argilo-calcaire〕、フランス語でオビュイ〔aubuis〕と呼ばれる粘土石灰岩質土壌の一種）が完璧な混ざり具合になっているわけではない。実は、弾力性に富み、群を抜いて優れた組み合わせが見られるのは、コート・ドールだけなのだ。

ブルゴーニュの心臓部は、「黄金の丘」を意味するコート・ドールだ。コート・ドールとは、この地方の中心都市ディジョンから南に向かってくねくねと曲がりながら、六十キロメートル近くにわたって伸びる傾斜地を指す。この聖地は、一般に赤ワインで知られるコート・ド・ニュイ、そして白ワインで有名なコート・ド・ボーヌの二地域に分けられる。双方の天候は似通っているが、粘土鉱物の含有量が異なり、北のコート・ド・ニュイの方が粘土鉱物が多く、赤ワイン用品種に適している。一方、コート・ド・ボーヌは他方に比べて畑の傾斜度が緩やかで、多くの種類の微気候が見られ、谷が開けている。コート・ド・ニュイに比べて夏の雹害の影響を受けやすいのは、こうした理由によるのかもしれない。

この丘陵地をディジョンから南のマランジュまで貫く道は、RN七十四（訳注：国道七十四号線）という輝かしい名で長年呼ばれていたが、EUによる道路名変更により、D九百七十四号線と改名された。しかし、その道路が通っているのが、偉大なテロワールの産地と平凡な産地とを分けるソーヌ断層の上であるという点は変わっていない。道路から東側の鉄道線路が通っている地域は粘土質を多く含み、一方の石灰岩の岩片の含有量は多くなく、偉大なワインを生むには土地が肥沃すぎて、かつ、平坦すぎる。パストゥグラン（訳注：ピノ・ノワールとガメイが一対二の比率でブレンドされたワイン）、ブルゴーニュ・アリゴテ（訳注：ブルゴーニュ産のアリゴテ品種のみで造られる白ワイン）、そのほかの一般的なブルゴーニュの白ワインと赤ワインが何種類か産出されているのが、この地域だ。あまり見るべきものはなく、当てもなくぶらついていると、すぐにブドウ畑から出て牧場や穀物畑へ迷いこんでしまう。

優れたワインを生む基盤があるのは、日が沈む西側方面と急斜面の地域だ。その傾斜地のなかでも最高級ワインを生む地点があるのは、斜面の中腹、いわばサンドウィッチの中身に当たるところだ。この場所を見つけ出してくれた中世のシトー派修道士たちには感謝するばかりだ。こうした土地は良質さの度合いによって分類され、区画ごとに格付けされている。最近の調査によれば、コート・ドールには三十二のグラン・クリュ（特級畑）がある。これは最上級ワインを産出するための（そして値段が最も高価なワインの）畑の呼称だ。そして四百六十を超えるプルミエ・クリュ（一級畑）がある（訳注：ブルゴーニュにおけるグラン・クリュはブドウ畑の格付けのなかで最高位、プルミエ・クリュはその下の位の畑）。

アメリカやオーストラリアなどの新世界の広々としたブドウ畑を見慣れた人にとっては、異様なほど細かく区分けされた、パッチワークのようなブルゴーニュのブドウ畑は奇妙で無意味に思われるだろう。確かにここには広大な畑はなく、小さく分割された畑が延々と続いている。これはナポレオン法典（訳注：ナポレオンが一八〇四年に制定したフランスの民法典で、現在も存続する）によって土地の均等分割相続が法律化された結果だ。たいていの場合、一カ所の畑を多くの所有者が分割して所有している。極端な例では、土地の権利者の主張にしたがって、一カ所の畑内で畝ごとに分割して所有する場合もある。一方で、少ないながら、単独の生産者が一区画の畑を所有するモノポールという例外もあり、ジャック・フレデリック・ミュニエがニュイ・サン・ジョルジュに所有するクロ・ド・ラ・マレシャルや、ドメーヌ・ド・ラ・ロマネ・コンティの所有するラ・ターシュ、ロマネ・コンティといった畑がこれに該当する。

ブルゴーニュ産ワインの格付け制度

- 最上位のグラン・クリュは三十三カ所あり、これはシャブリの一カ所を含んだ数字である
- グラン・クリュに次ぐ格付けのプルミエ・クリュは五百七十カ所あり、そのうち四百六十以上がコート・ドールにある
- プルミエ・クリュの下は、グラン・クリュやプルミエ・クリュのような特定の畑に限定せず、「ショレイ・レ・ボーヌ」などのように、ラベルに村名を冠した格付けがある（訳注：ショレイはボーヌ市の北にある村）
- さらにその下には、コート・ド・ボーヌやマコンのように地区の総称を表記したラベルがあり、地区全体、あるいは地区内の小区域で栽培されたブドウから造られたワインに付けられる
- 最下位の格付けは一般的なブルゴーニュ・ラベルで、このグループにはガメイとピノ・ノワールのブレンドワイン「ブルゴーニュ・パストゥグラン」や、シャブリとマコン（訳注：いずれもブルゴーニュ地方の産地名）で栽培されたアリゴテを使った「ブルゴーニュ・アリゴテ」などのワインが入る

ブルゴーニュ地方の品種

ブルゴーニュのコート・ドールは、ピノ・ノワールとシャルドネという二つの品種で知られた町である。確かに、これはほぼ真実だ。しかし、古代ローマ時代には実に多くの品種があり、そのなかにはこの二種の先祖であるグーエ・ブランという品種もあった。おそらくブドウを育てていた修道士たちが特定の品種を選んでいった結果、現在に残る品種はほんの一握りとなってしまったのだろう。二つの主要品種ピノ・ノワールとシャルドネは、ワインについて基礎から学び始めるうえで当然知っておくべき品種だ。ここで詳しく紹介するので、知識を深めるためにもぜひ読んでほしい。

•ピノ・ノワール

ブルゴーニュは常に、あの神経過敏で気難しいピノ・ノワールの魅力を、崇高なまでに優れた形で表現してきた。この品種は萌芽が早く、春に起こりがちな季節外れの霜の被害を受けやすい。また、雨や湿気が多いと腐りやすい。果皮が薄くて破れやすく、あまりに暑いと日焼けしてしまい、ワインになっても弱々しい印象が残りがちだ。しかし、こうしたトラブルに遭わずに順調な生育を遂げると、世界中の称賛の的となる。この神経質な品種にとっては土壌がことのほか重要で、何よりも石灰岩質土壌を好む。ブルゴーニュでは生育期間が長く冷涼であるため、ブドウは熟したベリーやアカスグリのアロマなど、みごとなベリー系の果実を思わせる個性を生む。また、シャネルNo.5を連想させるバラの香りも表れる。ブルゴーニュ以外にも、ロワール、ジュラ、アルザス、そしてシャンパーニュ地方など、フランス国内にはこの品種がよく育つ産地があり、いずれも石灰岩質土壌である。これ以外の気候と土壌で育まれたピノ・ノワールを知りたいのなら、たとえばドイツのファルツ地方では石灰岩質と玄武岩質の両方の土壌で産出されている。米カリフォルニアで探すのであれば、サンタ・クルーズの頁岩質土壌、ロンポックの珪藻岩質土壌、あるいはソノマにはローム質土壌の産地がある。とはいえ、こうした陽気な気候、なかでも土壌がローム質を豊富に含む産地のワインは、果実味が過剰なフルーツ爆弾になる可能性もある。それに比べるとオレゴンの気候はいくらかピノ・ノワールに優しいものの、火山性の土壌（それだけでなく堆積岩などのほか、洪水による堆積物が基盤となった土壌もある）のため、ジャムのような印象は控えめになり、果実の甘味が強烈に表れる。

●**ガメイ**

哀れにもこのブドウは、生育に最適な斜面の畑から粘土質の多い土壌へと追いやられ、パストゥグランを造るためにピノ・ノワールとブレンドされる運命、あるいはオート・コート地区で単独で瓶詰めされる道しか許されなかった。とはいえ、しっかりとしたストラクチャーをもち、洗練されたワインになる場合もある。この品種については一六七ページのボジョレーの項に詳しいので、読み直してみてほしい。

●**シャルドネ**

一九九〇年代、シャルドネは白ワインの代名詞だった。そして世界のほとんどは、モンラッシェやシャサーニュ・モンラッシェなど、世界でも屈指の著名な白ワインを産出しているのがブルゴーニュだということを忘れてしまった。やがて世界のあちこちでシャルドネを植えるようになり、有名な土着品種があるスペインのリオハやイタリアのピエモンテですら、この品種を育て始めた。ばかげたことだが、シャルドネは栽培しやすく、しかもブドウそのものに突出した特徴があまりないため、いくらでも好きなように化粧を施し、自由に飾り立てることができる。何も着飾ったりせずに造ったらどうなるかというと、育てる人の力量をそのままあらわにするだけである。

シャルドネは何も細工をせずに醸造すると、ほとんど香りがなく、たっぷりした口当たりになる。冷涼な産地では爽やかでレモンのような味わいに、暑い産地ではトロピカルフルーツのような味わいとなる。いくつか興味深いクローンがあり、その一つのシャルドネ・ローズはバラのような色のブドウで、探してみる価値はある。このブドウも石灰岩質土壌を好み、世界有数の優れたワインはジュラとシャンパーニュ地方で産出される。花崗岩質土壌でもどうにか育ち、肉付きも過度ではなく、優美なワインとなる。

•アリゴテ

この品種は、すぐに成果を求める人には向かない。優れた果実がなるまでには少なくとも樹齢が十五年は必要だが、そこまで成長すれば間違いなく上質なブドウを生む。シャルドネのいとこのような存在だが、ガメイと同じように粗末な扱いを受けてきたブドウで、誤って道の脇に追いやられてしまった。酸味の際立つ白ワインができやすい。しかしお粗末な育て方をすると生気がなく、酸味だけがひりひりするほどやせたワインになってしまう。この酸味ゆえにキールの材料になり、評判が落ちた。キールは白ワインにカシスのリキュールを加えて造るカクテルだ。しかしブルゴーニュならではの最適な石灰岩と泥灰岩（訳注：粘土質と炭酸カルシウムが混ざった石灰岩と泥岩の中間的な岩石）の土壌で収量を抑えて有機農法で栽培すれば、このみにくいアヒルの子はこのうえなく優れたブドウになる。事実、一九七二年まではコート・ドールのコルトンの丘にあるグラン・クリュで申し分のない壮麗なワインが造られていた。私は「ドメーヌ・ボノー・デュ・マルトレイ（Domaine Bonneau du Martray）」のジャン・シャルル・ル・ボー・ド・ラ・モリニエールのワイナリーで、アリゴテの四十年熟成を飲んではっとさせられた経験がある。また、ローラン・ポンソは、運営する「ドメーヌ・デ・モン・リュイザン（Domaine des Monts Luisants）」で「プルミエ・クリュ・アリゴテ（Premier Cru Aligoté）」を造ることによって自身の信念を示し、ブドウの特性を最大限に引き出すのは栽培される土地である、という教訓を私たちに教えてくれた。世界を見渡すと、アリゴテの産地はさほど多くない。ブルゴーニュではワインのラベルにブドウ名を表示することが義務づけられ、「ブルゴーニュ・アリゴテ」と呼ばれている。たとえシャブリの樹齢百年のブドウ樹から造られたワインであっても、このように表示しなければならない。シャブリにある醸造所「アリス・エ・オリヴィエ・ド・ムール（Alice et Olivier de Moor）」がまさにこうしたワインを造っている。ブルゴーニュ・アリゴテは単独でＡＯＣに認定されており、AOCブーズロンを名乗っている。この地区があるのは高級感のあるコート・ドールではなく、庶民的なコート・シャロネーズだ。アリゴテはジョージアでもわずかながら栽培されているほか、スイスでも石灰岩質土壌の土地で栽培される。ジョシュ・ジェンセンがカリフォルニアで運営するワイナリー、「カレラ（Calera）」でも少ないが栽培されている。

このほかにブルゴーニュでよく見られる品種は、ピノ・グリ、ピノ・ブーロ、ソーヴィニヨン・ブラン、セザールが挙げられる。セザールは素朴な赤ワイン用品種で、北部のヨンヌだけがAOC認定産地である。アリゴテ単独のワインは、シャブリ近郊にあるオーセール地区産の「ヴァン・ド・フランス」のラベル以外ではまず見つからないだろう。ソーヴィニヨン・ブランの白ワインに特化して認められた最初のAOC産地であるサン・ブリがあるのも、オーセールだ。

ワインメーカー・プロファイル
ジャン・イヴ・ビゾー（Jean-Yves Bizot）　コート・ド・ニュイ

その日、私は聖地ヴォーヌ・ロマネの村にある教会の近くで待っていた。ここはまさに、あのドメーヌ・ド・ラ・ロマネ・コンティの所在地であり、ほかにも多くの有名なドメーヌがある。ここは有名ワインの追っかけ連中が集まる村であり、最も崇拝されているAOC産地が集中するのもこの村だ。ここでは、半ヘクタールにも満たない土地に軽く百万ドルを超える値がつく。とはいえ、土地が売り出されることはまずない。ジャン・イヴ・ビゾーのように土地を相続するのが、この聖地に足を踏み入れる最良の方法だ。そのジャンが歩いてくるのを見つけ、私は手を振って歩み寄り、あいさつをした。彼はひょろりとして背が高く、ハリー・ポッターがそのまま大人になったような風貌だ。私はいそいそと尋ねた。「ブドウはどんな感じ？」

ジャンの自宅のすぐ近くに小さな畑があったので、様子を見にちょっと入ってみた。その年は非常に雨が多く、しかも収穫の時期が近づいていた。ジャンは畝からはみだしたブドウの蔓を引っぱり、針金に巻きつけながら、かろうじて聞きとれる声でグチをこぼした。「今年はこの事態にどれだけうんざりしているか、分かるかい？」

私たちは、かつて国道七十四号線だった道のすぐ西側にあるレ・ジャシェの畑にいた。ここは村名畑である。この日は畑を見てからワインを試飲し、ジャンと志を同じくするヴィニュロンのクレール・ノーダンも誘って、ヴォーヌにあるジャンの家でディナー、という予定になっていた。しかし最初に味わったのは、しばしの沈黙だった。私たちの周りには、ジャンの畑もほかの畑もすべて、二〇一二年夏のブルゴーニュを襲った災難の跡が広がっていた。冷害と暑さ、雹害に大雨、ベト病、腐食、カエルたち、ぬかるんだ土、葉や果実にぽつぽつと見られる病斑、さらに追い打ちをかけるようなかびの害。有機農法でブドウを栽培する者にとっては地獄だった。正式な認定を受けてはいないが、ジャンも有機農法に取り組んでいるのだ。

元々は地質学者を目指していたジャンだったが、家族が営んでいたワイン造りを継ぐ者がほかにいなかったため、彼が跡を継ぐことになった。それが一九九三年のことで、彼が初めてワインを造ったのは二年後の一九九五年だった。「リセ・ヴィティコール（訳注：ボーヌにある醸造を学ぶ公立高校）で教えることは一切、頭に入れないよう努めなければいけなかったよ」。初めて会ったとき、彼の家でなす入りカレーを食べながらジャンはこう言った。人為的な介入を最小限に抑えたワイン造りへとゆっくり移行していったのだという。「ワイン造りに絶対に必要なものとは何だろう、と自分に問いかけてみたんだ」

ジャンは、ワイン造りで用いる道具類や添加物などを一つずつそぎ落としていった。そして必要なものは、ブドウを入れる容器とブドウを踏みつけるための自分の両足、そしてワインを貯蔵するための樽だけであることに気づいた。それと同時に、亜硫酸を黙認できないことも悟った。そしてぎりぎりまで添加量を減らしていき、ときにはまったく添加しなくなるまでになった。「知っているかい? ブルゴーニュでは一九七〇年代までは、ほとんど亜硫酸が使われていなかったんだよ」とジャンは言った。

ジャンが亜硫酸を使わずにワインを造ったのは、一九九八年が最初だった。彼は、亜硫酸がワインを抑えこんでしまうだけでなく、ポリフェノールの抽出を増やす原因でもあるのではと推測している。「それに、黒スグリみたいな味のするピノ・ノワールがあるだろう?」とジャンは再び言う。彼によると、これはメルカプタン(訳注:酵母が発酵の副産物として生み出す有機硫黄化合物の一種)が原因だという。通常、キャベツのような匂いとして特徴づけられ、ワインの欠陥とされる成分だ。そして、この成分も亜硫酸がワインにもたらす影響なのだとジャンは説明した。

ジャンは、どの土壌から産出したブドウであるかにかかわらず、すべてのワインをまったくの新樽で熟成させている。私からすれば、ぎょっとしてしまうような選択だ。しかし彼の理論では、新樽を使うことで、樽内部に硫黄燻蒸をする必要がなくなるという（訳注：通常、ワインを詰める前の樽を殺菌する目的で、樽内部に硫黄を燻蒸する）。私が初めてジャンのワインを試飲したのは、彼の家でなす入りカレーを食べながら飲んだ、オート・コート産の二〇〇七年の白だった。樽由来のバニラ風味が過剰だと思ったが、それでもその奥底に興味をそそられる印象があり、無関心ではいられなかった。

彼のワイナリーはごく小規模である。ジャンは、ヴォーヌとフラジェ・エシェゾーの村に散らばるわずか二・五ヘクタールの畑でブドウ栽培を始めた。最近になり、ディジョンの南部およびコート・ド・ニュイのブルゴーニュ・ル・シャピトルとマルサネ・クロ・デュ・ロワの三カ所にある古い畑を取得し、もう一ヘクタール増やしたところだ。

青いドアを通り、いかにも古いセラーらしく狭くて湿気の多い部屋で、私たちはジャンの二〇一一年を数本試飲した。まだ熟成していないごく若いワインではあったが、テロワールの違いごとに、ワインは樽の影響をさまざまにコントロールしていた。マルサネ・クロ・デュ・ロワの畑のワインは、乾燥した高温なテロワールのために、樽との調和に最も苦労している印象だった。一方で、冷涼な畑のワインが深く心に残った。ヴォーヌ・レ・ジャシェ(訪問した日にジャンがいらつきを見せていた畑だが)のワインが実に生き生きとしていたのだ。また、エシェゾー・グラン・クリュ産のワインは鋭角的な印象が強かった。

ワイン造りの神と崇められている故アンリ・ジャイエの隣人だったために、ジャンについてはいろいろなことがいわれているが、日本のワイン漫画『神の雫』でこの二人の関係が公な形で神格化された。しかし、実際のところ真偽のほどは疑わしい。というのも、ワインライターたちが、アンリ・ジャイエがジャンの指導者だったという話を勝手に広げてきたのだ(ロバート・パーカーのワイン雑誌で以前ブルゴーニュを担当していたワイン評論家、ピエール・アントワーヌ・ロヴァニに大半の責任がある)。真相はどうだったのか、ジャンに尋ねてみた。「もう何年も前のことだが、ピエール・アントワーヌに、醸造学校で学んだ二年間よりも多くのことを、アンリ・ジャイエと三時間会話して学んだ、と伝えたんだ」とジャンは答えた。「そうしたらピエールはどういうわけか、私がジャイエの弟子だと決めつけてしまったんだ。これは少しばかり短絡的だと思うね。私の家はジャイエの家から百メートルも離れていないんだから、そりゃあときどきはワインの話をするに決まっているだろう」

ジャンは、アンリ・ジャイエから教えてもらえることがたくさんあったことは認めている。たとえばワイン造りには休みがないとか、宣伝が大切だとかといったことだ。しかしジャンはこう続ける。「ジャイエと私では、ワインの造り方がまったく異なっている」。果梗についての考え方（ジャンは果梗を全部使うが、ジャイエは除梗していた）や、低温浸漬（ジャンはこの手法を使わないが、ジャイエにとっては名刺代わりだった）の有無などを考えれば明らかだ。「ジャイエから学んだ主な教訓……というか最も肝心なことは、ごく一般的なワイン造りにとらわれず、自由にやればいいということだ。確かに彼は生きていた頃、ほかのワイン生産者とはまったく異なる手法を考えていた。だからこの意味では、そうだね、私はジャイエの弟子だといえるだろうね。私たちは、問題に対して独自の解決策を見つけ出しているんだ」

漫画『神の雫』によってスター並みの地位を与えられたわりに、ジャンのワインはあまりメディアに取り上げられない。それは息を飲むような価格のためかもしれない。では、彼はおもしろい人物なのだろうかと問われれば、もちろんだ。もし財布にゆとりがあり、好奇心があるのなら、絶対に彼のワインを買ってみることをお勧めする。いずれにしても私は、彼の全房発酵のワインに夢中だ。覚えておいていただきたいのは、何年か熟成させておくということ。あの新樽に由来する風味がワインに溶け出し、果梗が魔法を起こすまで、待ってやってほしいのだ。別にあなたの孫が大学を卒業するまで待たなくてもよいけれど、十年も待てば、きっと支払った対価を裏切らない卓越した味わいを見せてくれるだろう。

ワインメーカー・プロファイル
ベルナール・ファン・ベルグ（Bernard Van Berg）　コート・ド・ボーヌ

名もない高みに横たわる土地がある。ブルゴーニュでも傑出した銘醸地、ムルソーの村からさほど遠くはないものの、その高地にブドウを植えようなどと思うのはよほどの変わり者だけだろう。ここで紹介する変わり者こそ、ベルナール・ファン・ベルグである。当初、彼が何よりも実行したかったのは、ブルゴーニュの自然豊かな田園に小さな土地を買うことだった。その後彼は、土地を尊重し大切にすれば、土地はワインを大事に守ってくれるということを悟った。

元々オランダ出身のベルナールの両親は、第二次世界大戦が起こったとき、たまたまフランスで休暇を過ごしていた。二人はかろうじてスイスへ逃げ、そこで疎開生活を送った。やがてベルギーのブリュッセルに移り住み、ベルナールを生み育てた。彼は、自分がワインへの情熱に目覚めたのはわずか五歳のときだったと語る。大人たちが煙草を吸いに別室に移った後、ダイニングルームに一人残ったベルナールは、数個のグラスに残されたワインをすべて飲み干して父親にこう尋ねたという。「パパ、どうしておへやがぐるぐるまわっているの？」。やがて十八歳になる頃、彼はドメーヌ・ド・ラ・ロマネ・コンティのボトルを開けるまでになっていた（もちろん高価ではあったが、当時は二十ユーロほどでさほど悪くないものがあった）。月日が流れて五十歳を過ぎた頃、ワインを造りたいという思いを募らせていたベルナールは、ついにその夢の世界に飛びこむ覚悟を決め、それまでの写真家としての人生に見切りをつけ、二〇〇一年、妻のジュディスとともにムルソーへと移り住んだ。ファースト・ヴィンテージの二〇〇二年を生み出し、続いて独自のワイン造りの手法を模索し始めたものの、自然志向のワイン造りという選択肢があるとはまったく考えていなかったという。

私がベルナールを訪ねたときは嵐になりかけていたので、彼に傘を貸してもらった。私たちはムルソーの片隅の方まで車で向かった。グラン・クリュの畑がある辺りからは遠く離れており、そんなところに畑があるなどとはまったく知らなかった。そこは日常的なワインを造るためのピノ・ノワール、ガメイ、シャルドネ、そしてアリゴテの栽培に割り当てられていた。そんな忘れられた二ヘクタールの土地に、彼は優美で高潔な感性を注ぎこんできた。

これまで、ベルナールはいくつかの驚くべき決断をしてきた。たとえばシャルドネとガメイの畑の一部では、エシャラ（échalas）と呼ばれる、豆の蔓を支えるのに使用する支柱を使って仕立てている。これはローヌ北部の急傾斜地で使われる手法で、ブルゴーニュでは彼の畑以外には見られない。

ベルナールは、畑が集中しているブルゴーニュの上級ランクの土地から遠く離れた土地を選んだ。彼にとって重要だったのは、多様な生物がつながり合って生きている、生命力豊かな田園地帯を見つけることだった。そのため、購入した四ヘクタールのうち、実際に畑として使っているのは二ヘクタールのみで、残りは彼のビジョンを支えるため、自然のままの土地として維持している。当初からベルナールは、ブルゴーニュの銘醸地区を管理する当局から、過去に無視されていた区画があることを証明しようと躍起になっていた。こうした忘れられた土地でも、妥協することなく秩序を守ってワイン造りに取り組めば、目を見張るようなワインを生み出せるはずだと信じたのだ。そうして本能にしたがい、彼はオーガニックティーとハーブティーを土壌やブドウに散布して、ブドウを育てている。畑によっては馬で耕したり、鋤《すき》で耕したりしている。また、シャルドネを栽培している一区画のように、六年間、一度も耕していない畑まであるのだ。

写真という芸術に携わっていたことを考えると、ベルナールが本能を頼りにワインを造るのもうなずける。とはいえ、ブドウ畑が一人の人物とここまで自然に結びついているのは異例だ。「ベルナールは絶対に肉を食べないのよ」と妻のジュディスが教えてくれた。「それは生き物を殺したくないからなの。だから、よく虫を道端まで運んでやったり、カエルを池に戻してやったりしているのよ。死んだらかわいそうだからって」。これを聞いた私の頭には、ブドウ樹の欲しているものを感じ取ろうと、神経を集中させているベルナールの姿がありありと浮かんできた。コルドン仕立てで縛ってほしいのか、それともエシャラ方式で自由に枝を伸ばしたいのか、そんなふうにブドウの望みを聞き取ろうとしているのだろう。「彼が目指しているのは、ブドウ樹とワイン生産者のどちらもが、前向きなエネルギーをもつことなの」とジュディスは言う。

その日、私は雨であっというまにずぶ濡れになってしまい、紳士であるベルナールはびしょびしょになった私の手を見て同情してくれた。私たちは小屋に避難し、急ぎ足で醸造所の内部を見せてもらった。彼のワイン造りを知る手がかりを見つけようと、私はきょろきょろと見回した。ベルナールはおもちゃのように小さな垂直プレス機を使っている。エレヴァージュはすべて新樽で行う。一度だけ造ったオレンジワイン以外は、全房発酵を行い、足でブドウを踏んでいる。赤ワインには亜硫酸を使わないが、白ワインにはごくわずか使っている。彼のワインを扱っているデンマークの輸入会社から、その少量の亜硫酸も使用をやめてはどうかと相談されたが、彼は固執している。二〇一二年にワイン法が変わり、「ヴァン・ド・フランス」の規格のワインにヴィンテージ表記が許されるようになったとき、ベルナールはそれまでの「ブルゴーニュ・グラン・オルディネール」表記をやめた（この規格は現在使われなくなり、より人気を呼びそうだとされる、「コトー・ブルギニヨン」というAOC呼称に変わった）。また、ワインを印象づけるために、ボルドー型のいかり肩のボトルを選んだ。ワインを試飲した後、彼が一体どうやってAOC認定を獲得できたのか、私にはまったく分からなくなった。なぜなら彼のワインは、従来のコート・ドール産ワインの概念に対して真っ向から挑戦状をたたきつけたといってよいほど、革新的だったのだ。

ようやく私たちは落ちついて試飲を始めた。ワインはあらゆる点で優美かつ繊細だった。ただし値段は別で、驚くほど高価だ。ものの価値とは何か、という問題にはうってつけのワインだろう。そもそも、このワインにどうやって価格をつければよいのだろうか。ベルナールの造るワインが二千本を超えることはめったにない。こう書くと、実際の百六十八ケースよりもかなり多いようにも思える。この生産量から考えると、彼はブルゴーニュで最も小さな商業ワイン生産者になるのだろうか。少なくとも、一番の変わり者であるのは確かだ。

ここで残念なニュースをお伝えしなければならない。ただでさえ数少ないベルナールのワインは、さらに希少なワインとなる運命にある。というのも、二〇一六年の悲惨な霜害と雹害のため、この年の作柄が壊滅状態となったのだ。このため彼は土地の大半を、彼の哲学を受け継いでくれる人に売るという、つらい決断をするに至った。志のある買い手が見つかることを切に願う一方、この損失が残念でならない。ブルゴーニュにはベルナールのような異端者が必要なのだ。

ブルゴーニュを飲んで無一文にならないようにする方法

今後数年のうちに、ブルゴーニュ産ワインはきわめて手に入りにくくなるだろう。急な天候の変化や雹害による損失のために、最近はブドウの収穫量がひどく減少するか、あるいはほとんど収穫ゼロという年が続いているからだ。となると、高価なワインは希少になるばかりで、さらに値段が上がっていくだろう。だからといって、ブルゴーニュワインなしで済まさなければならない、というはずはない。世の中には、誰もが好きになれそうなワインというものもいくつかある。それに、ブルゴーニュの値段が天井知らずになったとしても、ジャン・クロード・ラトーのような、十分な注目を集めていないものの、優れたワイン生産者たちもいるのだ。たとえ事態が順調で、ワインがどんなに豊富にあるとしても、なすべきことをすればいい。つまり、偉大な生産者なら最も手頃な価格のワインを買えばいい。良質な畑が集中しているところではなく、辺縁部の地区に目を向けてみればいい。そして、人気が加熱する前の新たな生産者たちを探してみるといい。ここで紹介するワインリストには、そうしたワインが多く含まれている。

ブルゴーニュ地方のお薦めの生産者と産地および農法

- ドメーヌ・ベルトー（Domaine Berthaut）／フィクサン（有機農法に転換中）
- シルヴァン・パタイユ（Sylvain Pataille）／マルサネ（ビオディナミ農法）
- ジャン・ルイ・トラペ（Jean-Louis Trapet）／ジュヴレ・シャンベルタン（ビオディナミ農法）
- ジャンヌ・エ・シルヴァン（Jane et Sylvain）／ジュヴレ・シャンベルタン（有機農法）
- ドメーヌ・バロラン・エ・エフ（Domaine Ballorin & F）／モレ・サン・ドニ（ビオ

ディナミ農法）
・ドメーヌ・アルロー（Domaine Arlaud）／モレ・サン・ドニ（ビオディナミ農法）
・ドメーヌ・ド・ラ・ロマネ・コンティ（Domaine de la Romanée-Conti）／ヴォーヌ・ロマネ（ビオディナミ農法）
・ドメーヌ・ブリュノ・クラヴリエ（Domaine Bruno Clavelier）／ヴォーヌ・ロマネ（ビオディナミ農法）
・ジャン・イヴ・ビゾー（Jean-Yves Bizot）／ヴォーヌ・ロマネ（有機農法）
・ニコラ・フォール（Nicolas Faure）／ニュイ・サン・ジョルジュ（ビオディナミ農法）
・ドメーヌ・プリューレ・ロック（Domaine Prieuré-Roch）／ニュイ・サン・ジョルジュ（ビオディナミ農法）
・ジャック・フレデリック・ミュニエ（Jacques-Frédéric Mugnier）／シャンボール・ミュジニー（サステーナブル農法）
・ドメーヌ・シャンドン・ド・ブリアイユ（Domaine Chandon de Briailles）／サヴィニー・レ・ボーヌ（ビオディナミ農法）
・メゾン・フランソワ・ド・ニコライ（Maison François de Nicolay）／サヴィニー・レ・

ボーヌ（有機農法）
- メゾン・ハーバー（Maison Harbour）／サヴィニー・レ・ボーヌ（有機農法）
- シャントレーヴ（Chanterêves）／サヴィニー・レ・ボーヌ（有機およびサステーナブル農法）
- ドメーヌ・シモン・ビーズ（Domaine Simon Bize）／サヴィニー・レ・ボーヌ（ビオディナミ農法）
- エマニュエル・ジブロ（Emmanuel Giboulot）／ボーヌ（ビオディナミ農法）
- フィリップ・パカレ（Philippe Pacalet）／ボーヌ（有機およびサステーナブル農法）
- ドメーヌ・ジャン・クロード・ラトー（Domaine Jean-Claude Rateau）／ボーヌ（ビオディナミ農法）
- ドメーヌ・ラファルジュ（Domaine Lafarge）／ヴォルネイ（ビオディナミ農法）
- ファニー・サーブル（Fanny Sabre）／ポマール（有機農法）
- ドメーヌ・ハイツ・ロシャルデ（Domaine Heitz-Lochardet）／シャサーニュ・モンラッシェ（ビオディナミ農法）
- ジャン・マルク・ルーロ（Jean-Marc Roulot）／ムルソー（有機農法）

- ルノー・ボワイエ（Renaud Boyer）／ムルソー（有機農法）
- ベルナール・ファン・ベルグ（Bernard Van Berg）／ムルソー（有機農法）
- ドメーヌ・ド・シャルソネイ（Domaine de Chassorney）／フレデリック・コサール（Frederic Cossard）／サン・ロマン（ビオディナミ農法）
- ドメーヌ・ドーヴネ（Domaine d' Auvenay）／オーセイ・デュレス（ビオディナミ農法）
- ドメーヌ・ドミニク・ドゥラン（Domaine Dominique Derain）／サン・トーバン（ビオディナミ農法）
- ドメーヌ・セクスタン（Domaine Sextant）／ジュリアン・アルタバール（Julien Altaber）／サン・トーバン（ビオディナミ農法）
- メゾン・アン・ベル・リー（Maison En Belles Lies）／ピエール・ファナル（Pierre Fenals）／サン・トーバン（ビオディナミ農法）
- ドメーヌ・ユベール・ラミー（Domaine Hubert Lamy）／サン・トーバン（サステーナブル農法）
- ドメーヌ・デ・ルージュ・キュー（Domaine des Rouges-Queues）／マランジュ（ビオディナミ農法）

・ドメーヌ・シュヴロ（Domaine Chevrot）／マランジュ（ビオディナミ農法）

・ドメーヌ・ノーダン・フェラン（Domaine Naudin-Ferrand）／オート・コート・ド・ニュイ（有機およびビオディナミ農法）

ブルゴーニュ地方の周辺地域

ニューヨークの街がマディソン・アヴェニューだけではないのと同じように、ブルゴーニュもコート・ドール以外にさらに多くの産地が広がっている。確かに「黄金の丘」からは申し分のないワインが生まれるが、豊かな生命と土壌はほかの土地にもあるのだ。こうした土地には創造力のある新規参入者がやってくるし、独立独歩の造り手が成功を遂げてきたのも、このような土地である。

・シャブリ

ようこそシャブリ村へ。ここはニューヨークでいえばアッパー・イースト・サイド（訳注：ニューヨークの高級住宅地。美術館が多い）といったところだ。控えめで保守的なシャブリは、これまで長い間、群を抜いておもしろみのあるシャルドネ——その名も村名を冠した「シャブリ」

――を生み出してきたという、過去の栄光の座に安住してきた。このワインは硬質なミネラル感、細身で厳しい味わい、人を引きつけてやまない火打石のような鉱物的な香りなどと賞賛されていたのだ。ブルゴーニュ最北部にあるシャブリ村は大陸性気候で、土地が北風に対してほぼむきだしにさらされている。最良の畑が南西を向いているのはそのためであり、一日が終わる最後の瞬間まで太陽のぬくもりを浴びることで、ブドウは最高の状態に熟すのだ。

話は一八六四年にさかのぼる。医師のジュール・ギヨー博士（訳注：医師兼農学者。垣根仕立ての一種であるギヨー仕立ての考案者）は地元産のワインをこう評した。「シャブリは上質な黄金色のワインで、ほのかに緑がかっている。力強いが過剰ではなく、ブーケ（訳注：熟成によって生まれるワインの香り）が魅力的である。際立っているのは……、生き生きとして恵み豊か、そして明瞭な形で心を酔わせる点だ」。しかしここ三十年、味覚の鋭さうんぬんは別問題として、私の心を酔わせてくれたシャブリはほとんどない。シャブリには、ムルソーやカリフォルニア産シャルドネのようなリッチなワインを目指そうとした暗い時代があった。その結果、独特の魅力が失われた。そのうえ、利益を最優先したブドウの植え付け方と栽培法、そして利益重視の醸造手法にまみれた。この地域で有機栽培を行うワイン生産者の総数は、かなり長い間、ほぼ皆無だった。しかしアリスとオリヴィエ・ド・ムールのカップルの登場で、事態は変わり始めた。フランスで行われたワインイベントで初めて二人に会ったときのことをよく覚えている。二〇〇七年のことで、会場全体が彼らのワインのうわさでもちきりだった。得てしてスターが生まれるのにはそれ相応の理由があるもので、このときは二人が美男美女だったからというだけではない。その技量が脚光を浴びたのだ。彼らのワインに備わった気品は忘れられないものであり、「アリゴテ（Aligoté)」、「ベレール・エ・クラルディ（Bel Air et Clardys)」のいずれもが上質なものだった。

シャブリの石灰岩質土壌についていろんなことがいわれているなかで、よく耳に入ってくるのはポートランディアン（訳注：約一億五千二百万年前から約一億四千五百万年前）およびキンメリジャン（訳注：約一億五千七百万年前から約一億五千二百万年前）という二つの時期の岩石に関する情報だ。ポートランディアンの石灰岩を母岩とする土壌は、組成が単純で粘土質が少ない。基本的には風化した石灰岩に由来する土壌であり、果実味の豊かなワインを生むとされている。赤ワインは珍しく、見つかるとすればその大半はオーセール地区で産出されたものだろう。もう一つのキンメリジャンの岩石は、キンメリジャン泥灰岩と呼ばれ、高貴な存在だ。この岩石に由来する土壌の露頭《ろとう》（訳注：地層や岩石が土壌や植生に覆われずに露出している場所）はシャンパーニュ地方からシャブリ、ロワールにわたって見られ、さらに英仏海峡をくぐり抜けてイングランドの地で顔を出す。イングランドではこの有名な石灰岩が生んだ土壌をフルに活用して、スパークリングワインを造っている。キンメリジャンの泥灰岩には、鉱物を豊富に含んだ粘土質と、この地域の地層に多く見られる小さな海底生物の殻がぎっしり詰まっている。どの醸造所のテイスティング・ルームやセラーに行っても、まが玉の形をしたエグゾジラ・ヴィルギュラ（Exogyra Virgula）と呼ばれる小さな牡蠣の化石を目にすることだろう。これは絶滅した牡蠣の一種だ。あるいは、きっとヴィニュロンが拾った物であろう。うずまき型をしたアンモナイトの化石も誇らしげに飾ってあったりする。

伝説化しているあの火打石のような風味をワインに与えるのは、キンメリジャンの岩石だといわれている。牡蠣の化石を砕いてみれば、まさにワインに感じる火打石のアロマそのものの香りがするという声もある。これはねつ造された話だろうか。自分で確かめてみるしかないが、その場合は亜硫酸がほとんど、あるいはまったく使われない有機栽培のワインメーカーのものを見つける必要がある。土壌もそうした化石がたっぷり含まれたところでないといけない。シャブリ村きっての一流ワイナリーといえば、「ドメーヌ・フランソワ・ラヴノー（Domaine Francois Raveneau）」と「ヴァンサン・ドーヴィサ（Vincent Dauvissat）」だ。しかし飲んでみてほしいのは、先に紹介した、ビオディナミ農法の生産者であるアリスとオリヴィエが造ったワインだ。または発展途上にある「パット・ルー（Pattes Loup）」、あるいは有機農法で伝統的なシャブリを造るリリアンとジェラールの「ドメーヌ・ジェラール・デュプレシ（Domaine Gérard Duplessis）」のワインをお薦めする。さらに多くの優れた生産者がいて、なかでも「アテネ・ド・ベル（Athénais de Béru）」が群を抜いている。

●オート・コート

オート・コートとは、コート・ドールより標高が高く、より冷涼で乾燥しており、泥灰土（訳注：粘土質と炭酸カルシウムが混ざった堆積物。これが固結すると泥灰岩になる。逆に泥灰岩が風化により分解されて泥灰土ができることもあり、本書の泥灰土はこれを指す）が多く、土壌が薄く石灰岩が少ない土地にあるブドウ畑を包括した総称だ。この地は将来有望である。

この地域をアメリカのどこかの地域にたとえるとすれば、ニューヨークのブルックリン区にあるブッシュウィック界隈だろう。元は工業地帯だったが、アーティストたちが手頃な価格の場所を求めて移り住んできたことで人気を呼んだ地域だ。オート・コートは、コート・ド・ニュイおよびコート・ド・ボーヌの西端に沿って伸び、ニュイ・サン・ジョルジュやペルナン・ヴェルジュレス、サン・ロマンなどの村と境界を接する。かつてこの地域では化学物質がたっぷり使われ、機械による耕作が行われていたが、状況は変わりつつある。この地域はところどころに粘土質土壌が見られるほか、石灰岩の岩片と粘土の混ざった良質な土壌が豊富にある。しかし、これといって賞賛を浴びているブドウ畑はない。この地域は元々高く評価されておらず、率直にいって気候変動が起こる前は、おそらくは寒冷すぎて良質なブドウは産出されていなかっただろう。ところがここ十五年ですべてが変わってきた。

この地域でワイン造りを始めた新規参入者たちは、土壌に深く着目した取り組みを行っている。ここではガメイ、ピノ・ノワール、アリゴテ、そしてシャルドネといった品種が多く栽培されており、価値ある産地だ。お薦めの生産者は、「ドメーヌ・アンリ・ノーダン・フェラン（Domaines Naudin-Ferrand）」、「モンショヴェ（Montchovet）」、「ニコラ・フォール（Nicolas Faure）」、「ファニー・サーブル（Fanny Sabre）」、そして「ジャン・クロード・ラトー（Jean-Claude Rateau）」である。

●コート・シャロネーズ

ようこそ、コート・シャロネーズへ。ここはニューヨークにたとえればマンハッタンのマレー・ヒルだ（訳注：歴史的な地区。十九世紀から二十世紀にかけて高級住宅地として栄えた）。以前からずっと存在するものの、なぜかいまひとつ決定的な人気が出ない地域といったところである。

この地域はコート・ドールより南にあるが、西側は風にさらされがちで、かつ標高がより高いため冷涼である。ワインはややシャープな味わいになることが多く、特に赤ワインはその傾向がある。この地域の最高格付けの畑はプルミエ・クリュで、グラン・クリュはない。

グラン・クリュの宝庫コート・ドールの南端を後にして車を進めれば、あっというまにコート・シャロネーズに入る。ここには赤ワインで知られるメルキュレという村がある。ここで探すべき生産者は、ビオディナミ農法に取り組んでいる「ドメーヌ・ドゥラン（Domaine Derain）」（ワイナリー自体はやや北のサン・トーバンにある）と「ドメーヌ・ミシェル・ジュイヨ（Domaine Michel Juillot）」である。また、メルキュレから北西に少し行った先のブーズロン村には「ドメーヌ・アーエペー・ド・ヴィレーヌ（Domaine A. & P. Villaine）」がある。本来アリゴテで知られているブーズロンだが、ここはピノ・ノワールが実に魅力的で、コート・ドールのものよりもややしっかりとしたワインが造られている。ちなみにここは、ブルゴーニュで最も尊敬を集める「ドメーヌ・ド・ラ・ロマネ・コンティ」の共同経営者オベール・ド・ヴィレーヌが、妻のパメラとともに所有するビオディナミ農法のドメーヌである。現在は甥のピエール・ド・ブノワが運営を引き継いでおり、そのワイン造りを次世代へと伝えていくことだろう。

・マコネー

マコネーは、ブルゴーニュ地方にしては気候が温暖な方であるが、それでも冷涼な気候の地域に入るため肌寒く感じられる。ブルゴーニュの中心部と異なり、この地域ではヴァン・デュ・ミディ（vent du Midi）と呼ばれる強風が西から吹きつける。この風は冬には冷たい風だが、ブドウの生育期間には暖かい風となる。マコネー山地では特にこの風が激しく吹く。この山を境にして、西は花崗岩質土壌のボジョレー、東は石灰岩質土壌の傾斜地となっており、大半のブドウ畑は東側にある。こうした畑では、夏の暖かい風に吹かれてブドウがみごとに成熟する。

マコネーには、花崗岩の基盤岩を覆うシリカの混ざった土壌も見られるが（サン・トーバン周辺）、ブドウが最初に植えられたのは石灰岩質土壌で、ガロ・ロマン時代のことだった（訳注：紀元前三世紀末から紀元後五世紀後半までのローマによるガリア支配の時期。ガリアはほぼ現在のフランスに該当）。やがて中世になると、絶大な権力を握ったトゥルニュ修道院とクリュニー修道院によってワイン造りが奨励された。非常に幅広い生物多様性に恵まれた田園地帯のマコネーでは、長期熟成を経たもののなかにしばしば、まさに絶品のガメイが見つけられる。アリゴテとピノ・ノワールも素晴らしい。見逃してはならない生産者をいくつか紹介しよう。「ドメーヌ・デ・ヴィーニュ・デュ・メイヌ（Domaine des Vignes du Maynes）」は崇高かつ貴重なドメーヌだ。ネゴシアンのブレ兄弟は、ほかの生産者から購入したブドウで「ブレ・ブラザーズ（Bret Brothers）」ラベルのワインを造るほか、自ら栽培したブドウでもワインを造り、「ラ・スフランディエール（La Soufrandière）」というラベルで販売している。いずれも傑出したワインだ。メイヌもブレ兄弟もビオディナミ農法を行っているが、これは偶然ではないだろう。「オリヴィエ・メルラン（Olivier Merlin）」の造るワインは親しみやすくて正直な印象だ。「セリーヌ・エ・ローラン・トリポス（Celine et Laurent Tripoz）」は秀逸で、とびきりおいしいスパークリングワインを探しているのなら特にお薦めする。一部で熱狂的に崇拝されている生産者を挙げるとすれば、「ヴァレット（Valette）」だ。ここのワインは、熟成によって驚くほどの深みを備えるようになる。一九九〇年から有機栽培を始めたフィリップ・ヴァレットはシャルドネに専念している。かなり熟させてから収穫しているが、アルコール度数はさほど高くならず、上質な澱を生かしたシュール・リー方式で二年にわたり樽熟成させている。そうして生まれるワインは、店で買ってすぐに飲んでも、二十年ほど熟成させても素晴らしい味わいを堪能できる。

フランス　ジュラ地方

ブルゴーニュ＝フランシュ＝コンテ地域圏に属するジュラ地方は、ディジョンから東へ、車で四十五分ほどのところに位置する。世の中から忘れ去られた地域の多くがそうであるように、ジュラはかつてフランス各地のワイン産地と覇権を争う有力な土地だった。十九世紀にフィロキセラ禍が起こる前には確固たる評価を得ていて、宮廷で飲まれるという、これ以上ないほどの栄誉に浴していたのだ。十九世紀中頃、この地方には五万ヘクタールものブドウ畑があったが、二〇一四年には二千二百ヘクタールにまで激減していた。都会から離れた辺鄙な地だったジュラは長年、秘中の秘のままだった。しかし現在、この田舎の狭い地域が流行に敏感な飲み手の人気の的となっている。こうした傾向を非難の目で見ないでほしい。なぜなら、そもそもジュラは優れたものの宝庫なのである。驚くべき活力と個性を備えたワイン以外にも、アミガサタケ（訳注：食用キノコとして珍重される。別名モリーユ）やコンテチーズ（訳

注：フランスの代表的な熟成ハードチーズ）といったおいしい食材の産地でもある。そして細菌学者ルイ・パストゥールが幼少期を過ごした家と研究所もある。そんな土地にワインが復活したのである。しかもそれは、一味変わった実験的手法から生まれたシェリー風味のワインや、野生的な魅力をもつ繊細な赤ワインだけではない。

ジュラは三十年ほど前から、正真正銘の指導者ピエール・オヴェルノワの本拠地としても知られるようになった。もの静かで控えめなピエールは、ワインに正直さとピュアな味わいを求める人びとにとって、実直なワイン生産者として憧れの存在であり続けている。可能な限り自然を重視した取り組みをしている彼のワインは、長期熟成向きで、複雑さを備えた昔かたぎの正統派である。彼が造る優美なキュヴェは、ワインの一基準として確立するに至り、彼は自分のワインへの信念を受け継ぐ次世代の育成に乗り出した。それは第一線を退き、選び抜いた後継者エマニュエル・ウイヨンにワイン造りを譲った今でも続いている。ピエールの築いた偉大な資産ともいえるワイン造りは、アルプスの山々のふもとで展開されている。厳密にはアルプスといいきれない立地だが、辺りにいる牛たちや新鮮な空気が、そう感じさせてくれる。ドレッドヘアのワイン生産者たちがたくさん参入してきたせいか、ロックやレゲエなどの音楽好きのたまり場のようでもある。ロック（岩）といえば、ピエールの畑の土壌は石灰岩と片岩の岩片が若干混ざった泥灰土である。ブドウ畑を歩きながら、繊細な星形をしたウミユリの化石を集めるのも楽しいだろう。ときにはタツノオトシゴの化石まで見つかる。この土壌独特の魔法の賜物だ。

ジュラ地方の土壌

ジュラ地方はソーヌ平原とジュラ山地に接し、常に恐竜が連想される。というのも、この地方に見られる石灰岩と泥灰岩は、三畳紀とジュラ紀（訳注：ともに地質年代で恐竜が存在した時期）に形成されたからだ。一方でブルゴーニュとのつながりもよく指摘されるのは、ジュラとブルゴーニュが、ソーヌ川を中心線とした、互いの鏡像のような存在だからである。

近くのブルゴーニュと同様に、ジュラもかつては海底にあり、アルプス山脈を生み出すことになった造山活動の影響下にあった。やがて海が干上がり、水面下にあった石灰岩類の洞窟が露出して崩落し、岩や砂、シルトとなった。アルプス山脈が形成されていく過程で、地面が地滑りや褶曲《しゅうきょく》を繰り返しているうちに、牡蠣やサンゴ、ウミユリなど、あらゆる海洋生物たちが飲みこまれていった。このような化石はブルゴーニュではめったに見つからない。

こうして生まれたジュラの土壌は、堆積岩である泥灰質の石灰岩と変成岩である片岩を母岩とし、ブドウ栽培に最適である。起伏のある山のふもとの小丘にあり、気候がより極端であるという点でもブルゴーニュと異なっている。

どの土壌にどんなブドウを植えるべきかという議論は、ほとんど信仰教義の域である。ある年の冬、パスカリーヌと私はジュラ地方南部のロタリエという村に暮らすジュリアン・ラベを訪ねた。ジュリアンのワイナリーは、かの有名なワインメーカー、「ジャン・フランソワ（ファンファン）・ガヌヴァ（Jean-François Ganevat）」のすぐ近くだ。ジュリアンのセラーには岩石のコレクションがあり、青、テラコッタ、白、黄などさまざまな色合いの岩が見られる。驚いたことに、彼は三十二種もの異なるキュヴェを造っていて、各々のワインが産出された地域ごと、均質的な色もしくは玉虫色の青〜灰色の泥灰岩、さび色の頁岩的な泥灰岩、化石混じりの石灰岩など、あらゆる岩石について詳しく説明してくれた。しかしここでの本題は土壌の保水力と、当然ながら水はけについての話だった。ジュラ地方は雨にたたられやすいからだ。ジュリアンはジュラ紀の岩だと言って、岩の破片を手に取った。それは青灰色をした粘土質の石灰岩で、ジュラ紀のライアス統と呼ばれる地層に含まれる。「ライアス統はシャルドネ向きの岩石なんだ。この岩石を母岩とする土壌に植えると、シャルドネは必死に根を伸ばすんだよ」とジュリアンは言う。私は岩の破片に鼻を近づけてみた。こんな奇妙な匂いは初めてだ。まるでパチョリ（訳注：インド産のハッカ類）のような匂いだったのだ。

ジュラ地方の品種

フィロキセラ禍で荒廃したジュラ地方は、地元のブドウ樹をアメリカ産の台木に接ぎ木して対処した。しかし最も多く植えられていた上位五品種のブドウについては、再び植え直された。シャルドネはそうした幸運な品種に入る。現在ジュラ地方で栽培されている白ワイン用品種の四十二パーセントをシャルドネが占めている。私はこの地方産のシャルドネの味わいが大好きだが、本来この地に植えられるべき土着品種がほかにあることを考えると、この割合は多すぎるのではないだろうか。まるで場所稼ぎのように植えられ、ほかの品種が哀れに見えてくる。シャルドネはサヴァニャンとブレンドされるか、もしくはシャンパーニュ製法で造られた、クレマン・ド・ジュラという名称の発泡酒になる。ムロン・キュー・ルージュはシャルドネの一種で、非常に珍しい品種だ。果梗が赤く、シャルドネに赤いしっぽ（tail）がついたブドウだと思ってもらえばいい（品種名に「列」を意味する queue《キュー》 がついているのはそのためだ）（訳注：tail は列の最後尾を意味する）。なかなかおいしいワインを生む品種であり、「フィリップ・ボルナール（Philippe Bornard）」、「ジャン・フランソワ・ガヌヴァ

いイメージのあるメルロと正反対のタイプといえるだろう。

きっと誰もが間違えると思うが、ワインバーで初めてジュラ産のサヴァニャンを注文したとき、私はソーヴィニヨン・ブランだと勘違いしてしまった。気の利かないソムリエは注意してくれず、気が小さい私はグラスに注がれた奇妙な酒が何なのか聞けなかった。それはまるでシェリーのような味のワインで、気に入ったけれども混乱してしまった。事の顛末を説明させてもらうと、ジュラ地方で最も際立った特徴のあるワインはサヴァニャンから造られる。製法は二種類あり、一つはフランス語でウイエ（ouillé）と呼ばれる、簡単で分かりやすい醸造方法だ（訳注：一般にワインを樽熟成させると、自然な蒸発により樽内に空間が生じるためワインが酸化する。ウイエは過度の酸化を防ぐため目減りしたワインを補充するウイヤージュ製法で造られたワイン）。もう一つは、私が何も知らずに注文したジュラ地方の特産ワイン、すなわちヴァン・ジョーヌ（訳注：黄ワインの意味）を造る製法で、ノン・ウイエ（non-ouillé）と呼ばれる。ウイエは「満タンにする」という意味で、つまりノン・ウイエは、樽熟成中に酸化抑制のためのワインを補充せず、酸素にさらされる製法である。酸化が抑制されないワインの表面には、酵母のヴェール（voile、薄布の意）が発生する。これはヘレス、つまりシェリーワイン造りの際にワインの表面に発生するフロール（flor）（訳注：産膜酵母。発酵が終わるとワイン表面に上がってきて膜を作る）とほぼ同様な働きをする。フロールはワインが酢に変わるのを防ぐとともに、果実味をナッツのようなコクのある風味に変え、瓶詰めされるまで凝縮感を増していく。こうした過程でカレーや絆創膏、高級靴クリームのような香りや味わいが生まれることがある。普通の若いワインがノン・ウイエのスタイルに仕上げられる場合がある一方、最高品質のワインはしばしばヴァン・ジョーヌ用に選び出される。ブドウの収穫から数えて六年目のクリスマスまで樽で熟成させる必要があり、クラヴラン（clavelin）という角ばった瓶に瓶詰めされる。これは通常の七百五十ミリリットル入りのワインボトルよりやや容量が少ない六百二十ミリリットルサイズである。この容量の違いは熟成の過程で蒸発したワインの量に相当するといわれ、別名「天使の分け前」と呼ばれる。ジュラ地方にはヴァン・ジョーヌの生産に特化したAOC地区、シャトー・シャロンがある。ヴァン・ジョーヌは二月に開催される「ペルセ・デュ・ヴァン・ジョーヌ（La Percée du Vin Jaune）」という祭りで蔵出しされるのが習慣となっている。

ワインメーカー・プロファイル　ピエール・オヴェルノワ（Pierre Overnoy）

それは銀世界となった冬の日のことだった。数人の巡礼者の一団と私は、ブーツの雪をはたき落しながら、ピエール・オヴェルノワがドアを開けてくれるのを待っていた。彼はにっこりしながら、すでに顔なじみだった巡礼者たちからのキスの嵐を迎え入れ、初対面の人とは握手を交わした。そして質素なキッチンを抜け、私たちを奥の応接室へと案内してくれた。

八十歳近くになるピエール・オヴェルノワは猫背気味ではあるが、情熱のこもったワイン、そしておいしいパンを焼くことで世界的に知られている。彼に似つかわしくはないが、何やらロックスターじみた騒がれ方もしている。彼の名前をインスタグラムで検索したところ六百二十二件の投稿（私が直近で見たときの件数だ）が見つかり、おぼろげだった彼の人気ぶりがはっきりと見えてきた。そうしたSNSに投稿する人びとは、単に彼のワインに手が届くという地位を誇示するために買うのであり、味わって楽しむためではない。つまり、プルサールとサヴァニャンを心から崇拝している人たちにとっては、ワインを買うどころか、見つけることすらアメリカやフランスではほとんど無理だということになる（日本やジョージア、イギリスの方が見つけやすく、ドイツでも見つかる）。

ピエールというヴィニュロンを生んで育み、その人格を形成したのは、ジュラ地方のワイン産業の中心地、アルボワから数キロメートル外れた北部のピュピランというのどかな土地だ。「ピュピランの教皇」として知られる彼は敬虔なカトリック教徒だが、むしろ「ピュピランのダライ・ラマ」と考えた方がいいだろう。

ピエールのドメーヌが設立されたのは一九六八年、後継者に指名されたエマニュエル・ウイヨンが引き継いだのは二〇〇一年のことだ。彼らが造るのは卓越したシャルドネ、ウイエの手法で造られるサヴァニャンとそうでないサヴァニャン、シャルドネとサヴァニャンのブレンドワイン、長期熟成のプルサール、そしてごくまれにヴァン・ジョーヌも造っている。ラベルに品種名が書かれていないため、中味を判断しづらいかもしれないが、見分ける秘訣がある。瓶を封印するワックスキャップ（訳注：蝋で封印してあるキャップシール）が白色ならシャルドネ、黄色はサヴァニャン、灰色ならばシャルドネとサヴァニャンのブレンドだ。瓶が角ばったクラヴランタイプであれば、ヴァン・ジョーヌだと分かる。

ピエールは、この地方で初めて有機農法を取り入れたブドウ栽培を行い、完全に自然な造りに専念した最初のワイン生産者である。彼はジュラ全域にわたって、生産者たちをきわめて優美で軽やかなワイン造りへと奮い立たせてきた。たとえば「ドメーヌ・デ・ミロワール

（Domaine des Miroirs）」は、ピエールの哲学を極限にまで追い求めて、空に浮かぶ雲のような絶妙な軽やかさを備えたワインを生み出している。

ピエールがテイスティングを行うときは必ず、まず誠実な姿勢で訪問者たちの自己紹介に耳を傾け、初めての訪問者を決して無視したりしない。そしてたいていの場合、ずいぶん前に亡くなった、彼の指導者であり自然ワインの父とされるジュール・ショヴェの話から始める。「ショヴェは『アルコール度数を低くして、炭酸ガスが保たれたワインを造りなさい』と教えてくれたものだよ」。ピエールはこうふり返る。

しかし真の秘密は、ブドウ樹にバランスをもたせるというブドウ畑での作業にあるのだと彼は言う。「ドメーヌ・オヴェルノワ・ウイヨン（Domaine Overnoy-Houillon）」のワインはほとんどの場合、最初はわずかに発泡していてアルコール度数が低めである。私たちが初めて試飲したのは二〇一一年のサヴァニャンで、バランスという哲学がみごとなほどに表現された好例だった。このワインは二〇一四年九月四日に瓶詰めされており、清冽かつほのかにキャラメルの風味があり、このうえない深みと複雑さを備え、それはもうおいしかった。最初は若い印象があったが、やがて花のような香りが立ちのぼり、レモンのようなしっかりした酸味が感じられるのには驚くばかりだった。二〇一二年のプルサールはブラッドオレンジのような色合いで、口のなかを上下に動き回るようなはつらつ感と、ダンサーのようなしなやかさを備えていた。瓶詰めされた日は二〇一三年九月五日だった。少し冷えすぎていたので、ピエールはグラスのボウル部分をセーターで包んで優しくなだめすかすようにして温めていた。「プルサールは水晶のようにはかないんだよ」と彼は言い、二〇一四年のできごとを話してくれた。その年、オウトウショウジョウバエの害に遭い、プルサールの八割を失ったのだという。このハエが未熟な果実をすっかり食べてしまい、この地方の赤ワイン用のブドウをほとんど全滅させてしまったのだ。

次にブラインド・テイスティングをすることになり、熟成されたワインが一本登場した。ピエールがこう助言してくれた。「とても古いワインの場合、最初の香りを一秒でかぎ取らないとすぐに変わってしまうんだ」。そのワインはすごく古いわけではなかったが、確かに熟成はしていた。風変わりなノーズが空気に触れるとともに変化していき、チェリーと粘土のような風味がやや感じられたので、温暖な年だったのだろうと判断した。外観は艶がなく、色は深みのあるガーネットだった。これは一九八六年のプルサールで、亜硫酸を加えずに造られたものだと分かった。「一九八五年の方が作柄はよかったんだがね。一九八六年の方がうまく醸造できたので、いいできになったんだ」とピエールは言った。

このワインは鮮烈なまでに若々しさを保っていた。それまで亜硫酸を添加しないワインの寿命を疑っていた同行者が一人いたのだが、その人にとっては思いがけない体験となった。

ピエールは席を立ってキッチンへと入っていった。ワインをたっぷりごちそうになり、今度はパンをいただくことになった。ブランケットに包まれたパンの塊を持って戻ってきたピエールが、私たちにそれを切り分けていく様子は、まるで過越《すぎこし》の祭りのときに種なしパンを配ってくれた祖父のようだった（訳注：過越の祭りは、春に行われるユダヤ教の祭り。発酵させていない生地で焼いたパンを食べる習慣がある）。

私たちはさらにピエールとの会話に夢中になり、彼の好むワインがボルドーの「シャトー・フィジャック（Chateau Figeac）」の一九四五年であることを突き止めた。また、皆で部屋にある本を眺めていたとき、パスカリーヌがピエールに、どんな本が好きかと尋ねた。すると彼は少し残念そうな表情になり、「本を読む習慣がまったくなかったんだよ」と静かに答えた。学校嫌いで、ブドウ畑や森で過ごしたり、狩りをしたりする方が好きだったのだという。彼は素晴らしく教養のある人物だというのに、本から学ぶ楽しみと無縁だったとは、何とも矛盾した話である。そんなふうに私たちはテイスティングと会話を続けた。

やがて私は思いきって、彼のワインの価格が、特にパリとニューヨークで膨れ上がっている事態をどう感じているかと尋ねてみた。「うちからは十四から十八ユーロで出荷しているよ（訳注：一千八百円から二千二百円）」とピエールは答え、値上げをするつもりはなく、自分のワインがどこかでそんな高い値段になっているのを見るのはつらい、と続けた。パリではまず見つけられないし、ニューヨークでは卸値が三十ドルもするのだ（訳注：約三千三百円）。レストランのワインリストに載っていれば、少なくともその四倍にはなっているだろう。しかもそれは新しいヴィンテージの値段なのだ。彼のワインは大都市でも有数の、垂涎の的となっている。このことはピエールにとって心穏やかならぬ事実だが、それでも彼は、ほかのブドウ栽培家からブドウを買うネゴシアンには決してなるつもりはないという。ワインの品質が悪化するのが心配だからだ、というのがその理由である。ネゴシアンになったワイン生産者はジュラに何人かいて、最も有名な例はジュラ南部のロタリエに本拠地を構えるジャン・フランソワ・ガヌヴァだ。「とても悩ましい問題なのだが、自分のワインがお金持ちだけのものになってほしくはないんだ。だってそうだろう、ワインというのは気楽に飲めるのが第一なんだからね」とピエールは言う。

こうして私たちは、自ら焼いたパンを片手に、気兼ねなく語ってくれる造り手の質素な家に集い、彼のたたずまいとその魔法にじっと見入るようにして過ごした。そこには彼が造って提供してくれるワイン以外に贅沢なものなど一切なかった。最後に、全員で彼の周りに集まって記念写真を撮った。

ジュラ地方のお薦めの生産者と産地および農法

- ドメーヌ・デシレ・プティ（Domaine Désiré Petit）／ピュピラン（ビオディナミ農法）
- ドメーヌ・ド・ラ・パント（Domaine de la Pinte）／ピュピラン（ビオディナミ農法）
- フィリップ・エ・トニー・ボールナール（Philippe et Tony Bornard）／ピュピラン（ビオディナミ農法）
- ドメーヌ・ピエール・オヴェルノワ&エマニュエル・ウイヨン（Domaine Pierre Overnoy and Emmanuel Houillon）／ピュピラン（ビオディナミ農法）
- ルノー・ブリュイエール・アデリーヌ・ウイヨン（Renaud Bruyère-Adeline Houillon）／ピュピラン（ビオディナミ農法）
- ミシェル・ガイエ（Michel Gahier）／アルボワ（有機農法）
- ドメーヌ・ド・ロクタヴァン（Domaine de l'Octavin）／アルボワ（ビオディナミ農法）

・ステファン・ティソ（Stéphane Tissot）／アルボワ（ビオディナミ農法）
・ドメーヌ・ド・サン・ピエール（Domane de Saint-Pierre）／アルボワ、コート・デュ・ジュラ（有機農法）
・ドメーヌ・ド・ラ・ルー（Domaine de la Loue）／アルボワ（有機農法）
・ドメーヌ・ラタポワル（Domaine Ratapoil）／アルボワ（有機農法）
・ドメーヌ・ラッテ（Domaine Ratte）／アルボワ（有機農法）
・ドメーヌ・デ・ボディネ（Domaine des Bodines）／アルボワ（有機農法）
・ドメーヌ・ド・ラ・トゥルネル（Domaine de la Tournelle）／アルボワ（有機農法）
・ドメーヌ・デ・キャヴァロド（Domaine des Cavarodes）／コート・デュ・ジュラ（有機農法）
・ドメーヌ・デ・マルヌ・ブランシュ（Domaine des Marnes Blanches）／コート・デュ・ジュラ（有機農法）
・ル・ピエ・シュール・テール（Les Pieds Sur Terre）／ヴァランタン・モレル（Valentin Morel）／コート・デュ・ジュラ（有機農法）
・ドメーヌ・デ・ロンス（Domaine des Ronces）／コート・デュ・ジュラ（ビオディナミ

農法）
・ディディエ・グラップ（Didier Grappe）／コート・デュ・ジュラ（有機農法）
・ドメーヌ・デ・ミロワール（Domaine des Miroirs）／コート・デュ・ジュラ（有機農法）
・ペギー・エ・ジャン・パスカル・ビュロンフォッス（Peggy et Jean-Pascal Buronfosse）／ロタリエ、コート・デュ・ジュラ（有機農法）
・ジャン・フランソワ・ガヌヴァ（Jean-Francois Ganevat）／ロタリエ、コート・デュ・ジュラ（有機農法）
・ジュリアン・ラベ（Julien Labet）／ロタリエ、コート・デュ・ジュラ（有機農法）

フランス　シャンパーニュ地方

「これまでに私が過ごした最も寒い冬といえば、サンフランシスコの夏だ」――これはしばしばマーク・トウェインの言だとされる（だが実はそうではないらしい）。まあ、誰が言ったにせよ、その人物がシャンパーニュ地方に一度も行ったことがなかったのであれば、こうした発言もおそらく問題ないだろう。というのも、私が初めて本格的にこの地を訪れた夏は、ブドウ畑が真っ白だったのだ。翌日、私は気がめいってしまった。一月だろうと七月だろうと、ここは雪が降ったように真っ白になるのだ。あの風景は、この地方のひどくやせた土壌とあいまって、逆境に負けずベストを尽くすよう訴えるポスターにでも使えばうってつけのはずだ。それにしてもあの無味乾燥とした土壌は一体何だろう、あんなにもやせて不毛な土壌があるのだろうかと、私は疑問に思った。実は、その白い土壌はほとんど粘土質が含まれない白亜質で、この土地の特性と名コンビを組んでシャンパーニュを生み出した魔法の一部である。

フランスの大半の地方と同様、シャンパーニュ地方に初めてブドウを植えたのは古代ローマ人たちだった。やがて時代が下り、ワインが重視されるようになった。シャンパーニュ地方の中心都市ランスでフランス国王の戴冠式が行われるようになり、国王も女王も皆、聖別（訳注：洗礼式や就任式で塗油によって神聖化する行為）の儀式を祝う飲み物を必要としたからである。戴冠式で供されたワインは一定の評価をされるようになったが、それが赤ワインでなかったのは確かだ。シャンパーニュ地方はブドウ栽培には手ごわい土地で、予想外に暑い年や、粘土質が優勢な一部の場所を除いては、黒ブドウが十分に熟さなかったのだ。この地でも黒ブドウを育てることは育てていたのだが、できあがったワインは生気に乏しい一方、酸が非常に高く、飲むと歯のエナメル質が溶けて悲鳴をあげたくなるほどだった。しかし不慮の事故のせいか、造り手の注意深い観察の成果なのか、ワインに泡が生じたのである（厳密には発酵が再開したことが原因だ）。これを見た造り手たちは、泡をワイン内部に封じこめる方法を習得した。この方法が本格的に確立されたのは、イングランドに頑丈なガラス瓶が登場した一八〇〇年代に入ってからだった。その後、泡立つワインは世界中に喜びをもたらした。

シャンパーニュ地方の土壌

シャンパーニュ地方に見られる白亜質土壌は、黒板や道端の落書きに使われるチョーク、あるいは昔の粉おしろいなどの化粧品と同じ物質である。一般に白亜は、岩石粒子の一種であるとも、土壌の一種であるとも考えられているが、実は特殊なタイプの堆積岩だ。フランス西部のコニャック地方とスペイン南部のヘレス（シェリーの産地）にもこの岩石が見られるが、気候がシャンパーニュ地方とはかけ離れている。どちらも大西洋の影響が強く、ヘレスでは日照量が多くて暑く、コニャックはやや穏やかである。というわけで、同じ白亜質土壌とはいえ、シャンパーニュ地方はこうした地域とは完全に異なっている。従来、この地のブドウといえば満足に熟した試しがほとんどないのだ。

シャンパーニュ地方の土壌にはもちろん石灰岩の岩片が豊富だが、非常にやわらかくて穴が多い白亜を伴う。この土壌が違いを生むからこそ、この地方のスパークリングワインはほかの地の同種ワインとかけ離れた唯一無二の存在だといわれている。

白亜とは、やわらかくて穴の多い未固結の石灰岩であり、炭酸カルシウムを主体としてわずかに粘土を含む。シャンパーニュ地方には二種類の白亜がある。一つ目は地表近くに見られる硬質なタイプで、ベレムナイトと呼ばれる。原料は主にイカの骨で、地質年代の第三紀、つまり恐竜に代わって哺乳類が登場した時代に形成された。もう一種類の白亜はミクラスターで、主にウニやヒトデの化石からできていて、まだ恐竜がうろついていた時代に生まれた。

白亜質土壌の長所は水はけのよさにあり、シャンパーニュのように雨の多い土地ではブドウのできを左右する重要なメリットだ。この点で、北部のグラン・クリュやプルミエ・クリュの土地は賞賛の的だが、優れたブドウを生むのは白亜質土壌だけだろうか。南部のオーブへ行ってみるといい。ここは中世に栄えた都市に近く、土壌に威厳がないとして低く評価されていた。しかし今では、卓越した独創的なワインメーカーたちの拠点であり、北部よりやや温暖なのでピノ・ノワールやピノ・ムニエといった黒ブドウが多く植えられ、そうしたブドウから花のような香りのするシャンパーニュが生まれている。オーブの土壌の大半はシャブリに似て、古いキンメリジャンの泥炭岩の上に発達した土壌、つまり粘土質と石灰岩が混ざっている。しかし実はここには、白亜の最後のあがきともいえるような白亜質土壌の丘がある。それはモングーという村で、栽培品種としてはシャルドネが選ばれている。

どんなに土壌が優れていても、適切な農法を選び、量より質を重視しなければ悲惨な事態を招きかねない。シャンパーニュ地方は長年にわたって、優れたブドウ畑と良質な農法の土地というよりも、ブランド重視の土地として知られてきた。いくつか有名なブランド名があるが、彼らはほとんど土地を所有せず、あちこちのブドウ栽培農家と契約を結んでいる。また、農法についても管理している。一九七〇年代には効率重視の産業的な農法が猛威をふるい、シャンパーニュ地方の大部分があっというまに、砂糖と泡だけのワインという信用できない代物を造るようになった。だが、そんな事態が変わり始めた。個々の農園地主たちがブドウをモエ・エ・シャンドンやヴーヴ・クリコなどの大手メゾンに売るのをやめ、自らワインを造るためにブドウを栽培するようになってきたのだ。こうした自家栽培の醸造家たちによる「レコルタン・マニピュラン（Recoltant Manipulant）」（訳注：シャンパーニュ地方でブドウ栽培から醸造、瓶詰めまですべてを行う生産者）の革命は一九七〇年代の終盤に始まり、とうとうシャンパーニュの精神がみごとに復活を遂げた。

シャンパーニュで最も有名な地区は北東部にあるヴァレ・ド・ラ・マルヌで、パリからは電車でわずか四十五分の距離だ。この地域の造り手の大半はピノ・ムニエをブレンドに加えている。そこから東へ行った先のモンターニュ・ド・ランスは、ピノ・ノワール中心の地区だ。ヴァレ・ド・ラ・マルヌから東南方向にあるコート・デ・ブランは大部分が白亜質土壌で覆われ、シャルドネを栽培している。南へ向かうと、チャレンジ精神が旺盛すぎて動向を追いきれない地区がある。それは、先述したオーブと、オーブに近く、（今のところ）ほとんど名前が挙がることのないコート・ド・セザンヌだ。セザンヌの大半で黒ブドウが栽培されている。ほかの地方と異なり、シャンパーニュでは畑ではなく村単位で格付けされていて、グラン・クリュの村が十七、プルミエ・クリュの村が四十三ある。グラン・クリュはすべてヴァレ・ド・ラ・マルヌにある。格付けされてはいないが、モングー地区もトップレベルとされている。シャンパーニュ地方でグラン・クリュに認定されている村を挙げてみよう。

モンターニュ・ド・ランス地区（MONTAGNE DE REIMS）

・シルリ（Sillery）

・ピュイジュー（Puisieulx）
・ボーモン・シュル・ヴェスル（Beaumont-sur-Vesle）
・ヴェルズネー（Verzenay）
・マイイ・シャンパーニュ（Mailly-Champagne）
・ヴェルジ（Verzy）
・ルーボワ（Louvois）
・ブージー（Bouzy）
・アンボネー（Ambonnay）

ヴァレ・ド・ラ・マルヌ地区（VALLÉE DE LA MARNE）

・アイ（Aÿ）
・トゥール・シュル・マルヌ（Tours-sur-Marne）

コート・デ・ブラン地区（CÔTE DE BLANCS）

・シュイイ（Chouilly）

・オイリ（Oiry）
・クラマン（Cramant）
・アヴィズ（Avize）
・オジェール（Oger）
・ル・メニル・シュル・オジェ（Le Mesnil-sur-Oger）

シャンパーニュ製法とは

シャンパーニュと呼べるワインはただ一つしかない。そしてそれは、シャンパーニュ地方で造られている。しかし、その製法は世界中で使われている。ただし、シャンパーニュ地方以外では、スパークリングワインと呼ばなければならない。あるいはシャンパーニュ以外のフランスではヴァン・ムスー（vin mousseux）（訳注：シャンパーニュ以外のフランス産スパークリングワインの総称）、またイタリアではスプマンテ（spumante）という呼称がある。地域ごとの呼称もある。たとえばフランスでは、八カ所の産地でクレマン（crémant）という呼称を使っている。カヴァ（cava）はスペインのペネデス産スパークリングワインの呼称だ。イタリアのフランチャコルタ地方では、シャンパーニュ製法で造られたスパークリングワインだけに許可されるDOCG認定を受けた、フランチャコルタと呼ばれるワインが造られている。ここでシャンパーニュ製法の工程を説明しよう。まずは非発泡性のスティル・ワインを造り、瓶詰めする。そこへ酵母と糖分、あるいは、自然志向であれば糖分の代わりに甘口のワインを加える。すると再び発酵が始まり、炭酸ガスとアルコールが発生する。炭酸ガスは密封された瓶に閉じこめられ、瓶内の圧力が上がる。やがてワインが澱とともに十分な時間を過ごすと、瓶内での二次発酵を終えた酵母は死滅して澱となって瓶の底に沈み、瓶から取り除かれる。この工程はデゴルジュマンと呼ばれ、一般に、ねばついた塊となった澱が瓶口に集められ、取り除かれる（訳注：瓶を少しずつ逆さまに傾けて澱を瓶の口元に集める動瓶作業の後、瓶口を冷却液に浸して凍らせて栓を抜くと、瓶内の気圧によって凍った澱が飛び出す）。

次にドサージュという工程がある。これは甘さを調節するために、デゴルジュマン後のワインに、さまざまに調節した量の糖分を加える作業である。ドサージュ後に打栓をする。気候変動が進んだこと、および農法の進化により、シャンパーニュはより熟したブドウから造られるようになってきた。その結果、ドサージュをせずに造られるシャンパーニュが増えてきている。以上がシャンパーニュの製法だ。スパークリングワインは世界各地で造られているが、シャンパーニュ地方のシャンパーニュに近いものは何一つとしてない。たとえ悪質な生産者のシャンパーニュ――つまり利潤だけを考えたとしか思えない、甘すぎて非常にお粗末な安っぽいシャンパーニュも確実に存在するのだが――、そうした代物もどういうわけか、いかにもシャンパーニュ産のシャンパーニュらしい味がするのだから不思議である。

シャンパーニュ地方の品種

シャンパーニュのラベルに「ブラン・ド・ブラン（Blanc de Blancs）」と表記されているのを見たことがあるだろう。これは、白ブドウから造られているという意味である。一方、「ブラン・ド・ノワール（Blanc de Noirs）」は黒ブドウのみから造られたシャンパーニュだ。

シャンパーニュ用の白ブドウ品種には、アルバンヌ、プティ・メリエといった古代品種や、ピノ・グリ、ピノ・ブランなどのよく知られた品種がある。しかしシャンパーニュ造りの代表品種といえば、ほぼ三つの品種に限定される。とりわけ白ブドウのシャルドネと黒ブドウのピノ・ノワールは、世界中のあらゆる種類の土壌で盛んに栽培されている。残る一つ、ピノ・ムニエはというと、シャンパーニュ地方で栽培量が増えつつあるが、ほかの地域ではまだあまり栽培されていない。ピノ・ノワールの変異種で、葉の形がハートに似ており、裏が綿毛のように白くふさふさとして愛らしい品種だ。一般にシャンパーニュはこれら三種を三分の一ずつブレンドして造られ、ピノ・ムニエは果実味を、ピノ・ノワールはリッチな味わいを、そしてシャルドネはフィネスを添えるといわれている。だが、もしそんなふうに感じられないとしても心配は無用だ。

シャンパーニュは甘さによる分類がラベルに表記されており、甘さはドサージュの割合で変わってくる。分類用語はブリュット・ナチュール（またの用語をノン・ドサージュ。糖分無添加または三グラム以下）、エクストラ・ブリュット（極辛口）、ブリュット（辛口）、エクストラ・ドライ（やや辛口）、デゥミ・セック（甘口）、ドゥー（極甘口）の順に糖分が高くなっていく。

ワインメーカー・プロファイル　フランシス・ブラール（Francis Boulard）

初めてブラールのシャンパーニュを開けたのは二〇〇九年、「レイモンド・ブラール（Raymond Boulard）」というワイン名だった。このシャンパーニュを選んだのは、ロゼが飲みたかったのと、三十三ドル（訳注：約三千七百円）という値段が妥当だと思ったからで、実はまったく期待していなかった。ラベルのデザインもパッとしていなかった。ところが、中味はそれまでに飲んだシャンパーニュと大きく異なっていた。どちらかというと亜硫酸は控えめのように感じられ、華麗で、かつ手におえない野性味があった。さながら浮浪者の服を着た王子のようなシャンパーニュだった。その後、ブラールのワインに夢中になった私たちは、このワインを見つけるたびに念入りに吟味していったが、この垢抜けないラベルが貼られ安っぽい瓶に包まれた、いとも美しいシャンパーニュはやがて品切れになった。ところがその数年後、新たに真っ白なラベルをまとって再登場した。「フランシス・ブラール・エ・フィーユ（Francis Boulard et Fille）」として生まれ変わったのだ。「フィーユ」はフランシスの娘で、父とともにシャンパーニュ造りに取り組むデルフィーヌのことだろう。

ブラールを訪ねた日、外は大雪が降っており、パスカリーヌと私は足元の危ない道を逃れて建物内に入り、丸いテーブルに落ちついた。私たちのためにワインを数本用意してくれたフランシスは、私たちにあまり時間がないのを気遣って、すばやくグラスに注いでくれた。そして外に雪が降り積もるなか、話し始めた。

フランシスが父親のシャンパーニュ造りを手伝うようになったのは一九七三年のこと。弟と妹もすぐに加わった。だが一九九六年頃、彼の心には悩みが募るばかりだった。「私は自然と土壌をいつも大切に思っていた」と彼は言う。フランシスは、ブドウ畑で使われる化学物質に自分がアレルギー反応を示すことに気づき、ワインに化学的な残留物があることに注目した。自身を「農民」だと語るフランシスは、自分が行っているのは自然相手の農業なのだから、化学物質などというものはワインになれば消えてしまうはずだと決めてかかってい た。しかしそうではなかった。そう気づいた彼は、それまでの取り組みを変えなければならないと考えたという。

フランシスは祖父から学んだ手法に戻り、月の動きにしたがって作業をしたり、カバークロップ（訳注：風や雨水などによる土壌の侵食を防ぐために植える、地面を覆うように茂る性質の作物。クローバーはその一例）を植えたりし始めた。彼の心にあったもう一つの新たな取り組みは、雨が多くベト病に見舞われがちな気候への対策としてよく使われる、銅と硫黄を減らすことだった。こうした化学物質を土壌から減らす方法として初めてビオディナミ農法をフランシスに教えたのは、ロワール地方のシュヴェルニーにある「ドメーヌ・デ・ウアー（Domaine des Huards）」のミシェル・ジャンドリエだった。

二〇〇一年、フランシスはまず、家族で所有していたレ・ラシャにあるブドウ畑の半分をビオディナミ農法に転換し始めた。これは一種の実験で、彼は結果を気に入り、さらに所有する畑をすべてビオディナミ農法へ転換しようと提案した。すると弟妹たちは一ヘクタールにとどめておいてはどうかと妥協案を出してきた。余計な仕事をするのに気が進まなかったのと同時に、リスクを恐れていたのかもしれない。シャンパーニュ地方の寒冷で雨の多い時期は病害の温床だが、化学薬品や化学肥料を使えば簡単に解決できるのだ。「弟たちは分かってくれなかった」とフランシスは言う。こうして彼は、法的に認められた三ヘクタールのブドウ畑を相続し、弟妹たちと正式に袂を分かつことになった。

このような家族の分裂は、シャンパーニュではよく耳にする話だ。農法をめぐる争いもあれば、若い世代が化学に依存した農法の現状を乱して何もかもぶち壊してしまうのではないかと、古い世代が不安視することもある。家業を分割する際に、フランシスの父親はすでに他界していたので、彼は弟妹たちと争うことになった。こうした例はほかの若いワイン生産者にも見られ（たとえばオーブにあるセル・シュル・ウルス区画の造り手、セドリック・ブシャール）、跡継ぎの子どもの意向に不満を抱く父親への対処に苦労している。たとえ子の造るワインがどんなに人気であっても、親にはなかなか賛成してもらえないようだ。家庭内の争いを乗り越えてきたフランシスは、今では優しい仲介者の役割を頼まれることもあり、若手の生産者たちが自然回帰によって独自の道を開拓していく手助けしている。あるときなど、若い造り手の母親がこう言って電話をかけてきたという。「フランシス、早く来てちょうだい、二人とも殺し合ってるのよ！」

私たちは雪のなかをよろよろと歩き、フランシスの家とつながっている、簡素なワイナリーを見学させてもらった。彼はステンレスタンクでブドウを発酵させ、さまざまな大きさの木樽で熟成させる。亜硫酸の使用は控えめにし、一次発酵は野生酵母による。ベースワインにはいつもマロラクティック発酵を施し、酸をまろやかにしている。フランシスが造るシャンパーニュの愛すべき点は何かというと、完璧ではないものの、心が躍るような刺激に満ち、フランシス本人のように若々しい精神が感じられるということだ。

シャンパーニュ地方のお薦めの生産者と農法

モンターニュ・ド・ランス地区

- フランシス・ブラール・エ・フィーユ（Francis Boulard et Fille）（ビオディナミ農法）
- トーマス・ペルスヴァル（Thomas Perseval）（有機農法）
- ジェローム・プレヴォー（Jérôme Prévost）（サステーナブル農法）
- ルラージュ・プジョー（Lelarge-Pugeot）（有機農法）
- シャンパーニュ・ベレッシュ（Champagne Bérêche）（サステーナブル農法）

- エマニュエル・ブロシェ（Emmanuel Brochet）（有機農法）
- ユレ・フレール（Huré Frères）（サステーナブル農法）
- シャルトーニュ・タイエ（Chartogne-Taillet）（サステーナブル農法）
- シャンパーニュ・マリー・ノエル・レドリュ（Champagne Marie-Noelle Ledru）（サステーナブル農法）
- ムーゾン・ルルー（Mouzon-Leroux）（有機農法）
- シャンパーニュ・マルゲ（Champagne Marguet）（ビオディナミ農法）
- シャンパーニュ・ボーフォール（Champagne Beaufort）（アロマテラピー）（訳注：殺虫剤や防かび剤の代わりにアロマテラピー用エッセンシャルオイルを使用）
- シャンパーニュ・プイヨン・エ・フィス（Champagne Pouillon et Fils）（サステーナブル農法）
- エリック・ロデス（Eric Rodez）（有機農法）
- ブノワ・ライエ（Benoit Lahaye）（ビオディナミ農法）
- ダヴィッド・レクラパール（David Léclapart）（ビオディナミ農法）

ヴァレ・ド・ラ・マルヌ地区

- シャンパーニュ・フランソワーズ・ベデル（Champagne Françoise Bedel）（ビオディナミ農法）
- ドメーヌ・フランク・パスカル（Domaine Franck Pascal）（有機農法へ転換中）
- シャンパーニュ・タルラン（Champagne Tarlant）（有機およびサステーナブル農法）
- ジョルジュ・ラヴァル（Georges Laval）（有機農法）
- ラエルト・フレール（Laherte Frères）（サステーナブル農法）
- ルクレール・ブリアン（Leclerc-Briant）（有機農法）

コート・デ・ブラン地区

- ドメーヌ・スェナン（Domaine Suenen）（有機農法）
- ジャック・セロス（Jacques Selosse）（サステーナブル農法）
- パスカル・アグラパール（Pascal Agrapart）（サステーナブル農法）
- ラルマンディエ・ベルニエ（Larmandier-Bernier）（有機農法）
- パスカル・ドケ（Pascal Doquet）（有機農法）

- ミシェル・ファロン（Michel Fallon）（サステーナブル農法）
- ピエール・ペテルス（Pierre Peters）（サステーナブル農法）

セザンヌ／モングー地区

- シャンパーニュ・ユリス・コラン（Champagne Ulysse Collin）（サステーナブル農法）
- エマニュエル・ラセーニュ（訳注：ワインにはジャック・ラセーニュと表記）（Emmanuel Lassaigne／Jacques Lassaigne）（サステーナブル農法）

コート・デ・バール／レ・リセ地区

- セドリック・ブシャール（Cédric Bouchard）／ローズ・ド・ジャンヌ（Roses de Jeanne）（サステーナブル農法）
- マリー・クルタン（Marie-Courtin）（ビオディナミ農法）
- ピオロ・ペール・エ・フィス（Piollot Père et Fils）（有機農法）
- ピエール・ジェルベ（Pierre Gerbais）（サステーナブル農法）
- ベルトラン・ゴテロ（Bertrand Gautherot）／ヴェット・エ・ソル（Vouette et Sorbée）

（ビオディナミ農法）
・シャンパーニュ・フルーリー（Champagne Fleury）（ビオディナミ農法）
・ヴァレリー・フリゾン（Val' Frison）（有機農法）
・シャルル・デュフール（Charles Dufour）（ビオディナミ農法）
・リュペール・ルロワ（Rupert-Leroy）（ビオディナミ農法）
・オリヴィエ・オリオ（Olivier Horiot）（ビオディナミ農法）

フランス　ロワール地方　トゥーレーヌ

本格的にワインを飲み始めてから二十年ほど経った頃、ようやく私は本来の意味でロワール川流域の中核といえる地域を発見した。それがトゥーレーヌだ。なかでも、それまでとまったく異なるワイン体験へと導いてくれたワインが一つある。まるでチョークのストローを通してスミレの香りのジュースを飲んでいるかのようだった。このワインこそが、私をブドウの樹々のなかへと連れていき、決して終わることのない、真のワインを追い求める旅に出かけるきっかけとなった。

初めてこの地域を訪れたときは、ブロワの駅で列車を降り、バイクに乗って冒険をスタートさせた。当時の私はまだ、ロワールといえばサンセール以外何もないと思いこんでいたし、トゥーレーヌの存在自体まったく知らなかった。しかし、私が無知だっただけで、確かにその地はあったのだ。トゥーレーヌとは広域のＡＯＣの総称で、その地域内には小さいけれども強烈な個性をもつＡＯＣ地区が数多く含まれている。こうしたＡＯＣ地区はブロワ駅で列車を降りたところから始まり、はるか西のシノンの町まで伸びている。この土地には地元でテュフォー（細かい雲母を含んだ白亜）と呼ばれる石灰岩質土壌と砂質土壌、粘土質土壌があるほか、シレックスの岩片を含む土壌があちらこちらに見られる。土地は広大で変化に富んでいるが、ＡＯＣ認定機関のお役人たちに任せておこうものなら、この地でまともなワインは、風味のないロゼ、ニュージーランド産のような手頃なソーヴィニヨン・ブラン、水っぽい赤ワイン、クレマン・ド・ロワールの名称で売られている退屈なスパークリングワインぐらいしかない、と思いこむはめになったことだろう。これは栄光ある産地に対する裏切り行為だ。そう思うと、この土地の誇り高さと素晴らしさにあくまでもこだわってワインを造る生産者たちの、粘り強く断固とした姿勢には感謝するばかりだ。こうした熱心な取り組みが、自然を重視したワイン造りと有機栽培、およびビオディナミ農法によるブドウ栽培を育んでいる。彼らはＡＯＣ認定当局と常に闘い続けている。当局側は、トゥーレーヌの自然を尊重する造り手たちが造るワインの生き生きとした風味と独自性が、どんなに世界中の消費者の共感を呼ぼうと、彼らのワインはあるべき味わいではないと指摘してくるのだ。世界のワイン産地のなかでも、ロワール地方は全域にわたり私たちがこよなく愛する産地だが、さらにトゥーレーヌは逸品が豊富で、信じがたいほど多様性に富んだ、価値ある産地である。

トゥーレーヌの土壌

大西洋に向かって伸びるロワール渓谷を見渡してみると、ミュスカデの手前までの地域には多くの城が残っている。この地ではフランス革命が起こる前まで、王侯貴族たちが居住、あるいは狩猟などをして楽しんでいたからだ。現在は、ワインの飲み手たちにとって最も輝かしい土地となっている。この土地の特性のすべてが決定づけられたのは、約一億年前から約六千百万年前の白亜紀後期の頃だった。当時ロワール渓谷の大部分は、現在のパリの盆地とその周辺の場所に広がっていた古代の海底に沈んでいた。この白亜紀後期のチューロニアン期（訳注：白亜紀後期を六分割したうち古い方から二番目の期）に、浮遊する有機物と海中の甲殻類のかけらの圧縮物が分解して堆積し、ロワール川の中流域に見られる白亜質の地層を形成していった。これが後にテュフォーとなった。これは灰色や黄色をしたやわらかい地層で、雲母と砂を含んでいる。こうした堆積物が陸上に出て空気にさらされ、鉄と酸化マグネシウムの作用によって硬くなった。さらに後の地質年代に、砂やシレックスの岩片を含む粘土と混ざったことにより、現在のようなブドウ畑に適した驚異的な土壌が生まれたのである。

「パリのパンかご」とされるこの地域（訳注：トゥーレーヌ周辺は小麦の生産が盛んなことに由来する）では、気軽に飲めて渇きを癒すワインと、じっくりと真剣に飲むためのワインの両方が熱心に造られており、ワインのスタイル、品種ともに多様である。口当たりのよいワインを生む最良の土壌はテュフォーで、ロワール川やさまざまな支流を見下ろすなだらかな傾斜地にある。一方、かつて河床だった砂利質の沖積土からなる地域を含む平野部では「気軽に飲めるワイン」を意味する「ヴァン・ド・ソワフ」が産出される。

この地域で最も有名な個性あふれるAOP産地といえばシノンとヴーヴレだが、ロワール川を挟んでシノンと対岸にあるブルグイユも忘れないでほしい。また、ヴーヴレと川を挟んで南に接するモンルイ・シュール・ロワールは人気上昇中の地区で、粘土質とシレックスの岩片と砂質を多く含むテュフォー土壌が独自性を発揮している。

トゥーレーヌの品種

トゥーレーヌは、シュナン・ブランとカベルネ・フランが盛んなロワール西部と、ソーヴィニヨン・ブラン、ピノ・ノワール、ガメイ、そしてコーが多く産出されるロワール東部の接点である。ここは多様な品種のブドウが育っている土地なので、もしもたった一つのAOC産地のワインで一生を過ごさなければならないとしたら、この地域を選ぶに限る。

コーはマルベックの地元名だ。マルベックはどういうわけかアルゼンチンでフルーツ爆弾のようなワインへと変化し、よく知られるようになった。しかし原産地をたどると、マルベックが最初に登場したのはフランス南西部のカオール地方だった。やがてボルドーでも栽培されるようになり、そこから少し北上してロワールでも見られるようになった。ちなみに私はロワール産が一番好きだ。この地方のマルベックは、スミレの香りとビロードのような口当たり、そしてスパイシーな味わいが感じられる。ピノー・ドーニスという品種のワインを初めて飲んだとき、私はグラスに鼻をつっこんでみて、思わずこう叫んだ。「レッドジンガーのお茶みたい！（訳注：ハーブティーの一種）」。この品種はピノ・ノワールともシュナン・

ブランとも関係がない（ときおりシュナン・ノワールとも呼ばれるが無関係である）。生産量は非常に少なく、大半がロゼワインにされる。赤ワインに仕上げれば、白胡椒と果実味を備え、ビロードのような口当たりのワインができあがったであろうに。ＡＯＣ認定を受けている地区はコトー・デュ・ロワールとコトー・デュ・ヴァンドモワのみで、密植されている場合が多い。グロローはさらに評価の低い品種で、トゥーレーヌではスパークリングワイン用に使われる。トゥーレーヌの西にあるアンジュー・ノワール地区（三七四頁参照）でも同様の用途に使われ、弱々しい印象だと非難されがちである。ここではアゼ・ル・リドーの町にある「クエンティン・ブルス（Quentin Bourse）」や「マリー・ティボー（Marie Thibault）」のような生産者を探してみるといいだろう。酸味の強いロモランタンという品種も私の好みで、生産量は減っているが、本来は高く評価されるべき品種である（トゥーレーヌより東方のクール・シュヴェルニィ地区で探してみるといい）。同様にムニュ・ピノという古くからの品種も絶滅寸前だが、かつてはトゥーレーヌで重要なブドウだった。こうした優れたブドウを軽視するＡＯＣの規定が腹立たしくてならない。友人でもあるティエリー・ピュズラは、ブロワ近郊のレ・モンティ村でワインを造っている。彼はムニュ・ピノから「トゥーレーヌ　ル・ブラン・ド・シェーヴル（Touraine-Le Brin de Chèvre）」という名の、親しみやすくかつユニークな白ワインを造っていた。ところがAOC規定により、二〇一六年以降、産地名の「トゥーレーヌ」をワイン名から外し、産地表記のない「ヴァン・ド・フランス」ラベルで販売せざるをえなくなった。というのもティエリーは、ここに紹介されている軽視されたブドウを使い、ジョージアの甕であるクヴェヴリでワインを造り始めたからだ。

トゥーレーヌでは、ヴィオニエなど、この地域の原産ではない品種のAOC認定が許されていない。それは理解できるけれど、地域に古くから伝わる品種まで認められないとは、どういうことだろう。まったくもってロワールの役人連中は愚かだ。

トゥーレーヌのお薦めの生産者と農法（一部に産地も表記）

- クロ・デュ・テュエ・ブッフ（Clos du Tue Boeuf）／ピュズラ兄弟（Puzelat Brothers）（有機農法）
- ローラン・サイヤール（Laurent Saillard）（有機農法）
- ピエール・オリヴィエ・ボノーム（Pierre-Olivier Bonhomme）（有機農法）
- ナナ・ヴァン・エ・コンパニー（Nana Vins & Co.）／ナタリー・ゴビシェール（Nathalie

Gaubicher）（有機農法）
- レ・メゾン・ブリュレ（Les Maisons Brûlées）（有機農法）
- レ・ヴァン・コンテ（Les Vins Contés）／オリヴィエ・ルマッソン（Olivier Lemasson）（有機農法）
- クリスチャン・ヴニエ（Christian Venier）（有機およびビオディナミ農法）
- ノエラ・モランタン（Noëlla Morantin）（有機農法）
- ドメーヌ・シャウ・エ・プロディージュ（Domaine Chahut et Prodiges）／グレゴリー・レクレール（Grégory Leclerc）（有機農法）
- レ・カプリアード（Les Capriades）（有機農法）
- ジェレミー・クアスターナ（Jeremy Quastana）（有機農法）
- ジュリアン・ピノー（Julien Pineau）（有機農法）
- ル・ソ・ド・ランジュ（Le Sot de l'Ange）／クエンティン・ブルス（Quentin Bourse）／アゼ・ル・リドー（ビオディナミ農法）
- シャトー・ド・ラ・ロッシュ（Château de la Roche）／アゼ・ル・リドー（ビオディナミ農法）

・マリー・ティボー（Marie Thibault）／アゼ・ル・リドー（有機農法）
・ドメーヌ・ド・ラ・ギャルリエール（Domaine de la Garrelière）／フランソワ・プルゾー（François Plouzeau）（ビオディナミ農法）
・ミカエル・ブージュ（Mikaël Bouges）（有機農法）
・ブルーノ・アリオン（Bruno Allion）（ビオディナミ農法）
・エルヴェ・ヴィルマード（Hervé Villemade）／シュヴェルニィ、クール・シュヴェルニィ（有機農法）
・フランソワ・カジン（François Cazin）／シュヴェルニィ、クール・シュヴェルニィ（サステーナブル農法）

フランス　ロワール地方　トゥーレーヌ
ヴーヴレとモンルイ・シュール・ロワール

広大なトゥーレーヌ地区のまさに中心に当たるところに、広々とした高原が静かに横たわっている。童話に登場するような愛らしい渓谷と、小人サイズの横穴がいくつも掘られた白い崖が続くこの地には、二つのシュナン・ブラン王国がある。ロワール川の右岸にある方が広く、たいへんよく知られている。それがヴーヴレだ。文豪オノレ・ド・バルザック（訳注：トゥーレーヌ出身の作家）に愛され喝采を浴びた、黄金色に輝く神秘的な甘口ワイン、モワルーを育んだ地である。

ロワール左岸に位置するもう一つの王国、モンルイ・シュール・ロワールはずいぶん長い間、偉大な姉の陰でひっそりと息づいてきた。今はまだ壁の花のように目立たないが、この地は前衛的な自然志向の農法とワイン造りの最前線である。

ヴーヴレとモンルイ・シュール・ロワールのなだらかな丘陵地帯はともに、砂利、テュフォー、そして粘土とシレックスの岩片が混ざった土壌という三種の土壌を誇っている。しかし、細かい違いもある。モンルイ・シュール・ロワールのワイナリー「ラ・グランジ・ティフィーヌ（La Grange Tiphaine）」のダミアン・ドゥルシュノーはこう説明する。

「ヴーヴレではアルジロ・カルケール土壌（粘土石灰岩質土壌の一種）が優勢だけれど、アルジロ・シレックス土壌（フランス語でペルシュ〔perruches〕と呼ばれる粘土とシレックスの岩片が混ざった土壌）も若干見られる。土壌がとても肥沃なため、品質を落とさずに多くの収量が得られる。一方、モンルイ・シュール・ロワールでは砂質とシレックスの岩片が多く、土壌がやせているので収量は低い」。ヴーヴレのワイン生産者フランソワ・ピノンによると、こうした土壌がヴーヴレに力強さとフィネスをもたらすという。

ヴーヴレでは、貴腐菌ともいわれるボトリティス・シネレア（Botrytis cinera、ソーテルヌを生む菌と同種）というかび菌が発生しやすい条件が整っている（訳注：ロワール川の支流であるシス川とブレンヌ川が合流する地点で霧が発生しやすいため、貴腐かびが生まれやすい）。この菌が付いたブドウは水分が蒸発してしなびて、糖分が濃縮される。こうして糖度が高くなったブドウから、ヴーヴレでは幅広い種類の甘口ワインが産出される。一方のモンルイ・シュール・ロワールでは、ドライな白ワインを多く産出するほか黒ブドウも栽培されているが、これらはAOP認定されていない。とはいえ、どちらの地域でもスパークリングワインが主要なワインであり、無視することはできない。

西部のサンセールと同様にヴーヴレも、さほど努力をしなくても有名になれたため、簡単に化学物質や機械を使った農法に陥った。しかし注目に値する生産者もいて、たとえば「ドメーヌ・ユエ（Domaine Huet）」、「フィリップ・フォロー（Philippe Foreau）」、そして前述の「フランソワ・ピノン（François Pinon）」は間違いなく英雄である。ともあれ、ヴーヴレの失敗があったからこそ、モンルイ・シュール・ロワールの優れた生産者が脚光を浴びるチャンスが来たのだ。

モンルイ・シュール・ロワールはこれまで土地が安かったため、新規参入の熱心な職人気質の造り手が土地を引き継ぎやすく、また、彼らの革新的な技術も実行に移しやすかった。そうした造り手のなかでもフランソワ・シデーヌとジャッキー・ブロはともに、影響力を駆使してかなりの大仕事をやり遂げた。二人は並外れた結束によって、「ペティアン・オリジネル（Pétillant Originel）」と呼ばれるスパークリングワインを、初めてAOCペットナットとして認定させたのだ。二〇一六年には、なんとペットナット全生産量の四十パーセントが、有機農法かビオディナミ農法によるブドウから造られ、その結果、より有名だった姉のヴーヴレもとうとう追随することとなった。

ペットナットとは

ロワールはペットナットを大流行させたことで有名になったが、実は古典的なスパークリングワインの製法、しかもおそらくは偶然にできたやり方を復活させただけだ。これは昔のプロセッコの製法で、イル・メトード・アンセストラル（il metodo ancestrale）、あるいはメトード・アンセストラル（méthode ancestrale）と呼ばれる。その工程は、ブドウの糖分がすべて発酵しきらないうちに瓶詰めするため、瓶内で発酵が続き、炭酸ガスが瓶内に封じこめられるというものだ。その結果、心地よく泡立つスパークリングワインが生まれ、高級感のあるシャンパーニュ製法で造ったタイプよりもややブドウの風味が残っている。

一九九〇年代のことだ。人気のワイン生産者、故クリスチャン・ショサールがスティル・ワインを造ったところ、偶然にも泡立ってしまった。「なんてこった、こんなワイン、全部消えてしまえ」と彼は思った。ところがこのワインは、スパークリングワインとして十分に楽しめる逸品だと分かったのだ。パスカリーヌがふり返っていうところでは、ヴーヴレの名高い生産者、故ガストン・ユエが、このワインの名称としては「ペティアン（pétillant）」（訳注：発泡性ワインという意味のフランス語）という用語がすでに使われていると主張したという。しかし若い世代の造り手はそれを「ペットナット（Pét'Nat）」と短縮してしまった。気楽に飲めるスパークリングワインは世界中に広がり、オーストラリアやアメリカでも人気となった。シャンパーニュ製法に比べると安上がりで、飲みやすい。ペットナットのＡＯＣ規定はこの愉快な飲み物に敬意を払ったルールとなっている。なぜなら、ワインを自然発酵させなければならないと定められたスパークリングワインはペットナットだけなのだ。また、九カ月間澱と接触させておく必要がある。その後は（残念ながら澱が残っていた方がおいしいという説を信じてくれない人が多いので）、澱を取り除かなければならない。その方が、外観が透明できれいだというのが理由である。

ヴーヴレとモンルイ・シュール・ロワールのお薦めの生産者と農法

ヴーヴレ

- ドメーヌ・ユエ（Domaine Huet）（ビオディナミ農法）
- クロ・ノダン（Clos Naudin）／フィリップ・フォロー（Philippe Foreau）（サステーナブル農法）
- フランソワ・ピノン（François Pinon）（有機農法）
- ドメーヌ・ヴァンサン・カレム（Domaine Vincent Carême）（有機農法）
- ミシェル・オートラン（Michel Autran）（有機農法）
- マテュー・コスメ（Mathieu Cosme）（有機農法）

- フローレン・コスメ（Florent Cosme）（ビオディナミ農法）
- セバスチャン・ブリュネ（Sébastien Brunet）（有機農法）
- カトリーヌ・エ・ピエール・ブルトン（Catherine et Pierre Breton）（ビオディナミ農法）

モンルイ・シュール・ロワール

- フランソワ・シデーヌ（François Chidaine）（ビオディナミ農法）
- ラ・グランジ・ティフィーヌ（La Grange Tiphaine）／コラリー＆ダミアン・ドゥルシュノー（Coralie & Damien Delecheneau）（有機農法）
- ドメーヌ・リズ・エ・ベルトラン・ジュセ（Domaine Lise & Bertrand Jousset）（有機農法）
- フランツ・ソーモン（Frantz Saumon）（有機農法）
- グザヴィエ・ワイスコップ（Xavier Weisskopf）／ル・ロシェ・デ・ヴィオレ（Le Rocher des Violettes）（有機農法）
- ルードビック・シャンソン（Ludovic Chanson）（有機農法）

フランス　ロワール地方　トゥーレーヌ
シノン　ブルグイユ　サン・ニコラ・ド・ブルグイユ

トゥーレーヌの最西端にある三つの町といえば、真っ先にカベルネ・フランが思い浮かぶ。いずれの町も、この品種にとって価値ある仲間だ。ちなみに三つの町の最上位に来るのは、シノンである。有名になってもおかしくないはずなのに、どういうわけかこの町の名前はまだ知られていない。

地域で最大の赤ワインのＡＯＣ地区であり、有名であってしかるべきはずのシノンがいまだに人気を呼ばない理由を説明してくれそうな本がある。一九四〇年代に書かれた『*Year Book of French Quality Wines, Spirits, & Liquors*（フランス上質ワイン・スピリッツ・リカー年鑑。未邦訳）』というタイトルの本で、特定の著者名は記されていない。匿名で「ボルドーほどタンニンが豊富ではないし、ブルゴーニュのようなおいしい毒めいた魅力もない。知性派のためのワインだ」という評価が書かれている。

この本は明らかに、「知性派」と呼ばれることが現在のように悪口ではなかった時代に書かれたものだ。そしてパスカリーヌと私は、これら三つのAOC産地のカベルネ・フランをすべて飲んでいる。だから、どうか私たちを知性派と呼んでほしい。

シノン、ブルグイユ、サン・ニコラ・ド・ブルグイユの土壌

トゥーレーヌの三つの町は土壌も気候も似通っている。いずれも大西洋に近いため湿度が高く温暖で、雰囲気の穏やかな川沿いの土地だ。だが、それぞれに異なる特徴がある。互いに近接しているが、内陸に近いほど、大西洋から吹く風や湿気の影響が少ない。そして、シノンが最も暖かい。

シノンにはロワール川の支流、ヴィエンヌ川が流れ、この地域最大のブドウ畑、レ・ピカスを見下ろすように、原子力発電所が立っている。三つの町のなかで最も南東にあり、ロワール川の左岸にある。ほかの二カ所にも共通しているが、テュフォー土壌の傾斜地から生まれるワインは深みがあり、冷涼な沖積土からなる平地のワインはシンプルな印象だ。石灰岩質土壌のブドウから造るワインは木樽で一年以上熟成される。一方、砂質土壌産のワインは短時間発酵させた後、やはり短期間エレヴァージュさせる。シュナン・ブランは希少だが、探してみる価値がある。この地域のロゼもキレがあって申し分なく、春から夏の間のお

供にうってつけだ。

シノンからロワール川を挟んで北側に、トゥーレーヌが誇る三つの至宝のうち残り二つがある。その一つ、ブルグイユでは、シノンと同様、傾斜地の中腹の畑から最も良質なワインが産出される。こうしたワインからは、切れ味のある武骨さと粗いタンニンが感じられるといわれている。試してほしいワインは「ピエール・ブルトン（Pierre Breton）」と「ドメーヌ・ド・ラ・シュヴァルリ（Domaine de la Chevalerie）」で、きっと大いに驚かされるはずなので覚悟して飲んでもらいたい。シノンと同じようにブルグイユでも、木樽で長期間熟成させることによって優れたワインが生まれる。残る一つ、サン・ニコラ・ド・ブルグイユは傾斜が緩やかで、砂質の沖積土が石灰岩質土壌よりも優勢である。ここでは生産者がシンプルなワイン造りに努めていて、軽やかで飲みやすい赤ワインがよく見られる。しかしなかには、例外的なワインもある。

シノン、ブルグイユ、サン・ニコラ・ド・ブルグイユの品種

適した土壌で栽培されたカベルネ・フランは、酸味と穏やかな果実味を見せるものだ。一方、ブドウが完熟しない場合は野菜のような風味になる傾向があり、最も際立っているのは

青ピーマンの風味だ。この青ピーマンにラズベリーとハーブの香りが加わると、うっとりするような魅力にあふれ、かつ哲学的な会話がグラスのなかで交わされているかのような、複雑なワインになる。カベルネ・フランは、砂と粘土が少し混ざったテュフォーの土壌だと生育がよい。この土壌は保水性が高く、ブドウが水分を欲したときにはいつでも吸収できるからだ。

シノン、ブルグイユ、サン・ニコラ・ド・ブルグイユのお薦めの生産者と農法

シノン

- ドメーヌ・ボードリー（Domaine Baudry）（有機農法）
- カトリーヌ・エ・ピエール・ブルトン（Catherine et Pierre Breton）（ビオディナミ農法）
- パスカル・ランベール（Pascal Lambert）（ビオディナミ農法）
- オルガ・ラフォー（Olga Raffault）（有機農法へ転換中）
- パトリック・コルビノー（Patrick Corbineau）（有機農法）
- シャトー・ド・クーレーヌ（Château de Coulaine）（有機農法）

- ドメーヌ・ド・レール（Domaine de l'R）（有機農法）
- カーヴ・レ・ロシュ（Caves Les Roches）／ジェローム・ルノワール（Jérôme Lenoir）（有機農法）
- ジェラール・マルーラ（Gérald Marula）（有機農法）
- ニコラ・グロボア（Nicolas Grosbois）（ビオディナミ農法）

ブルグイユ

- ドメーヌ・ド・ラ・シュヴァルリ（Domaine de la Chevalerie）（ビオディナミ農法）
- カトリーヌ・エ・ピエール・ブルトン（Catherine et Pierre Breton）（ビオディナミ農法）
- ドメーヌ・デュ・モルティエ（Domaine du Mortier）（有機農法）
- ピエール・ボレル（Pierre Borel）（有機農法）
- ドメーヌ・ステファン・ギヨン（Domaine Stéphane Guion）（有機農法）
- ローラン・エルラン（Laurent Herlin）（ビオディナミ農法）
- ドメーヌ・ド・ルブリエ（Domaine de l'Oubliée）（有機農法）
- オーレリアン・レヴィヨー（Aurélien Revillot）（ビオディナミ農法）

・ドメーヌ・デ・ウーシュ（Domaine des Ouches）（サステーナブル農法）

サン・ニコラ・ド・ブルグイユ

・ヤニック・アミロー（Yannick Amirault）（有機農法）
・ドメーヌ・デュ・モルティエ（Domaine du Mortier）（有機農法）
・セバスチャン・ダヴィッド（Sébastien David）（ビオディナミ農法）

フランス　ロワール地方　アンジュー・ブラン

ブルグイユのすぐ西隣にあるこの地は、卓越した赤ワインの産地だというのに、すっかり方向性を失ってしまった。たとえば、アンジュー・ブランのソミュール・シャンピニー地区は一九五七年に初めて白ワインと赤ワインでＡＯＣ認定を受けた。また、カベルネ・ソーヴィニヨンとピノー・ドーニスがＡＯＰ認定されているが、この産地の石灰岩質土壌がカベルネ・フランに適しているため、この品種単独で――すなわちモノ・セパージュ（monocépage）（訳注：単一品種）で——ワインを造っている優良なドメーヌが多い。また、「クロ・ルジャール（Clos Rougeard）」——正真正銘のカルト・カベルネ・フラン——のように、高級感あふれるワインがいくつかある。それなのに、寒気がするような、魂のない赤ワインが造られる低俗なワイン産地という評価が定着してしまっている。こうした悪評にワインコレクターたちは立腹している。

アンジュー・ブランの土壌

この地域の土壌は片岩質と石灰岩質の二つに分かれている。アンジューの土地が、よくアンジュー・ノワール（黒）とアンジュー・ブラン（白）といわれるのはこのためだ。ノワールが片岩質土壌で、ブランが石灰岩質土壌である。この詳細を知りたいという読者は、変成岩の章（三六九頁）へ飛んでほしい。ただし、ソミュールの町をぐるりと取り巻くように分布している石灰岩質土壌のアンジュー地域を知りたいという読者は、このページにとどまっていてくれれば問題ない。

アンジュー・ブランの品種

十九世紀のワイン商アンドレ・ジュリアンは、近代的なワイン・ジャーナリズムの開祖だとされることがある。一八一六年の著書『*Topographie de tous les vignobles connus*（現存する全ブドウ畑の地形。未邦訳）』で彼は、「赤ワインはアンジューのブドウ畑でごくわずかに産出され、若干の例外はあるものの、粗野で低品質である」と記した。ジュリアンの意見によれば、有名な例外が一つあった。それがシャンピニー・ル・セックだ（スゼ・シャンピニーのコミューンの旧名称。クロ・ルジャールから十五分ほどの距離にある）（訳注：コミューンはフランスの行政の最小単位）。

ジュリアンは、この地域では「色が濃く、味わいが優れ、豊かなテクスチャーを備えたフルボディのワイン」が産出されると書いた。四、五年の熟成の果てに個性を発揮するとも付け加えている。一八四五年、ブドウ品種学者のアレクサンドル・ピエール・オダールは、ジュリアンの意見に賛意を示してこう語っている。「ブレトン（カベルネ・フランの旧名称）はまさにプロテウス（訳注：ギリシャ神話の神。変幻自在な姿と予言する力をもつ）であり、植えられた土地ごとに異なる個性を発揮する。たとえば、小さな区画シャンピニー・ル・セックの石灰岩質土壌のブドウ畑から生まれたワインは卓越している（そしてボルドーのワインより高価である）」。過去の人びとの意見はさておき、自由にあちこちを探してみれば、ソミュール・シャンピニー（訳注：ソミュールのＡＯＣ認定産地）以外にも素晴らしいワインが見つかる。たとえばソミュールの西にあるソミュール・ピュイ・ノートルダムは、ＡＯＣ認定こそ最近だが長い歴史があり、土壌にシレックスが多く含まれ、カベルネ・ソーヴィニヨンがやや多く産出されている。

アンジュー・ブランのお薦めの生産者と格付けおよび農法

- フランソワ・サン・ロ（François Saint-Lô）／ヴァン・ド・フランス（有機農法）
- ドメーヌ・クザン・レデュック（Domaine Cousin-Leduc）／オリヴィエ・クザン（Olivier Cousin）／ヴァン・ド・フランス（ビオディナミ農法）
- ル・バトセ（Le Batossay）／バティスト・クザン（Baptiste Cousin）／ヴァン・ド・フランス（ビオディナミ農法）
- レ・ジャルダン・エスメラルダン（Les Jardins Esméraldins）／グザヴィエ・カイヤー

ル（Xavier Caillard）／ヴァン・ド・フランス（有機農法）

- ラ・トゥール・グリセ（La Tour Grise）／フィリップ・グルドン（Philippe Gourdon）／AOCソミュール、AOCソミュール・ピュイ・ノートルダム、ヴァン・ド・フランス（ビオディナミ農法）
- シャトー・ド・フォス・セッシュ（Château de Fosse-Sèche）／AOCソミュール（ビオディナミ農法）
- ドメーヌ・デュ・コリエ（Domaine du Collier）／AOCソミュール（有機農法）
- ドメーヌ・アンドレ（Domaine Andrée）／ステファン・エリーゼ（Stéphane Erissé）／ヴァン・ド・フランス（有機農法）
- ドメーヌ・メラリック（Domaine Mélaric）／AOCソミュール、AOCソミュール・ピュイ・ノートルダム（有機農法）
- ラ・ポルト・サン・ジャン（La Porte Saint Jean）／シルヴァン・ディティエ（Sylvain Dittière）／AOCソミュール・シャンピニー（有機農法）
- クロ・ルジャール（Clos Rougeard）／AOCソミュール・シャンピニー（有機農法）

イタリア　ピエモンテ地方

イタリア北西部に位置するこの地方の話となると、私はピエモンテ産の白トリュフ狩りに使われる犬のような気分になる。トリュフの香りを求めて、とりつかれたように地面に鼻をくっつけて精力的に歩き回る、あの犬のような勢いでよいワインを探し回ってしまうのだ。こういう反応をするのは、もちろん私だけではない。西暦七七年、古代ローマの将軍であり博物学者だったプリニウスは、著書『博物誌』で、ピエモンテ州ランゲを流れるタナロ川の周辺地域は良質なワイン産地だと記している。

何世紀も昔の文献にその魅力が記されていたにもかかわらず、この産地が大きな成功を収めたのは一九五〇年代に入ってからのことで、しかもゆっくりとしたペースだった。現在ピエモンテは、ストラクチャーのしっかりした表現豊かなワインの愛好者たちの情熱をかきたてる土地となっている。

ピエモンテは、南に一時間ほど行けばリグリア海があり、西はフランスと、そして北はスイスと国境を接している。さらに、この地にのしかかるようにそびえたつアルプス山脈が、ふもとにあるこの地方の名前の由来となっている。ピエモンテ（Piemonte）のpieは「足」を、monteは「山」を意味する。山々はこの地の微気候にも影響をもたらしている。

ここが美しい土地であるのは言うまでもない。春になると木々ができたてのポップコーンのようにいっせいに花を咲かせ、スミレの芳香がブドウ畑に満ちる。秋は視界が効かなくなるほどの霧が一帯を覆い、何やら不吉めいた雰囲気になる。風景は異様なほど細かく切り刻まれ、丘の斜面に沿ってブドウ樹が植えられている。丘陵地の上にある赤い屋根の村々は、さながらブドウ樹でできた気泡緩衝材に覆われているかのように見える。ピエモンテには安らかで壮麗な美しさがある。それはイタリア北部に花開いた文化が融合した姿ともいえるもので、この土地ならではの洗練された美である。ここは今もなお、堂々としたイタリアらしさを保ち続けている。ではワインはどうかと問われれば、気楽な話どころではなく、ブドウ樹が養分を求めて地中深くまで必死に根を伸ばしている。ワインの熟成の可能性を考えると、これは好ましいことだ。

ピエモンテには四つの主要な産地がある。一つ目のモンフェッラートへは、ミラノ空港から車で飛ばせば一時間ほどで着く。ここではあらゆる種類の穀物や果物が栽培されているので、延々とブドウ畑が続く単調な風景を我慢せずに済む。秋になると、（残念ながら）遠からぬところにある田んぼから蚊がうようよと近寄ってくる。しかし、ワインは間違ってもわれわれを刺したりしないし、たとえあまり知られていないものであっても、土っぽく、味わい深く、爽やかな味わいだ。とりわけフレイザとネッビオーロ、そしてＤＯＣＧバルベーラ・デル・モンフェッラート・スペリオーレが傑出している。トリノ県に接する二つ目の主要産地アスティはＤＯＣＧバルベーラ・ダスティの認定産地で、粘土石灰岩質土壌が優勢である。発泡性でほのかに甘いモスカート（これに関してはコメントを控えたい）の産地でもある。三つ目の主要産地であるタナロ川北岸のロエーロは、焼き石膏の材料となる硫酸石灰が豊富な土壌をもつ。名産地アスティとアルバに挟まれた立地にあり、信頼のおける品質のネッビオーロを産出する能力があるにもかかわらず、いまだ方向性を探っている途上にある。そして四つ目は、この地方のトップスター、ランゲである。

ピエモンテ地方の土壌

この地方の土壌の起源は、海と山々にある。今から約一千六百万年前に、現在のパダノ・ヴェネタ平野に当たる場所にあった海から水が引いたとき、さまざまな海洋生物の死骸などが数百万年かかって堆積した層が残された。それから百万年後の中新世時代（訳注：地質年代の一つ。約二千三百万年前から約五百三十万年前まで）に、地域の構造と地層が形成された。このとき、アペニン山脈とアルプス山脈から生じた圧力により、山が大規模に崩壊した。この崩壊した層の下では海洋生物が分解して粘土と混ざり、泥灰土と石膏になった。

それよりもずっと後に、別の変化がこの地域に起こった。約六万五千年前、タナロ川が北から東へと流れる方向を変えたのだ。これにより土地の侵食が進み、泥灰土の豊富なランゲの土壌と、それより若く、砂質が優勢なロエーロの土壌とが分かれたのである。

バローロの産地では、アルバとバローロを結ぶ道路を境に、二種の主要な土壌が存在する。このうち新しい土壌はトートニアン期（訳注：地質年代で約一千百六十万年前から約七百二十万年前の時代）の母岩から形成されたもので、道路の西側にあり、石灰質が豊富な泥灰岩質土壌だ。一方、古い土壌は東側のサーラバリアン期（訳注：地質年代で約一千三百八十万年前から約一千百六十万年前の時代）の砂岩質土壌である。泥灰岩質土壌はたおやかで女性的なワインを生むといわれ、砂岩質土壌は長期熟成向きの力強いワインを生むとされる。こうしたステレオタイプは、事実に間違いないだろうが、ほかにも醸造の手法や農法によってさまざまな特徴のワインがあるので、こうした一般論は割り引いて考えておいてほしい。

この地域の冬は過酷で、寒さと雨に見舞われることが多く、夏は暑くなる。そして秋はいつまでも居すわって涼しい時期が続くおかげで、ブドウ、なかでも遅摘みを好むネッビオーロは、ほかの品種を収穫した後も、樹に実った状態で成熟させることができる。

霧もブドウの生育のうえで重要な要素であり、気候が涼しくなると発生する。ブドウをゆっくりと成熟させる役割を果たすと同時に、この地方の何やら神秘めいた雰囲気を盛り上げるのに一役買っているようだ。とはいえ、世界屈指の美味といっても間違いないであろう白トリュフと優れた赤ワインを生み出すのは、ほかでもないこの土地の土壌である。赤ワイン用品種の王様の地位を占めるのはもちろんネッビオーロだが、ほかの名脇役たちにも目を向けてほしい。なにしろみごとなブドウたちなのだから。

ピエモンテ地方の品種

もし、ピエモンテ地方きっての品種を問われれば、ここにはピノ・ノワールやカベルネ・ソーヴィニヨン、メルロ、あるいはシャルドネのようなブドウはないと答えるだろう。もちろんピノ・ノワールからもきわめて上質なワインが産出されているが、この地方の真実は、ほかの地域で育ててもほとんどよい結果が望めない土着品種にある。全ブドウ栽培面積の約三十五パーセントでは、白ワイン用品種が栽培されている。モスカート・ビアンコから造られる甘口の微発泡酒、モスカート・ダスティで上質なものは「ベラ・ヴィットリオ・エ・フェーリ（Bera Vittorio e Figli）」など、少数の生産者に限定される。軽やかで酸が豊かな白ワイン用品種のエルバルーチェもいくらか栽培され、一部に好まれているようだが（私にはあまり印象に残っていないが）、十分に楽しめるワインである。また、酸味の控えめなアルネイスという白ワイン用品種もあるが、これまでのところ一度も心を動かされたことはない。

このように大半の白ブドウはあまり目立たないが、例外として、非常によく知られたコルテーゼという品種がある。ピエモンテ州南東部のガヴィで産出され、産地と同名の辛口白ワイン、DOCGガヴィが造られている。何人か名手がいて、たとえば不良少年の雰囲気を備えたビオディナミ農法の扇動家ステファノ・ベロッティ（訳注：一九八五年からビオディナミ農法に転換し、同農法の生産者グループ「ルネッサンス」のイタリア代表を務める）が、自身のワイナリー「カッシーナ・デッリ・ウリヴィ（Cascina degli Ulivi）」において、赤っぽい粘土石灰岩質土壌から造るコルテーゼのワインは、驚くべき表情を見せる。また、彼がドルチェットやネッビオーロから造るワインも見逃せない。ほかにも、「カルッシン（Carussin）」が、「ロバに荷物を積む」という意味をもつ、古い土着品種カリカ・ラジーノをコルテーゼにブレンドして、優雅で上品なワインを造っている。

このように良質の白ワインもあるが、この地方ではとにかく赤ワインを飲んでみてほしい。ここでお薦めの赤ワイン用品種を紹介していこう。

●ドルチェット

ピエモンテの食卓を代表する三大品種（バルベーラ、ドルチェット、ネッビオーロ）の一つであり、早生で酸は低め。品種名は「小さくて甘い」という意味をもつが、この品種のワインは甘口ではなく、ほどよいタンニンが感じられるしっかりとした味わいだ。しかし、最近では誰もこのワインの魅力を理解できなくなってしまった。というのも、早飲みタイプを好む消費者用に、多くがステンレスタンクで醸造され、樽熟成を経ないようになってしまった。本来ならば、申し分のない華やかなワインになれるのだ。この品種の産地として知られ、DOCG認定を受けているのが、ディアーノ・ダルバ、ドリアーニ、そしてオヴァーダである。ドルチェットはこれらの産地で、ほかの品種ならば植えても熟さないようなところに、当たり前のように植えられている。こうした産地の最良の生産者は、十中八九、バローロとバルバレスコ（訳注：ピエモンテ州のバローロ村とバルバレスコ村で、ネッビオーロから造られるイタリアの代表的赤ワイン）に関しても最高に秀でた造り手である。たとえば「フランチェスコ・リナルディ（Francesco Rinaldi）」、「カッペッラーノ（Cappellano）」、「ジュゼッペ・マスカレッロ（Giuseppe Mascarello）」、あるいは「ロアーニャ（Roagna）」はお薦めなので、見つけたらすぐに手に入れてほしい。ランゲの生産者「ニコレッタ・ボッカ（Nicoletta Bocca）」がサン・フェレオーロの畑から生み出すワインも探してみてほしい。長期熟成させる価値のあるワインなのだ。ニコレッタはバルベーラで知られているが、ドルチェットはさらに注目に値する。なぜなら、ブドウに備わったみごとな野趣をぞんぶんに発揮させるために、八年間もの熟成期間を経てようやく市場に登場するからだ。

・バルベーラ

バルベーラはロンバルディア州とエミリオ・ロマーニャ州でよく見られる品種で、米カリフォルニアでも一時的に盛んに栽培されていた。しかし、何といっても最多の栽培面積を誇るのはピエモンテ州であり、同州の最重要品種である。ここ二十年でその面積が半減してしまっているものの、主要なブドウであるのは変わらない。

バルベーラの人気の理由はどこにあるのだろうか。ほかの品種より二週間ほど遅れて熟すが、ネッビオーロよりは早い。伝統的にこの品種は、ワインの階級で下から二番目の地位にあった。ドルチェットは日常生活で気軽に飲むワイン、バルベーラは日曜日の少し気取ったディナー用、ネッビオーロはもう少し特別な場合のワイン、そしてバローロとバルバレスコは、華やかで晴れがましい機会に飲むワインとされてきた。

食卓においてバルベーラのワインは、酸味を伴った熟したニュアンスゆえに、ピザに合わせるワインの定番として知られてきた。

バルベーラは、モンフェッラートの丘陵地に起源があるといわれている。そのモンフェッラートでこの品種の第一人者として君臨している「ファブリツィオ・ユーリ（Fabrizio Iuli）」のファブリツィオによれば、バルベーラは粘土とシルト、そして豊富に石灰岩の岩片を含む、もろい土壌でよく育つという。アスティもモンフェッラートもバルベーラのDOCG認定を受けているが、アスティ産のバルベーラの方が、以前からよく知られている。

ドルチェットとネッビオーロにも（そしてしばしばフレイザにも）いえることだが、バローロとバルバレスコの偉大な生産者は、少量ながらバルベーラも造っているので、入手する価値がある。

・フレイザ

ここで、まったく本来の評価をなされていない品種の話をしよう。地域でも屈指の古い歴史をもつブドウであることを考えると、これは恥ずべきことである。しかも至高のブドウ、ネッビオーロのいとこに当たるのだ。フレイザはしばしば、好き嫌いがはっきり分かれる部類に入る品種だ。言葉を選んでくれる人びとは野イチゴのようだというが、それはこのブドウの魅力の拡大解釈であり、真偽のほどは分からない。飲み手が探し求めているのは、フレイザがよく使われる発泡タイプではなく、この品種をネッビオーロと同じように扱ってくれる生産者によって造られた希少な逸品だ。このワインが自然に備えているタンニンがやわらかくなるのには熟成が必要だが、やがて香りには果実感があり、深みのある心地よい長い余韻をもつようになる。卓越したバローロを造りながら、この品種からも良質なワインを造っている生産者を探すことをお薦めする。「ジュゼッペ・リナルディ・ブルロット（Giuseppe Rinaldi Burlotto）」と「プリンチピアーノ・フェルディナンド（Principiano Ferdinando）」が要注目だ。

・グリニョリーノ

このブドウもなおざりにされている品種だ。あまり見かけることがないし、このブドウが必要としている愛情を注ぐワイン生産者もほとんどいない。さらに、グリニョリーノ自体が混乱を招きやすいブドウで、ワインを造っても色が出にくく、タンニンが攻撃的になりがちである。そのためフレイザと同様に、スパークリングワインやロゼに仕立てられて終わってしまい、しかるべき尊敬を受けていない。しかしよく探せば、ごくわずかではあるが本来の個性が生かされたワインもある。モンフェッラートの「アンティーカ・カーザ・ヴィニコラ・スカルパ（Antica Casa Vinicola Scarpa）」、あるいはアスティの「トリンケーロ（Trinchero）」や「カッシーナ・タヴィン（Cascina Tavijn）」を探してみてほしい。そして熟成するまで少し時間を与えてやれば、きっとうれしい驚きが待っている。

・ペラヴェルガ

このブドウも、もっと目を向けるべき素晴らしい希少品種である。栽培上では、生き生きとした酸味が失われる前に、ただちに収穫しなければならないという点がやっかいだ。ピエモンテの特徴を備えつつ、ロワールのような態度を示すブドウといえる。これまで不当に非難され、ばかげたちっぽけなブドウとして片づけられてきたが、ありがたいことに死の淵から救ってくれた人びとがいる。ソムリエからポッドキャストのキャスターに転身したリーヴァイ・ダルトンは、飲食関連の季刊誌『*The Art of Eating*（食という芸術。未邦訳）』でこう語っている。「人びとがペラヴェルガに求めているのは、まさにこのブドウを消滅へと導きかねなかった特性である」。その特性とは、色が薄く、ストラクチャーがあっさりしていて、タンニンが軽く、食事と合わせやすいワインということだ。前述の「ジュゼッペ・リナルディ・ブルロット」、「カステッロ・ディ・ヴェルドゥーノ（Castello di Verduno）」、あるいは「オレク・ボンドーニョ（Olek Bondonio）」などのワインをぜひ探してみてほしい。

●ルケ

これは愛嬌のあるブドウだ。ところが、アスティ北東部のカスタニョーレ・モンフェッラートというDOCG認定産地があるにもかかわらず、栽培面積が非常に少ない。しかし「カッシーナ・タヴィン」の手にかかると、快いアロマと濃密さをもつワインができあがる。

・ネッビオーロ

ワインライターの故シェルドン・ワッサーマンは、一九九〇年の著書『*Italy's Noble Red Wines*（イタリアの高貴な赤ワイン。未邦訳）』で、古代ローマの将軍プリニウスが著書で熱狂的に記したブドウの本質について、「晩熟で、寒さに強い黒ブドウ」と記している。プリニウスはこのブドウを「アロブロジカ」と呼んだが、ワッサーマンによれば、それは明らかにネッビオーロについての記述のように思われたという。

幸運にもこのブドウは霜に強く、ピエモンテでしばしば発生する霧にもよく耐える品種だ。「ネッビオーロ」という名称は、「霧」という意味のイタリア語「ネッビア」に由来するという説もあるが、博学のワインライター、ジャンシス・ロビンソンの考えによれば、ブドウの果皮を覆う白っぽいブルーム（訳注：ブドウの果皮を覆う角皮。水分蒸発や微生物から果実を保護する）が霧のように見えるからだという。

ネッビオーロはしばしばピノ・ノワールにたとえられるが、味が似ているという理由ではなく、土壌にうるさい品種という共通点のためだ。ネッビオーロは粘土質の泥灰岩質土壌と傾斜地を好む。イタリア北部のほとんどの地域で栽培されているが、地域によって呼び名が異なり、ロンバルディア州のヴァルテッリーナではキアヴェンナスカと呼ばれる。アルト・

ピエモンテではスパンナ、そしてヴァッレ・ダオスタ州ではピクトゥネールと呼ばれている。呼び名が何であれ、ネッビオーロはこのうえない優美さをワインにもたらし、確実に三十年以上は熟成に耐える。とりわけ、適した産地で適切に栽培され、バローロやバルバレスコの名称を冠していれば、なおさら高品質である。これぞまさしくネッビオーロというできばえになると、複雑なアロマが溶け合い、バラの花びらやタール、そしてフェンネルを思わせる味わいが感じられる。

ピエモンテ地方のお薦めの生産者と産地および農法

ランゲ地方以外

- ファブリツィオ・ユーリ（Fabrizio Iuli）／モンフェッラート（有機農法）
- テヌータ・ミリアヴァッカ（Tenuta Migliavacca）／モンフェッラート（有機農法）
- アンティーカ・カーザ・ヴィニコラ・スカルパ（Antica Casa Vinicola Scarpa）／モンフェッラート（サステーナブル農法）
- ベラ・ヴィットリオ・エ・フェーリ（Bera Vittorio e Figli）／アスティ（有機農法）

- トリンケーロ（Trinchero）／アスティ（有機農法）
- カルッシン（Carussin）／アスティ（有機農法）
- カッシーナ・タヴィン（Cascina Tavijn）／アスティ（有機農法）
- カッシーナ・デッリ・ウリヴィ（Cascina degli Ulivi）／ガヴィ（ビオディナミ農法）

イタリア　バルバレスコとバローロ

バルバレスコが産出されるのはアルバの東部バルバレスコ村で、バローロ村とまったく同じブドウから造られる。この小さくまとまったバルバレスコ村のワイン生産量はバローロ村の約三分の一である。ブドウ樹は丘陵地よりも盆地に多く植えられている。丘陵地のブドウ樹の頂上にいるのとは逆に、こうした盆地の畑に立つといつも、ブドウ樹に抱かれているような思いがするのは私だけだろうか。

バルバレスコの主要なワイン生産地はバルバレスコ、ネイヴェ、トレイゾで、畑はタナロ川に近い肥沃な土地にある。ここよりも少し上級とされる近隣産地のバローロよりもブドウが早く熟す理由の一つは、こうした立地条件にあるのかもしれない。土壌はトートニアン期に形成され、バローロ村の西側と同じである。そのためワインは、タンニンがやや弱く、ソフトで、そしておそらく果実味がより豊かではないかといわれている。長期熟成向きという評価はされていないが、熟成に耐えないわけではなく、ただ飲み頃が少し早く訪れるというだけのことだ。もちろんその分、価格はややお手頃である。ほんのわずか安いだけだが、ありがたい。

バルバレスコとバローロを比べて話題にするのは簡単だが、肝心なのは、それぞれの特性が忠実に表れたワインを飲んでみることである。確かにこの二つのワインには、バラとタール、なめし革、そしてスミレなどの共通した香りの特徴があるが、それぞれに確固とした独自性があるのだ。バルバレスコの規定は、最低熟成期間が二十六カ月、そのうち九カ月は木樽で熟成させることが定められている。バルバレスコ・リゼルヴァを名乗るには最低で五十カ月間熟成させてから出荷する必要があり、木樽での最低熟成期間は同じく九カ月である。

バローロは私にとってワインへの入門編だったが、この魅力を発見したのはもちろん自分ではなく、その栄誉はプリニウスこそが手にするべきだろう。一九八〇年に、私はバローロがＤＯＣＧ認定を受けた一九六八年産のワインを飲んだ。一九六八年といえば、この国で最初に認定が行われた年だ。そのワインは私の人生を変えるほど印象的で、発酵させたブドウ果汁がいかに崇高な飲み物を生み出すかをはっきりと見せつけてくれた。しかし多くのイタリアワインと同様に、バローロは自己の確立に時間がかかった。モダンバローロの時代が始まったのは一九五〇年代。ちょうどその頃、この地域ではドライなワインを安定して造る手法を締め出そうという規制が始まった。

しかし一九七〇年代後半に、別の事態が起こった。新樽の登場だ。これは一種の革命の始まりで、それまでのバルバレスコもバローロもほとんど一掃してしまうほどの変化だった。また、ワインをそれほど熟成させなくても若いうちから飲めるようにするため、ロータリー式発酵槽をはじめとするさまざまな技術が導入された。生産者たちは自然なワイン造りをやめ、内側を焦がしてあるボルドータイプの小樽を使い始めたうえ、ワインの紫色の色調を高めるためにカベルネ・ソーヴィニヨンを加えるという手段にまでおよんだのだ。こうしてバローロの造り手は、伝統主義派とモダン派に分かれて対立した。伝統主義派のなかで最も発言力のあった人物は、反骨精神あふれるバローロの造り手、故バルトロ・マスカレッロである。世間の注目を最も浴びた争点は、従来使われてきたボッティ（botti）と呼ばれるオーク材や栗材の大樽に代わって、ボルドーで使われるバリックという名の新樽を導入するか否かということだった。バリックを使うと硬い印象のテクスチャーが残りがちで、ブルーベリーやバニラのような風味が感じられる。ほかにも争点があった。モダン派は、あらゆる添加物や新たな機械を駆使して、時間をかけずにワインの風味をなめらかにしようとした。対する伝統主義派は、ワインの風味に影響しない従来の樽を断固として使い続け、発酵は野生酵母に委ね、添加物や機械を使わない穏やかな手法を選んだ。この崇高なワイン産地は、第二次世界大戦当時、ファシズムやナチズムに対して独自の手段で激しく抵抗し、かつワインも造っていたパルチザン組織を生んだ土地でもあるということをぜひ覚えておいてほしい。しかも、バルトロ・マスカレッロはパルチザンの戦士の一員だったのだ。少なくとも私の心のなかでは、こうした対立の歴史と気候、風景、そして勇壮な精神が、至高のワインに複雑さと奥深い味わいを吹きこんでいるように思われてならない。

マスカレッロは二〇〇五年にこの世を去ったが、彼の娘にして才気豊かな造り手のマリア・テレーザが、父親の築いた伝統を受け継いでいる。現在、バローロ村はかつての意識を取り戻し、ワインがおのずと本来の美質をより自然に表現できるような造りに取り組む生産者が増えている。バローロを産出する十一の村（コムーネ）（訳注：日本の「市町村」に該当するイタリア語）を記しておこう。

砂岩質が優勢な土壌のコムーネ

- ラ・モッラ（La Morra）
- バローロ（Barolo）
- カスティリオーネ・ファッレット（Castiglione Falletto）

・セッラルンガ・ダルバ（Serralunga d'Alba）
・モンフォルテ・ダルバ（Monforte d'Alba）

石灰岩質が優勢な土壌のコムーネ

・ヴェルドゥーノ（Verduno）
・ロッディ（Roddi）
・グリンツァーネ・カヴール（Grinzane Cavour）
・ディアーノ・ダルバ（Diano d'Alba）
・ノヴェッロ（Novello）
・ケラスコ（Cherasco）

DOCGバローロの規定

イタリアのDOCG規定では、ワインの熟成期間や貯蔵する容器などに関する要件が定められている。バローロの規定の概要は次のとおりである。

1 使用する品種はネッビオーロ百パーセントであること

2 アルコール度数はバローロ・リゼルヴァの場合、最低十三パーセント、バローロは最低十二・五パーセント

3 バローロの場合、収穫年の十一月一日から三十八カ月の熟成期間を設け、その期間内で最低十八カ月は樽で熟成させること

4 バローロ・リゼルヴァの場合、収穫年の十一月一日から六十二カ月の熟成期間を設け、その期間内で最低十八カ月は樽で熟成させること

5 畑の標高は海抜百七十メートル以上、五百四十メートル以下

6 真北を向いた畑は禁じる（この規定は考え直す必要があるように思われる。なぜなら、最近の気候変動の影響で、南や西向きの畑で産出されるブドウではアルコール度数が高くなりすぎる傾向があるからだ）

7 最大生産量は一ヘクタール当たり五十六ヘクトリットルとする。樹齢は最低七年とする。ただし、新たにDOCG認定を受けた、村名を名乗る産地（ヴィーニャ〔Vigna〕）の場合、最大生産量はさらに低く抑えられる

ワインメーカー・プロファイル　ロレンツォ・アッコマッソ（Lorenzo Accomasso）

ロレンツォ・アッコマッソのアパートがどれなのか探し当てようとしていたとき、数羽のおんどりが小屋の屋根にとまっているのを見つけた。さながらシャガールの絵をうまく真似たかのような光景だった。ドアの開いているアパートがあったので入っていくと、散らかった応接間に、野球帽をかぶり青い瞳をしたバローロの伝説的人物が、私たちを待っていた。

ラ・モッラのロレンツォ・アッコマッソは、伝統にも毅然として立ち向かうアウトサイダー的存在の造り手である。現在七十歳代である彼は、ピエモンテ地方の方言しか話さない。そのため、この地でワイン輸出会社を経営し、一緒にロレンツォを訪問することになったジョルジオ・デ・マリアが、名高いワイン生産者だった故ジュゼッペ・リナルディの娘マルタ・リナルディに通訳をしてもらうために同行を依頼してくれた。ちなみにジョルジオは生まれも育ちもピエモンテで、ロレンツォのワインを輸出したがっている。

ロレンツォは口調もゆっくりだったが、ワインを試飲させてくれるまでにはさらに時間がかかった。しばらく話した後、ようやく開栓済みで飲みかけの二本を出しながら、彼はマルタにだらだらと話しかけていた。私は出されたワインを口に含んでみた。そしてこうメモ書きをした。「この二つのワインは新たな憧れの的となった」

ロレンツォはやんちゃな少年のまま年齢を重ね、心を弾ませるワインを造っている。少なくとも彼を訪問した午後に試飲した二本からは、そう感じられた。私はそれまで彼のワインを飲んだことがなかった。というのも、目下アメリカでは彼のワインを入手できないのだ。まだレストランのワインリストに少しは残っているかもしれないが、それはきっとアメリカのワイン輸入会社「ワインボー」が取り扱っていた頃に購入されたものだろう。ロレンツォは十数年前にこの会社との取引をやめてしまった。表ラベルや裏ラベルに表記する内容のルールや、煩雑なお役所仕事にうんざりしてしまったのである。彼のワインは昔ながらの伝統的なバローロで、いかにもバローロらしい特徴すべてをこれでもかとばかりに見せつけ、タール、バラ、リコリス、そして日にさらされた自転車のサドルのような心地よい香りを感じさせた。ワイン用語を知らなかった頃の私は、バローロを飲んでもこうした言葉一つ出なかったものだ。発酵はコンクリートタンクで果皮を果汁に漬けこみつつ、二十五日ほどかけて行われ、その後大きなボッティの古樽に入れられる。これで終わりだ。

「あのバリック派（barriquistas）の連中は何度もやってきて、バリックを使うように説得しようとしたものさ」。青い瞳の造り手はそう言った。バリック派は失敗した。いかにも頑固そうなロレンツォに、彼の意志以外の手法を選ぶように説き伏せるなど、できるはずがないのだ。

マルタがロレンツォの言葉を通訳しているさなかに何かが起きたとみえ、彼女の声が変わり、指をいじりだしたと思うと顔がみるみる赤くなっていった。「一体、彼はマルタに何を言っているの？」と私はジョルジオに聞いてみた。

二人の話を少し聞きとれたらしく、彼は小声で答えた。「自分には恋人がたくさんいるし、ベッドに招きたくなるような女友達もたくさんいるけど、友情を壊したくはない、と言ったんだよ」

なるほど、と私は思った。うぬぼれ屋のおんどりがいたのは屋根の上だけではなかったというわけだ（訳注：おんどりを意味するroosterには「うぬぼれた人」の意味もある）。ロレンツォは明らかに四十歳以上年下のマルタを射止めようというのだろうか。だとしたら私は、歯が欠けていながらも、いたずらっぽく目を輝かせるこの造り手の幸運を祈るばかりだ。

ロレンツォはようやく、もう一本のワインを注いでくれた。単一畑のDOCGロッケである。先の二本よりも色が濃く、刺激的な口当たりと野趣のある鋭さ、ほのかにグッド・アンド・プレンティ社のリコリスキャンディのような風味と爽やかな塩味が感じられた。「お上品に造ってはいないよ」。彼は自身のワインを評してこう言った。そうしてくれて、ありがたい。

もしロレンツォのワインを飲みたければ、ドイツか日本に行くしかない。あるいはさらによいのは、彼の家を直接訪ねることだ。実にみごとなワインだが、ロレンツォがいなくなれば、ワインも終わることだろう。だから彼を探しに行ってほしい。現金を片手に、あるいはマルタを連れて行きさえすればいいかもしれない。

バルバレスコとバローロのお薦めの生産者と農法

バルバレスコ

- ロアーニャ・イ・パリエーリ（Roagna I Paglieri）（ビオディナミ農法）
- カッシーナ・デッレ・ローゼ（Cascina delle Rose）（有機農法）
- カ・ノヴァ（Ca'Nova）（有機農法）
- カシーナ・ロッカリーニ（Cascina Roccalini）（有機農法）
- ファビオ・ジェア（Fabio Gea）（有機農法）

バローロ

- カッペラーノ（Cappellano）（有機農法）
- フェルディナンド・プリンチピアーノ（Ferdinando Principiano）（有機農法）
- ジュゼッペ・リナルディ（Giuseppe Rinaldi）（有機農法）
- フラヴィオ・ロッドロ（Flavio Roddolo）（有機農法）
- ロアーニャ・イ・パリエーリ（Roagna I Paglieri）（有機農法）
- ブロヴィア（Brovia）（サステーナブル農法）
- ジョヴァンニ・カノニカ（Giovanni Canonica）（有機農法）
- ロレンツォ・アッコマッソ（Lorenzo Accomasso）（サステーナブル農法）
- バルトロ・マスカレッロ（Bartolo Mascarello）（有機農法）
- アンティーカ・カーザ・ヴィニコラ・スカルパ（Antica Casa Vinicola Scarpa）（サステーナブル農法）

スペイン　リオハ地方

私が立っていたのは、節くれだったテンプラニーリョのブドウ畑の真ん中だった。ブドウ樹は、河原の丸石を敷いた道にふかふかとした土を敷いたかのような地面から突き出すように立っていた。白や黄色の岩があちこちに落ちている。母がよく作ってくれたトマトスープに入っていた、牛のひざの骨ほどの大きさだ。川に向かって斜面を数メートル下っていくと、急に地面の土壌が砂質に変わった。これがリオハだ。スペイン屈指の名だたる産地でありながら、今ではほとんど話題に上らなくなった地域である。過去二十年にわたって、昔からの顧客の大半を失い続けてきた。月並みな味のワイン造りへと偏っていくうちに、本来の精神を失ってしまったからだ。しかし心配はいらない。新たに多くの飲み手を獲得し、今ではこの国で最も名の知られたワイン産地となっている。

リオハは、スペイン北部の中心都市ビルバオから南東に百六十キロメートルのところにあり、ワイン産地としては比較的新しい。古代ローマ人たちがワインを造っていたことを示す痕跡があるほか、十五世紀には地元の産業として確立していた。しかしリオハが知られるようになったのは一八六〇年代のことで、フィロキセラ禍のおかげである。この害虫がボルドーを壊滅させてしまったため、ワイン産業のトップにいた生産者たちは、ブドウ畑とワイン造りの代替地を見つける必要があった。幸いリオハは、少なくともリオハ北西部の町アロは海との行き来がしやすかったため、ワイン産業の中枢となった。大西洋岸から鉄道で一時間の距離にあり、船によるボルドーとの往来がしやすかったため、フランス人が大挙してやってきては小樽を持ちこみ、ワインビジネスを始め、さまざまな関係を築いていったのである。しかしスペイン人たちは、アメリカンオークの樽の方が安上がりであることに気づいた。その独特の味はリオハのワインのスタイルを形づくるのに一役買った。やがて一九〇〇年代に入り、ボルドーがフィロキセラの被害から立ち直ると、今度はリオハがこの害虫に襲われ、またもブドウが痛ましい災難に遭った。フィロキセラは砂地では生きられないため、砂質土壌に植えられたブドウ樹は被害を免れたが、石灰岩質と石英質の岩石からなる地域の土壌は石灰岩の岩片と粘土が混ざったものだったため、害虫の犠牲となった。リオハよさらば、である。世界の大半の産地と同様に、リオハでも、それまでのように土壌に直接ブドウを植えるのではなく、フィロキセラ耐性のあるアメリカのブドウ樹に接ぎ木する必要があることに気づいた。さらにかびの害、スペイン内戦、第二次世界大戦、そしてフランコによる独裁など、リオハはさまざまな浮き沈みを経験した。一九六〇年代になってようやく、現代的なスペインワインが軌道に乗り始めたものの、その三十年後には再び問題にぶつかった。時代に合わせた合理化という壁である。

リオハ地方の土壌

リオハはさまざまな気候と微気候が入り混じった産地のため、総括するのが非常に難しい。冷涼で雨の多い大西洋岸気候なのか、それとも暑くて乾燥した地中海性気候、あるいは寒暖の差が激しい大陸性気候なのか、判断に迷う。起伏の多い盆地であるリオハには、これら三つの気候の特徴が少しずつ当てはまる。北をカンタブリア山脈、南をシエラ・デ・ラ・デマンダの山々という二つの山岳地帯に挟まれ、七つの川と七つの渓谷によって地形が刻まれている。微気候が多岐にわたり、収穫の時期は十月までずれこむことがよくある。

リオハは三つの地区に分かれる。西のリオハ・アルタ地区は、一八〇〇年代にリオハが爆発的な人気を呼んだ当時の中心地、アロ周辺に大半のブドウ畑がある。土壌はほぼ石灰岩質で、粘土と沖積砂が混ざっている。リオハ・アラヴェサ地区はそのすぐ北側で、標高が高く、石灰質の粘土（訳注：炭酸カルシウムを多く含む粘土）が非常に集中している。三つ目のリオハ・バハ地区はリオハの東南部を占め、この地方の中心都市ログローニョの東に広がる。この土壌は鉄分が多く混ざった粘土と沖積土で、ほかの地区より気候が温暖かつ土地が平坦である。ここではリオハの主要品種であるテンプラニーリョよりガルナッチャの方が多く栽培されており、産地として劣っていると見られている。バハでは造れないワインがあるとまではいわないが、リオハ地方では石灰岩質土壌の方が、より上質なワインができるようだ。

「ロペス・デ・エレディア（López de Heredia）」はアロにある人気のワイナリーで、創業は一八〇〇年代にまでさかのぼる。運営するのはマリア・ホセ・ロペス・デ・エレディアと妹のメルセデス、そして弟のフリオ・セサールの三人。彼女たちは曾祖父の時代からワイン造りの手法を一切変えていないことを強く主張している。フリオが私を畑に連れていってくれた。そこは窪んだり曲がったりと起伏に富んだ地形で、白くて大きな巨礫からさらさらとした砂まで、さまざまな土壌の構成物質が見られた。「砂はブドウに骨格を与え、石灰岩の礫は熟成をゆっくりと進める効果があるんだ」と彼は言った。リオハ・アラヴェサ地区にある畑で、彼らの商品の一つ「クビージョ（Cubillo）」用のブドウが栽培されている場所も見せてもらったが、完全な白亜質土壌の場所だったので、ブドウが養分を求めて地中深くまで必死に根を伸ばしていると思われた。

「ここは地中海性気候と大西洋性気候の中間地点なんだ」と語るのは、やはり由緒あるワイナリーのワインメーカーであるホルヘ・ムガだ。「だから両方の気候に属しているといえるだろうね。リオハでは、ブドウよりも土地の個性の方がワインに強く影響するんだよ」

そういうこともあるかもしれないが、ワインの特徴により強く影響を与えるのは、土地の個性よりも醸造技術や工程である。アメリカンオークの樽による最長三年間もの長期熟成に代表される工程こそが、この地域のワインを特徴づけるのだ（ロペス・デ・エレディアのワインはさらに熟成期間が長い）。しかも、樽由来のスパイス感と古いタンスのような香りがあるからこそ、リオハのワインだと分かるのである。その一方、この地域の真に伝統的なワインは、チキンスープとディル、そしてほのかな鉄や血のような印象と深みがすべて絶妙なバランスを保っている。ところが最新の醸造技術では、過度に熟したブドウを使い（特にリオハ・バハのガルナッチャはこの傾向）、ワインの味を常に安定させるための酵母や酵素、マイクロ・オキシジェネイション（訳注：発酵中または熟成中のワインに酸素の微泡を吹きこむ技術。赤ワインの渋みを和らげる効果がある）、濃縮機（訳注：ブドウの糖分が足りない場合、濃縮機で糖度を上げることがある）などの技術を導入している。その結果、ワインは変にどっしりとして、優美さを欠くものになってしまった。ホルヘはこう話していた。「僕の祖母は偉大なワイン生産者だった。なにしろこの辺の村々で造ったワインを全部、ブラインド・テイスティングで当ててのけたんだからね。今はどうかって？　生産地の大陸すら識別できないよ！」

リオハ地方の品種

これぞスペインのブドウ、という品種を一つ挙げるとすれば、それはテンプラニーリョだ。熟すのが早く、スペイン全土で栽培され、地域によってティント・フィノ、ティント・デル・パイス、ティンタ・デ・トロ、ウル・デ・リェブレ、センシベルなど異なる名称で呼ばれる。ポルトガルでも栽培され、ティンタ・ロリスと呼ばれている。干ばつと風に敏感な品種だが、スペインの国土の大半が夏に乾燥するにもかかわらずよく育つことを考えると、奇妙なブドウである。イベリア半島以外ではほとんど見られないが、アメリカのシエラ・フットヒルズとオーストラリアの花崗岩質土壌で栽培されている例がある。

ガルナッチャは別名グルナッシュで、どちらでも好きな名前で呼んでもらえればよい。フランスでもオーストラリアでも、温暖な気候の土地ならどこでも栽培されている。この品種は糖度が上がりやすいためアルコール度数が高くなりがちなので、フランス南東部のシャトーヌフ・デュ・パプなどの伝統的な産地では他品種（白ワイン用品種も使われる）をブレンドしてバランスをとっている。リオハでも昔からブレンドが行われており、マズエロ（別名カリニェナあるいはカリニャン）や白ワイン用品種のマルヴァジアやホワイト・ガルナッチャが使われる。グラシアーノは色濃くかつ香り高い品種で、マズエロと似ており、酸味が強く出るタイプである。しかし、この品種単独で仕込むと、やや冴えない味になるのではないだろうか。マトゥラナ・ティンタ（ポルトガルではバスタルド、フランスのジュラではトゥルソーと呼ばれる）はあまり見られない品種だ。

リオハでは、かつては白ワインもよく造られていて、ヴィウラ（別名マカベオ）やマルヴァジアから造られた長熟タイプの白ワインはみごとな味わいだった。先述の「ロペス・デ・エレディア」の商品を探せば、今もこれらの品種から造られた逸品が見つかる。彼らに神の恵みがあらんことを祈るばかりだ。なぜなら、昔の味わいを保っているのはこの造り手だけなのだ。「ロペス・デ・エレディア」の白ワインは、同ワイナリーの赤ワインより長く熟成に耐え、ロゼも同様に赤ワインより長く熟成させることが可能だ。たとえばグラン・レゼルヴァはアメリカンオークで十年間熟成させた後に瓶詰めされ、さらに九年間も熟成させる。新鮮な果実味を味わいたいという人には薦めないワインだが、代わりにそうした飲み手向けには、ナッツとキャラメルの風味とスパイシーな味わいの良品がある。

従来、リオハのワイン生産者は飲み頃になってからワインを販売していた。しかし現在はこうしたケースが少なくなり、醸造所での長期熟成の規定が緩んできた。だが「ロペス・デ・エレディア」のような老舗の生産者は、今もなお伝統的な格付け規定を守っている。ここで、赤ワインに関するスペインの規定を紹介しよう。

1 ホヴェン：新酒のワインで、フレッシュさを強調した造り

2 クリアンサ：最低二年以上熟成させたワイン。そのうち最低でも一年間の樽熟成が必要。白ワインの場合、最低六カ月間の樽熟成が必要

3 レセルヴァ：最良の収穫年から選ばれた、優れた熟成能力のあるワインを最低三年間熟成させたもの。そのうち最低一年間の樽熟成が必要

4 グラン・レセルヴァ：並外れた優良年から選ばれ、最低二年間樽熟成させた後、三年間瓶熟成させたワイン。白ワインの場合、熟成年数は最低四年、そのうち最低六カ月間の樽熟成が必要

リオハ地方のお薦めの生産者と農法

- ロペス・デ・エレディア（López de Heredia）（サステーナブル農法）
- コンティノ（Contino）（有機農法）
- ラ・リオハ・アルタ（La Rioja Alta）（サステーナブル農法）
- オノリオ・ルビオ（Honorio Rubio）（サステーナブル農法）
- ヴィーニャ・イルシオン（Viña Ilusión）（有機農法）
- アクタイン（Akutain）（有機農法）
- アベル・メンドーサ（Abel Mendoza）（有機農法）
- オリヴィエ・リヴィエール（Olivier Riviere）（有機農法）

一般に、試してみる価値があるのは、収穫年が一九九〇年より前のワインである。では一体なぜ、現代的なワインがこれほどあふれている地域にわざわざページをさいたのかと問われるかもしれないが、リオハには土壌、気候、そして産地の歴史という三つの優れた財産があるのだ。きっとこの地は復活するだろう。

シレックス（火打石）質土壌

フランスのロワール地方でも中心部よりやや東寄りの地域は、一般に火打石やチャートとして知られるシレックスを母岩とするか、その岩片を多く含む土壌が豊富である。ヴーヴレとモンルイ・シュール・ロワールはもちろんのこと、とりわけプイィ・フュメとサンセールにあるソーヴィニヨン・ブランの栽培地は特にこの土壌が優勢である。サンセールのほとんどは、ロワール川に近い東側に位置しており、斜面が多く複雑な地理的特徴をもち、地質の十五パーセントをシレックスが占めている。石灰岩が優勢な土壌にシレックスが加わると、ワインがよりスモーキーな風味を帯びるようになる、という意見もある。試してみるのであれば、プイィ・フュメなら「アレクサンドル・バン（Alexandre Bain）」、「ダグノー（Dagueneau）」、「ジョナタン・パピオ（Jonathan Pabiot）」をお薦めする。サンセールならば「セバスチャン・リフォー（Sebastien Riffault）」、「ドメーヌ・ヴァシュロン（Domaine Vacheron）」、「ドメーヌ・ヴァタン（Domaine Vatan）」、「ヴァンサン・ゴードリー（Vincent Gaudry）」がお薦めだ。先史時代の人類に鋭い刃をもたらした火打石に由来する香りが引き出されてくるか、想像しながら味わってみてほしい。「白トリュフと桃、そして際立ったミネラル感を感じるのは、シレックス質土壌の方のソーヴィニヨン・ブランだ」と語るゴードリーの畑は、火打石の岩片が優勢な土壌なのだという。そこから生まれるワインには、甘くも感じられる土っぽさと果実のアロマが溶け合い、力強い活力に満ちた余韻が感じられるとともに、ワインから引き出されるべき、ある種の果実味があると彼は言う。それは本当だろうか。パスカリーヌの意見はこうだ。「非常に明るい色や、くすんだオレンジ色のシレックス質土壌は、火打石のようなアロマをワインにもたらす効果があるとよくいわれ、私はこの説に賛成です。たとえばヴーヴレの『フィリップ・フォロー』や『フランソワ・ピノン』(『シレックス・ノワール〔Silex Noir〕』など、土壌にちなんだ名称のワインを造っている)が造るシュナン・ブランは、燻製塩や火薬のニュアンスがはっきりと感じられます。こうした風味は、火打石が太陽光を浴びて熱を吸収したために生じるのかもしれませんね」

シレックス土壌はフランス南西部のトゥールーズの北、フロントンにも見られる。ここは手頃な価格のワインを産出することで知られ、この地方を原産地とするネグレットを原料としたワインが、「ドメーヌ・ル・ロック(Domaine Le Roc)」や「シャトー・プレイザンス(Château Plaisance)」などの生産者によって造られている。

頁岩（泥岩）質土壌

頁岩（泥岩）のテロワールはやや秘密めいたところがあるが、シェールガスを採掘するためのフラッキング（訳注：岩層を水平に掘削して高圧の水を注入する水圧破砕法。地下水汚染など環境悪化の懸念がある）作業が盛んに行われるようになったために、危機に瀕している可能性がある。しかしこの変化にさらされている岩の地域には、とびきり興味深い土壌がいくつかある。その一つが米ニューヨーク州北西部のフィンガーレイクスである。この地域では、何よりもブドウ畑を守るために、シェールガスの採掘と闘っているのではないだろうか。幸運を祈る。ごく冷涼な気候ならではのワインが生まれるようになってきたこの地域には、十一の幅の狭い湖がまるで手の指のように広がっている。傾斜の急な湖岸の畑はかつてコンコードやデラウェア、カトーバといったアメリカ系のヴィティス・ラブラスカで覆われていたが、今ではヨーロッパ系のヴィティス・ヴィニフェラが栽培されるようになっている。「ハーマン・J・ウィーマー（Hermann J. Wiemer）」は、この地域で成功している生産者だ。「エレメント・ワイナリー（Element Winery）」、「ベルウェザー（Bellwether）」、「ネイサン・ケンダル（Nathan Kendall）」、そして「ショー・ヴィンヤード（Shaw Vineyard）」も試してみる価値がある。「ブルーマー・クリーク（Bloomer Creek）」のリースリングとカベルネ・フランは申し分のない純粋な味わいが楽しめるので、探してみてほしい。まもなくシュナン・ブランもリリースの予定だ。

私がこれまで見たなかでも屈指の、驚くべき頁岩質土壌は、標高の高いサンタ・クルーズ・マウンテンズのなかの「マウント・エデン（Mount Eden）」（旧マーティン・レイ・ヴィンヤード（Martin Ray vineyard））にある。ここはアメリカで初めてピノ・ノワールが植えられた産地に名を連ねる。アルノーとロバーツの二人がソノマで営むワイナリー「アルノー・ロバーツ」は、この歴史的な土地で栽培するピノ・ノワールから素晴らしく味わい深いワインを生み出している。

特筆すべき産地はイタリアにもある。トスカーナ地方のモンタルチーノでは、サンジョベーゼの突然変異種（サンジョベーゼ・グロッソと呼ばれる）から、かの有名なＤＯＣＧブルネッロ・ディ・モンタルチーノが造られている（訳注：ＤＯＣＧブルネッロ・ディ・モンタルチーノはイタリアの三大赤ワインの一つとされる）。

私がフランチェスカ・パドヴァーニと一緒にいたときのことだ。彼女は双子の妹マルガリータとともに「カンピ・ディ・フォンテレンツァ(Campi di Fonterenza)」を営んでいる。太陽の照りつけるブドウ畑を二人で歩いていると、フランチェスカが私を丘の中腹に引っ張っていき、そこの岩の表面をはがし始めた。すると、紙のように薄い破片となって激しく落ちてきた。それは片岩に似ていなくもなく、初期の変成作用を受けた段階にあったのだろう。「これはガレストロよ」と、フランチェスカがトスカーナの太陽に焼かれてぼろぼろに砕けた薄っぺらな岩石のかけらをイタリア語でどう呼ぶのかを教えてくれた。ブルネッロを手掛ける造り手で注目してほしいのは、フランチェスカの「カンピ・ディ・フォンテレンツァ」のほかに、「チェルバイオーナ(Cerbaiona)」、息を飲むような値段の「ソルデラ(Soldera)」、そして「ステッラ・ディ・カンパルト(Stella di Campalto)」である。

奇妙なことに、粘土石灰岩質土壌のなかに、頁岩質土壌と同族で、やや混乱を招きがちな土壌が見られる場所がある。それは、スロヴェニア国境に近いイタリア北部のフリウリ・ヴェネツィア・ジューリア州にある、コッリ・オリエンターリ・デル・フリウリ地区のオスラヴィアと呼ばれる場所である。ここは、魅惑的なワイン生産者の一団がいることで有名だ。

そんな生産者の一人が「ラディコン(Radikon)」だ。造り手として絶大な人気のあった故スタンコ・ラディコンの息子サシャ・ラディコンは、髪を無造作に短く切りっ放しにした、気立てのいい人物だ。訪問した際、上の階でディナーを用意している間に、彼はセラーに案内してくれた。熟成中のワインが眠る、巨大な樽が並ぶ背後の壁は……、まるで泥と粘土でできているかのように見えたが、実は泥岩でできており、触れてみると見ための印象よりはるかに硬かった。この地域の土壌は大量の水を蓄える保水力があると同時に、水はけも非常に優れている。フリウリ地区のワインの多くは、メルロのほか、レフォスコと呼ばれる黒ブドウ品種からも造られる。このブドウはしっかりとした印象の赤ワインを生むとされ、とりわけ、長いときを経て薄く砕けた岩石を含む土壌で育つと、そうした印象になる。頁岩が元の岩石の構造に沿って薄い板状に割れるのに対して、泥岩は地面に平行な割れ目に沿って割れる。後者が風化してできた土壌から生まれる白ワインは、ソーヴィニヨン・ブラン、トカイ・フリアーノ、マルヴァジア、ピノ・グリージョ、そしてリボッラ・ジャッラだ。一方、ここ二十年ほどは、赤ワインを造るように果皮を漬けこんで、オレンジ色や琥珀色に仕上げた白ワイン、すなわちオレンジワインの人気が増すばかりである（訳注：リボッラ・ジャッラはよくオレンジワインに使われる）。気になる人は、前述の「ラディコン」、「ヨスコ・グラヴナー（Josko Gravner）」、「ダミアン・ポドヴェルシッチ（Damijan Podversic）」、「ダリオ・プリンチッチ（Dario Princic）」のワインを探してみるとよいだろう。

重粘土質土壌

イタリア中部の東側にあるアブルッツォ州は、東はアドリア海に面し、西をアペニン山脈に接している。土壌は石灰岩質粘土に由来し、粘土質が優勢である。私はこの土壌の典型例である「エミディオ・ペペ（Emidio Pepe）」の優れたブドウ畑を訪れるために、トラーノ・ヌオーヴォの地へ向かった。二〇一四年のことで、前代未聞の洪水に見舞われた年としてずっと記憶されている。ブドウの収穫が終わった直後の時期に、水没した土壌が乾いていき、やがてセメントのように硬くなってしまった。そんな土壌をどう扱えばいいのかといえば、一途に取り組むしかない。そんな逆境でエミディオ・ペペが造ったワインのストラクチャーは、高貴そのものだった。アブルッツォ州のワインは熟成させずに早く飲むタイプが多く、おそらくさほど重視されてはいないのだが、ペペのワインはそうした評価に逆らって、この地の土壌に適したブドウがどれほど抜きん出たものになるのか、その好例を見せつけてくれる。彼のワインは白、赤ともに長期熟成向きである。この産地で有名な白ワイン用品種はトレッビアーノとペコリーノで、前者はシルキーな口当たり、後者はしっかりとした印象だ。赤ワイン用品種は、もちろん、ＤＯＣ認定の赤ワインを生むブドウ、モンテプルチアーノ・ダブルッツォがある。

砂利質土壌

フランス　ボルドー地方

約二千年前、古代ローマ人たちが初めてブドウ樹をボルドーの地に植えて以来、フランス南西部の地域は、高級ワインとは何であるかを定義づけてきた。さらに一六〇〇年代以降、オランダの海運商たちが、すでに高く評価されていたテロワールをさらに知らしめるために、沼地を干拓してブドウ畑を広げた。そしてイギリス人たちのクラレット（訳注：ボルドー産の赤ワイン）への渇望は抑えようもなくなっていった。こうしたことが要因となって、この産地はスターの座に上りつめていった。現在、ボルドーの上級クラスのワインは商材として扱われていくばかりで、まるで株や投資のように転売目的で購入されている。これは悲劇であり、この産地の精神はほとんど失われようとしている。

ボルドーは、ジロンド河口の上流から見て、河口のどちら側に位置するかによって、左岸と右岸に分かれている。一八五五年、この区分に水をさす事態が起きた。現在メドック、グラーヴ、ソーテルヌ（甘口の貴腐ワイン、ソーテルヌの産地）と呼ばれている、上級畑のある左岸の土地が、一級から五級に「格付け」されたのだ。格付けはほかの地方に見られるような村やブドウ畑に対してではなく、土地の所有者や、敷地にブドウ畑をもっているシャトー（訳注：主にボルドーの自社畑でワインを造っている生産者）に対して適用された。過去五十年にわたり、こうした特別な地域は利益重視の姿勢を強めてきた。そして今ようやく、これまでの農法を変えつつあり、近代化を疑問視するようになってきた。しかし、大半のワインはほぼ飲むに値しない。とはいえ、長い歴史があるのも事実だ。この地方には過去からの歴史が蓄積されている。カベルネ・ソーヴィニヨンとメルロが世界のあらゆるところで栽培され、世界中の造り手がスタイルを真似するようになった理由が、この地方にはあるのだ。すべての熱心なワインの飲み手に、そうした基本をここで理解しておいてほしい。

右岸と左岸の間の中間地帯は、「アントル・ドゥ・メール（Entre-Deux-Mers）」と呼ばれ、主にソーヴィニヨン・ブランの白ワインで知られる。ドルドーニュ川の東に当たる右岸には、ポムロールとサン・テミリオンというＡＯＣ産地がある。また、知名度こそ劣るものの、いくつか崇拝に値するワインに遭遇する可能性のある地域がある。フロンサック、コート・ド・カスティヨン、コート・ド・ブライ、そしてコート・ド・ブールだ。こうした地区では、多くの献身的な造り手が土壌に熱心に働きかける一方で、醸造の過程ではあまり人手を介入させないワイン造りを行っている。

左岸のポイヤック村にあるシャトー・ラフィット・ロートシルト、シャトー・ラトゥール、シャトー・ムートン・ロートシルト、そしてマルゴー村のシャトー・マルゴー、ペサック村のシャトー・オーブリヨンの名前に聞き覚えがある人は多いのではないだろうか。これら五大シャトーは、五段階ある格付けの一級に認定され、株取引ならさしずめ優良株だ。天井知らずの価格がついているため、いつか死ぬ運命にある人間の大半は、一生味わうことは叶わないだろう。私見ではあるけれど、何としても欲しいと思えるほどの価値があるのは、一九八六年より前のヴィンテージにほぼ限定される。なぜならこうしたシャトーは、一九八二年以来、それまでの深みと複雑さを備えつつもすっきりとした美質を置き去りにしてしまったからだ。そしてあらぬ方向を必死に目指していった結果、果実味と樽香を重視した、カリフォルニアに似たスタイルへとじわじわと近づいているありさまである。五大シャトーは、長期の熟成に耐え、驚異的な進化を見せる能力を備えた、あの端正で優美なワインを捨て去ってしまったのだ。

そうはいっても、現在のワインを無視すべきだというわけではない。この地方全体に散在する小さなAOC認定地区では、多少は愛情あるワイン造りが可能なはずだし、実際にさまざまな土壌と真摯に取り組む立派な造り手もいる。何といってもこの地方は、砂利質土壌の産地例として最も有名なところである。そういうわけで、ボルドーを紹介していこう。

ボルドー地方の土壌

大西洋に面してアルファベットの「C」のように湾曲したフランスの海岸から数キロメートルのところに、湿度の高い海洋性気候の地方がある。ガロンヌ川とドルドーニュ川という二つの支流をもつジロンド河口は、さらにじめついた影響をこの地に与えている。この地域を初めて訪れたとき、ボルドー市内で乗ったタクシーの女性運転手が、地元の人びとのことを「沼地の民よ」とあざ笑うように言ったのには驚いてしまった。サン・テミリオン出身だという彼女は明らかに、その昔オランダ人によって大掛かりな干拓が行われたメドックの大部分を占める土地よりも、丘陵地のある自分の故郷の方が格上だと感じているようだった。

メドックという土地は多様だ。すぐに見飽きるような平坦な土地もあるかと思えば、のどかな田園風景もある。そして青々とした丘陵地と石や砂利の多い土壌が広がっている。最良のテロワールは小高い丘や傾斜地、台地に見られ、なかでも絵画のように美しい中世の趣を残すサン・テミリオンの周辺は、海洋生物や植物の化石がたっぷり埋まった石灰岩質土壌の真上にある。

ガロンヌ川などの河川と遠浅の大西洋の中心にある、ボルドー市とその周辺地域は、広大な砂利質土壌の分布地域に位置している。その砂利は、粘土質が優勢なものや砂質が優勢なものなどバリエーションがあり、砂利の下には石灰岩が横たわっているが、ここで大きな役割を演じているのは砂利である。砂利は、雨が多く湿度の高いこの地域の水はけをよくしてくれるのだ。含まれている岩片もまた、熱を吸収して地面を温め、ブドウの成熟を促してくれる。しかし、どんな品種が最もよく育つかを大きく左右するのは、ブドウの成熟能力と、土壌中の粘土質の混合割合である。左岸は海の影響が強く、夏の暑さも冬の寒さもあまり極端ではない。土壌は砂利と粘土が優勢であるため、カベルネ・ソーヴィニヨンとメルロに適している。右岸は大陸性気候で石灰岩が優勢であり、カベルネ・フランとメルロに適している。メルロという品種は、粘土質さえ含まれていればほぼどんな土地でも育つが、右岸の土壌の方が粘土質を多く含むため、よりワインのメルロ率が高くなる。

名産地の様相を帯び始めた村々一帯には、粘土質と石灰岩の岩片の比率がさまざまな土壌が連なって分布している。その一つ、ポムロール村は「シャトー・ペトリュス（Château Petrus）」と「シャトー・ラフルール（Château Lafleur）」で知られる。この村の六百五十ヘクタールほどの平坦な土地は、石灰岩質土壌と砂質ローム土壌の上に粘土質土壌があり、ところどころに鉄分の多い堆積物がある。地域でも最良のワインを決定づけるのは、クラス・デ・フェール（crasse de fer、朽ちた鉄の意）と呼ばれる、こうした鉄分である。ワインはしっかりとしてかつ優美で、とりわけクラス・デ・フェールから生まれたものは奥深い味となる。シャトー・ラフルールのウェブサイトには、この鉄分が「膨らみと金属のような際立った風味をワインに与える。それはよくトリュフにたとえられる」と書かれている。

ポムロールから車ですぐのところには、標高が高く、風光明媚なサン・テミリオンの街がある（「シャトー・シュヴァル・ブラン〔Château Cheval Blanc〕」、「シャトー・オーゾンヌ〔Château Ausone〕」、「シャトー・フィジャック〔Château Figeac〕」といった名前に聞き覚えがあるのではないだろうか）。この地域はロワールと同じように、石灰岩質土壌がブドウに好影響を与えており、カベルネ・フランが多く栽培されている。

ボルドー地方の品種

世界で最も有名な赤ワイン用品種であり、しばしば他産地に模倣されるカベルネ・ソーヴィニヨンとメルロは、この湿った海岸地帯から生まれる。ほかの産地で造られるこの品種のワインも飲み手に好評だが（私個人は、イタリアのトレンティーノ・アルト・アディジェ州の石灰岩質土壌で生まれるメルロが好みだ）、何といってもボルドーは、この二品種の本拠地である。どちらもカベルネ・フランが親品種の一つだ。カベルネ・ソーヴィニヨンのもう一つの親品種は、白ワイン用品種のソーヴィニヨン・ブランである。メルロのもう片方の親はいまだ判明していない。カベルネ・ソーヴィニヨンは熟すのに時間がかかるため、収穫を遅めにする必要があり、左岸のやせた砂利質土壌が適している。メルロは成熟するのが遅くも早くもないが、温暖な右岸の方がよく育つため、右岸で多く栽培されている。そのほかのAOC認定されている赤ワイン用品種には、プティ・ヴェルド、マルベック、カルメネールがある。また、AOC認定されている主な白ワイン用品種はセミヨン、ソーヴィニヨン・ブランとミュスカデルで、いずれも甘口にも辛口にも仕上げられる。ソーヴィニヨン・グリ、ユニ・ブラン、コロンバール、メルロ・ブランといった品種も認定されているが、ほとんど見かけない。

ボルドー地方のお薦めの生産者と産地および農法

右岸

- シャトー・ラ・グラーヴ（Château La Grave）／ポール・バッレ（Paul Barre）／フロンサック（ビオディナミ農法）
- シャトー・ムーラン・ペイ・ラブリ（Château Moulin Pey-Labrie）／フロンサック（有機農法）
- シャトー・ゴンボード・ギヨ（Château Gombaude Guillot）／ポムロール（ビオディナミ農法）
- シャトー・ベル・ブリーズ（Château Belle-Brise）／ポムロール（有機農法）
- シャトー・メゾン・ブランシュ（Château Maison-Blanche）／モンターニュ・サン・テミリオン（ビオディナミ農法）
- シャトー・メイレ（Château Meylet）／サン・テミリオン（ビオディナミ農法）

・シャトー・フォンロック（Château Fonroque）／サン・テミリオン（ビオディナミ農法）
・クロ・ピュイ・アルノー（Clos Puy Arnaud）／コート・ド・ボルドー（ビオディナミ農法）
・シャトー・ル・ピュイ（Château Le Puy）／コート・ド・ボルドー（ビオディナミ農法）
・シャトー・ペイボノム・レ・トゥール（Château Peybonhomme Les Tours）／コート・ド・ボルドー（ビオディナミ農法）
・シャトー・ラ・グロレ（Château La Grolet）／コート・ド・ブール（ビオディナミ農法）
・レ・トロワ・プティット（Les Trois Petiotes）／コート・ド・ブール（有機農法）

左岸およびグラーヴ地区

・ドメーヌ・デュ・ジョガレ（Domaine du Jaugaret）／サンジュリアン（有機農法）
・クロ・デュ・ジョゲイロン（Clos du Jaugueyron）／マルゴー（有機およびビオディナミ農法）
・シャトー・ポンテ・カネ（Château Pontet-Canet）／ポイヤック（有機およびビオディナミ農法）

・シャトー・マスリュー（Château Massereau）／バルザックおよびグラーヴ（有機農法）
・レ・クロスリ・デ・ムシス（Les Closeries des Moussis）／オー・メドック（有機農法）

そのほかの小規模なＡＯＣボルドー産地

・シャトー・デュ・シャン・デ・トレイユ（Château du Champ des Treilles）／サント・フォア・ボルドー（有機農法）
・シャトー・ティレ・ペ（Château Tire Pé）／アントル・ドゥ・メール（有機農法）
・シャトー・ラムリー（Château Lamery）／ジャック・ブルステ（Jacques Broustet）／ボルドー（ビオディナミ農法）

ボルドー近隣の砂利・石灰岩質土壌、および砂利質ではない石灰岩質土壌の産地

・シャトー・ジョン・ブラン（Château Jonc-Blanc）／ベルジュラック（ビオディナミ農法）
・ドメーヌ・ムート・ル・ビアン（Domaine Mouthes Le Bihan）／コート・ド・デュラス（有機農法）

- エリアン・ダ・ロス（Élian da Ros）／コート・デュ・マルマンデ（ビオディナミ農法）
- ドメーヌ・デュ・ペッシュ（Domaine du Pech）／ビュゼ（ビオディナミ農法）
- クロ・シギエ（Clos Siguier）／カオール（有機農法）
- ドメーヌ・コス・メゾヌーヴ（Domaine Cosse-Maisonneuve）／カオール（ビオディナミ農法）
- ル・クロ・ダン・ジュール（Le Clos d'un Jour）／カオール（有機農法）
- ドメーヌ・マス・デル・ペリエ（Domaine Mas del Périé）／ファビアン・ジューヴ（Fabien Jouves）／カオール（ビオディナミ農法）

珪藻岩質土壌

ほとんど知られていないが、たいへん興味を引かれる土壌が珪藻岩質土壌だ。珪藻岩は非常に需要が多く、水を濾過するフィルターや猫のトイレ用の砂、練り歯みがきに使われるが、ブドウ栽培にも大いに役立つ。ソムリエとワイン生産者の顔を併せもつラジャット・パーが、その効果を分かりやすく示してくれた。彼が営む「サンタ・リタ・ヒルズ・ヴィンヤード（Santa Rita Hills vinyard）」を訪ねた際、畑でこの岩のかけらを拾って水をかけたのだ。それはまるで魔法のようだった。岩が完全に水を吸収してしまったのだ。珪藻岩はチョークのように白いが、炭酸カルシウムはほとんどまったく含まれていない。炭酸カルシウムと同じように、海洋植物や生物の骨が堆積してできた岩ではあるが、その九割は珪藻、つまり藻類の一種が化石化したもので、粘土質の腐植土がほとんど含まれない。そのため珪藻岩質土壌ではブドウの生育を促し、ある程度の水分を蓄え、腐植土を生み出すために、多くの肥料を必要とする。この土壌は世界的にあまり例がなく、とりわけ混じりけのない純粋な状態は珍しい。サンタ・バーバラにあるラジャット・パーの新しいブドウ畑には、この魔法の土壌が豊富に含まれている。あのような暑い地域で灌漑を使わずに栽培を行おうと尽力している彼にとっては、この土壌が助けになっているのかもしれない。

スペインのアンダルシア地方、ヘレスも珪藻岩質土壌で覆われている。ヘレスの土壌は異様なほどの変わり種で、チョークと呼ばれるきらきらする破片がしばしば混じっている。しかし実はチョーク（白亜）は混在しておらず、石灰岩の岩片からなる堆積物に珪藻がたくさん混ざった土壌である。スペイン語で「アルバリサ（albariza）」と呼ばれ、水分を非常によく吸収する。この地方でワイン・コンサルタントをしているラミーロ・イバニェス・エスピナルによれば、アルバリサ土壌ならどこでも同じというわけではなく、吸水性を発揮するうえでは、珪藻岩中に含まれる化石の中身が重要だという。いずれにせよ、ここは珪藻岩に炭酸カルシウムが混ざっている、世界でも非常に珍しい土壌の地域である。

シェリーは、ヘレス一帯でパロミノという品種から造られる。醸造方法は、樽熟成中に樽内にワインを目いっぱい入れず、隙間を空けてあえて酸素と触れさせることで、フロールと呼ばれる酵母の膜の発生を促す。ちなみに、ジュラでも同様の手法でワインが造られる。発酵が終わったワインには、中性スピリッツ（訳注：アルコール度数九十五度以上の蒸留酒。味と香りにはほぼ個性がない）を加える酒精強化という工程が施される。こうして生まれるシェリーを飲むときは、果実味を超えた深いコクを味わってほしい。優れた塩気が特徴で、好ましいナッツ風味とドライフルーツがアクセントとして感じられる。秀逸な造り手として、「ゴメス・ネヴァド（Gómez Nevado）」、「エキポ・ナバソス（Equipo Navazos）」、「フェランド・デ・カスティージャ（Fernando de Castilla）」、そして「バルデスピノ（Valdespino）」をお薦めする。

堆積岩質土壌産ワインのテイスティングノート（生産者／ワイン／生産国／産地／土壌順）

1 アリス・エ・オリヴィエ・ド・ムール（Alice et Oliver de Moor）／アリゴテ・プランタシオン一九〇二（Aligoté Plantation 1902）／フランス／シャブリ／石灰岩質土壌

海風の香りが感じられ、のびやかだ。広がりのあるワインだが、独特のきびきびとした酸味が口の端で感じられる。それでいてよく熟していてみずみずしく、わずかにざらっとした口当たりがある。

2 アリス・エ・オリヴィエ・ド・ムール／シャブリ・ベレール・エ・クラルディ（Chablis Bel-Air et Clardy）／フランス／シャブリ／石灰岩質土壌

爽やかでマイヤーレモンとほのかな花の香りがあるほか、認めたくないのだが、いくぶんスモーキーな火打石香を感じる。口中での存在感もある。丸みはないが、しなやかさは少しある。**1**で紹介したワインとこのワインは互いに数メートルしか離れていない畑から生まれたが、こちらの方がシャブリらしい石灰岩の特徴が感じられる。品種がアリゴテではなくシャルドネなので、よりおおらかで、かつストラクチャーは弱く、粗っぽい口当たりがある。

3 フランシス・ブラール・エ・フィーユ（Francis Boulard et Fille）／レ・ミュルジェ・ブラン・ド・ノワール（Les Murgiers Blanc de Noirs）／フランス／シャンパーニュ／白亜質の石灰岩質土壌および粘土質土壌

ピノ・ムニエ対ピノ・ノワールの割合が七対三、華やかなブラン・ド・ノワールのシャンパーニュ。アタックの風味は力強くクリーミーで活力があり、よく熟したライムのような酸味とともにピュアでストレートに感じられる。

4 フランソワ・シデーヌ（François Chidaine）／レ・ショワジール（Les Choisilles）／フランス／モンルイ・シュール・ロワール／テュフォー、粘土質、およびシレックスの

岩片を含む土壌

石灰岩質土壌のシュナン・ブラン由来の、高らかに歌いあげるようなパッションフルーツと柚子の風味が、口中の手前から奥まで強烈に感じられる。冷涼なヴィンテージだと、ほのかにルバーブも感じる。残糖があるヴィンテージもあるが、酸味とバランスがとれている場合が多い。後味は燻製塩が圧倒的で、ざらついたタンニンと酸味の強い野生リンゴの皮のような味わいが余韻に感じられる。

5 ドメーヌ・シャンドン・ド・ブリアイユ（Domaine Chandon de Briailles）／サヴィニー・レ・ボーヌ（Savigny-lès-Beaune）またはペルナン・ヴェルジュレス（Pernand-Vergelesse）／フランス／ブルゴーニュ／粘土石灰岩質土壌

コート・ド・ニュイとコート・ド・ボーヌの境界にある地域のシャルドネは、熟成とシュール・リーによってもたらされたアロマがある。サワークリームやヨーグルトのような特徴が強く、独特のきりっとした酸味が緊張感を生み、焦点が定まっている。ボリューム感のある年には、この酸味が控えめになることもあるようだが、このワインについては酸味がしっかりとした骨格を形づくっている。古木のブドウから造られた場合、濃縮したチキンスープのような余韻を感じることもある。

6 ジャン・フランソワ・ガヌヴァ（Jean-François Ganevat）／レ・グラン・テップ・ヴィエイユ・ヴィーニュ（Les Grandes Teppes Vieilles Vignes）／フランス／ジュラ／赤っぽい泥灰土と砂利質土壌

大柄ではっきりとした活気が前面に表れた、リッチなシャルドネ。魅惑的な酸味はなりを潜めている。この土壌ゆえに、リッチであると同時に緊張感を持ち合わせた味わいになっている。まさにエキゾチックで、わずかな酸化のニュアンスを感じる。いわば飼いならされていない野獣で、生まれたばかりの濃厚な個性が落ちつくまで待つ必要がある。

7 ドメーヌ・シャルヴァン（Domaine Charvin）／シャトーヌフ・デュ・パプ（Châteauneuf-du-Pape）／フランス／ローヌ・ヴァレー／砂利質土壌

グルナッシュ主体でムールヴェードル、カリニャン、シラー、そして無名の古代品種ヴァカレーズが少量ずつブレンドされている。ブドウ樹は、ガレ・ルーレ（galets roulés）と呼ばれるアルプス山系に端を発して川を運ばれてきた丸い石を含む土砂と、その下に粘土質がある土壌に植えられている。このワインは温暖なシャトーヌフ地域のなかでも冷涼な地区で生まれ、フレッシュさが強く感じられ、それでいて力強さもある。コンクリートタンクで全房発酵されており、赤系の果実味とあふれる陽光がふんだんに感じられる一方、ミッドパレットは控えめで、紅茶や熟したリコリスを思わせる上質なタンニンが余韻に続く。

8 カンピ・ディ・フォンテレンツァ（Campi di Fonterenza）／ロッソ・ディ・モンタルチーノ（Rosso di Montalcino）／イタリア／トスカーナ／板状の頁岩質土壌

原料ブドウのサンジョベーゼ・グロッソの樹は、ガレストロと呼ばれるもろい板状の頁岩質土壌に、ゴブレ仕立てで育てられている。ブドウは除梗してステンレスタンクと大型のスロヴェニアン・オーク樽で醸造され、その後、この組み合わせで合計二年熟成させる。できあがるワインは質感よく、シルクの印象が強く、ほのかに森の果実の風味があり、素直なおいしさがある。酸味が強く、次に紹介する「クビージョ」がこれに似ている。

9 ロペス・デ・エレディア（López de Heredia）／クビージョ（Cubillo）／スペイン／リオハ／白亜質土壌および粘土質土壌

原料ブドウのテンプラニーリョは標高の高い白亜質土壌から生まれ、この地を流れる川沿いのほかの産地とは異なる顔を見せる。アタックにはくすんだベリーを思わせる香りがあり、キイチゴなどのほのかな果実味の味わいが口中で出てくる。タンニンは繊細で、紙やすりというよりはコーデュロイを思わせる。果実味の背後に感じる強い酸味は、同じロペス・デ・エレディアのワインでも、標高が低く土壌にあまり白亜が含まれない畑のものとは大きく異なる。

ぜひ、白ワイン用品種のアリゴテ、シャルドネ、シュナン・ブランを味わって比べてみてほしい。これら三品種は、形成された地質年代が異なり、酸味の表れ方も異なる石灰岩を母岩とする、類似した土壌で栽培されることが多い。赤ワイン用品種では、ピノ・ノワール、グルナッシュ、サンジョベーゼ・グロッソ、そしてテンプラニーリョの四品種について比較するとよい。まったく異なる風土から、それぞれにおいて基準となる生産者のワインを選んで飲み比べてみよう。遊び感覚で、コート・ド・ニュイのワインと、コート・ド・ボーヌ北部のサヴィニー・レ・ボーヌとを一緒に味わってみるのもよいだろう。たとえばドメーヌ・ベルトーのアメリー・ベルトーが造った「フィクサン・レ・クラ（Fixin Les Crais）」と、

「フィクサン・レ・クロ（Fixin Les Clos）」のテクスチャーを比べてみてはどうだろうか。
　こうしたワインを飲み比べるときは、次の要素に着目してみてほしい。

酸味：非常に軽快で生き生きとしているか。オレンジやタンジェリンなどの熟した酸と似ているのか。酸味と果実味のバランスがとれているか、それともワインを圧倒してしまうような酸味なのかを確認してみるべきである

タンニン：丸みがあり、豊かでソフトな印象だろうか。角があり、ざらついた感じだろうか。それとも緻密な感じで、かすかにチョークのような印象があるだろうか

テクスチャー：口中に含んだワインはカミソリの刃のような鋭さがあるか。焦点が定まっているか、それとも細身なのかを確かめてみよう

堆積岩質土壌の産地早分かり表

産地		土壌の母岩	気候	代表的な品種
フランス	ブルゴーニュ地方	石灰岩 粘土	大陸性気候：寒冷で雨の多い冬、温暖な夏	ピノ・ノワール、シャルドネ、アリゴテ
	ジュラ地方	石灰岩 粘土	大陸性気候：寒冷な冬、温暖な夏	シャルドネ、ソーヴィニヨン・ブラン、プルサール、トゥルソー、ピノ・ノワール
	ロワール地方 トゥーレーヌ	石灰岩 粘土 火打石 沖積土	大西洋性気候と大陸性気候の中間的な穏やかな気候で、雨が多く温暖	シュナン・ブラン、ソーヴィニヨン・ブラン、ロモランタン、カベルネ・フラン、ピノ・ノワール、コー、グロロー、ガメイ、ピノー・ドーニス
	サンセールとプイィ・フュメ	石灰岩 シレックス	穏やかで雨が多く、温暖	ソーヴィニヨン・ブラン
	ボルドー地方	石灰岩 粘土 砂利	雨が多い海洋性気候	カベルネ・ソーヴィニヨン、メルロ、プティ・ヴェルド、マルベック、セミヨン、ミュスカデル、ソーヴィニヨン・ブラン
イタリア	ピエモンテ地方	石灰岩 砂	寒冷な冬、温暖な夏、多雨で霧が多い	ネッビオーロ、バルベーラ、ドルチェット、フレイザ、ルケ、グリニョリーノ
	モンタルチーノとキアンティ	石灰岩 ガレストロ	温暖で日照がよい	サンジョベーゼ・グロッソ
スペイン	リオハ地方（リオハ・アラヴェサとリオハ・アルタ）	石灰岩 砂	海洋性気候と山岳気候の混合気候、温暖で日照がよく多雨	テンプラニーリョ、ガルナッチャ、グラシアーノ、マズエロ、マトゥラナ、ティンタ、ビウラ、マルヴァジア
	ヘレス	白亜 珪藻岩	暑い、地中海性気候	パロミノ、ペドロ・ヒメネス

	産地	土壌の母岩	気候	代表的な品種
スロヴェニア	プリモルスカ地方	石灰岩	寒冷で冬に雨が多い大陸性気候	ヴィトヴスカ、レブーラ、テラン、レフォシュク、メルロ、マルヴァジア
ジョージア	イメレティ地方	石灰岩 粘土	多雨で冷涼	ツォリカウリ、ツィツカ、オツハヌリ・サフェレ
	カヘティ地方	砂 石灰岩	砂漠のように暑い	サペラヴィ、ルカツィテリ、キシ
アメリカ	カリフォルニア州サンタ・クルーズ	頁岩	日中は暑くて乾燥、夜間は冷涼	ピノ・ノワール、シャルドネ、カベルネ・ソーヴィニヨン
	カリフォルニア州サンタ・リタ・ヒルズ	珪藻岩	日中は暑くて乾燥、夜間は冷涼	ピノ・ノワール、シャルドネ
	ニューヨーク州フィンガーレイクス	頁岩	寒冷な冬、温暖な夏、多雨	リースリング、シャルドネ、カベルネ・フラン、ピノ・ノワール

第3章

変成岩

Metamorphic

カフカの『変身』は、哀れな主人公グレゴール・ザムザが、人間として床に就いた翌朝、目覚めると毒虫になっているという小説だ。変成岩の生まれた由来について考えていると、この物語の衝撃的な変化を思い出す。変成岩も元々はまったく異なるものだったのだ。といっても、たった一晩で虫に変わったグレゴールと違って、変成岩の形成は何百万年といった非常に長い期間、熱と圧力を受け続けた果てに起こった。

味わいに関していうと、一般に変成岩由来の土壌から生まれたワインは、豊かで力強く、はっきりとした風味が感じられる。日照量が多く暑い産地だと、この岩とブドウ樹からは弾けそうな個性を帯びたワインが生まれる場合がある。雨が多く冷涼な産地ではやや控えめになるが、それでも膨らみのある味わいが感じられる。変成岩質土壌では果皮の厚いブドウが生まれ、赤ワイン用品種ではやっかいな問題になる場合がある。また、産地が暑かろうと冷涼だろうと、雨が多かろうと乾燥地帯だろうと、この土壌から生まれたワインは、口中全体を満たすように広がる口当たりが共通した特徴だ。

変成岩は、葉状構造の岩と、そうではない非葉状構造の岩石という二つのカテゴリーに分類される。「葉状」という意味の英語「foliate」は、「葉」を意味する「folium《フォリウム》」というラテン語に由来する。地質学的にいうと、葉状構造とは、岩石に含まれる鉱物が一定方向に配列している構造のことである。岩石は層状になっていて、一枚一枚の層は紙きれのように薄く、ミルフィーユやギリシャ料理のフィロ（訳注：紙のように薄いパイ生地）に似ている。一方、非葉状構造の岩石は層状ではなく一つの塊になっていて、外観はいたって均質である。変成岩の一種ホルンフェルスは、ほぼあらゆる種類の岩石から変化を遂げて生まれてくるやっかい者だ。しかし、石英を含む頁岩から生じるものが比較的多いと考えられている。やはり変成岩である角閃岩は、火成岩が変成したものが大半を占め、一般的に鉄とマグネシウムを多く含む。大理石とラピスラズリ（訳注：青金石などの鉱物を含む青色の美しい岩石で、日本語では瑠璃と呼ばれる）は出自をたどりやすく、どちらも石灰岩に由来する。

多層をなす葉状構造の岩石には、粘板岩、千枚岩、片岩、そして片麻岩がある。片麻岩は、火山岩、花崗岩、片岩などが姿を変えたもので、石にはくっきりと鮮やかな縞模様が走っている。粘板岩と片岩は、ブドウを育てる土壌の母岩として非常に重要であり、比較的若い年代の頁岩に由来するものが多い。二つの岩種はいわば兄弟で、地質上の系譜では近い位置にあるが、カインとアベルほどに異なっている（訳注：カインとアベルは旧約聖書に登場する兄弟。神に愛された弟アベルを兄カインが殺害する）。

粘板岩質土壌と片岩質土壌

粘板岩は黒っぽく、pH値はほぼ中性である。片岩に比べると熱も圧力も低い状態で形成されており、圧縮の程度が低いため、もろく砕けやすい。砕けた後は驚くほどさまざまな形の粒子になり、色も茶、赤、黒、青など多様だ。スペイン東部のバルセロナから二時間ほどのところにあるワイン産地プリオラートでは、リコレリャ（llicorella）と呼ばれる特別な種類の粘板岩の岩片があり、陽光で風化した銅の大きなかけらのように見える。ドイツのモーゼル地方に見られる粘板岩は、生成される岩辺の一片が長大で、さまざまな色のものがあり、シーファー（schiefer）と呼ばれている。ちなみにモーゼルでは、粘板岩と片岩は区別されておらず、ともに変成岩の類という扱いである。

片岩はたいていの場合、粘板岩よりもpH値が高く、密度も高い。粘板岩と同じように黒、青、銀など、さまざまな色合いがあるが、片岩の岩片は単体ではっきりと形を示し、頑丈である。たとえばスペイン北部の大西洋岸にあるワイン産地、リベイラ・サクラには、ロウサス（lousas）と呼ばれる片岩質土壌がある。フランス南部のルーションには、壊れた石板のようなダルズ（dalles）と、石片が細いフリット（frites）という二種類の片岩質土壌が見られる。

では粘板岩と片岩は、ブドウとワインにどんな影響を与えるのだろうか。これらの岩石が含まれた最良の土壌は、地面に対して平行な層だけではなく、鉛直方向の割れ目をもつ。こうした割れ目は雨水の浸みこみ方に直接的な影響を与えるため、非常に重要である。岩に含まれる粘土の割合によっては、割れ目がないと土壌に保持される水分が著しく減るからだ。また、粘板岩と片岩を母岩とする土壌は侵食が早く進みやすく、ドイツのモーゼル地方のように冬に凍結すると、とりわけその傾向が強くなる。土壌が侵食で薄くなると、ブドウの根が水を含む層まで伸びて、水を吸収しやすくなる。

テロワールの専門家であるペドロ・パッラの考えでは、気候や風土に関係なく、片岩質土壌のブドウから造られたワインは、豊かではっきりとした味わいになるという。また、ほのかに鉄のニュアンスを備え、タンニンが力強くなる傾向もあるという。では実際のところ、粘板岩と片岩は、私たちが愛するフランス南部のロワールやイベリア半島の産地にどのような影響を与えているのだろうか。

フランス　ロワール地方　アンジュー・ノワール

アンジェの物語は、二種類の土壌によって語られる。一つ目は、この地方に見られる石灰岩質土壌の一種のテュフォーで覆われるアンジュー・ブラン地区（二九八頁参照）、そしてもう一つは片岩と粘板岩を母岩とする黒っぽい土壌で覆われるアンジュー・ノワール地区だ。いずれの地区の土壌も興味をそそるワインを生むが、この二つは大きく異なっている。二つの土壌の差異が最もはっきりと表れるのが、シュナン・ブランだ。片岩と粘板岩を母岩とする土壌から生まれたシュナン・ブランは、比較されることの多い石灰岩質土壌から生まれる同品種のワインよりも、肉付きがよくなり、味わい深くなるという意見がある。ところが意地の悪い表現をする人もいて、アンジュー・ノワールのシュナン・ブランはいかめしくて強権的で、無情でインテリぶっている、などとけなしたりする。フランスのワイン評論家、ミシェル・ベタンヌもその一人だ。片岩質土壌から生まれたシュナン・ブランに対する彼の嫌悪ぶりは記録的で、「鮮度の落ちたシュークルート（訳注：ザワークラウト）、古くなったチーズの皮、腐ったバター、かびたパン生地」と容赦がない。

ベタンヌが片岩質土壌のシュナン・ブランを声高に非難する一方、やはりワイン評論家であるアンドリュー・ジェフォードは、彼の良書『*The New France: A Complete Guide to Contemporary French Wine*（現代フランスワイン徹底ガイド。未邦訳）』で、愛情あふれる見解を示している。彼だけではない。私も、そしてアンジュー出身のパスカリーヌも、黒い土壌のシュナン・ブランを愛している。ベタンヌの評価とは正反対で、私たちは、片岩の地域で生まれた最良のシュナン・ブランには、深みがあり、スミレやカリンのような複雑さが感じられ、まろやかさとふくよかさ、ほどよいざらつき感、あふれんばかりのみずみずしさを備えている、と感じる。一番よいのは、このワインが好きな人も、もうすっかり夢中な人も、実際に二つの土壌のシュナン・ブランを試してみて、どちらが好みか確かめてみることだろう。両者の大きな差異の背景には、具体的な理由があるのだから。

雨が少ない年には、スポンジのようなテュフォー土壌の方が威力を発揮する。雨の降り方がどうであろうと、テュフォーは水分をしっかり保ってくれるのだ。反対に、冷涼で雨の多い年に効果的なのは片岩質土壌で、保温性に秀でているだけでなく、雨水を流してくれるという優れた排水装置となる。

さらなる答えを探し求めて、私はワインメーカーたちの話を聞くために出かけていった。

私はよく、ケンジ・ホジソンとマイ・ホジソンの二人のワインを試飲していた。カナダのバンクーバーからやってきたこのカップルは、ワインを造るためにアンジュー地区の活気ある村、フェイ・ダンジュに落ちついた。まだ年若い新規参入者ではあるものの、彼らの造る生命力あふれるワインには、いつも大いに魅了される。

かつてフェイ・ダンジュは、もっぱら甘口のワインで知られていたが、今では超自然志向のワイン造りを行う卓越したワイン生産者たちが多く集まっている。ケンジは、アルコール発酵後によく起こるマロラクティック発酵は酸を穏やかにし、肉付きと丸みをワインに与えてくれる、と説明したうえでこう言った。「通常、ソミュールの白ワインにはマロラクティック発酵が起こりません。これはおそらく、古い洞窟を利用したセラーの温度が低いからでしょうね」（訳注：ソミュールはアンジュー地域の東南部の産地。石灰岩の採石跡の洞窟が多数ある）。マロラクティック発酵が起こりにくくなるもう一つの原因は、石灰岩質土壌は片岩質土壌に比べてpH値が低く酸度が高いため、マロラクティック発酵を起こす微生物が生息しにくいからだろう。

ケンジは仮説として、ソミュールの一部のワイン生産者がマロラクティック発酵を避ける（亜硫酸を加え、低温にすることが多い）のは、ワインの酸味をより強調したいからではないかと語った。この地域で人為的な介入を最小限に抑えたワイン造りを目指す生産者だったら、わざわざ選ばない手法だ。しかも、アンジューには自然を重視する造り手が多い。ケンジは言う。「だから、アンジュー・ノワールの土地でワインを造る僕たちは、鋭い酸、あるいはミネラル感、緊張感というように形容されるワインを目指すのではなく、マロラクティック発酵によって酸がやわらかな乳酸に変わるのに任せているんです」。このようにして、あまり角がなく、まろやかな風味のワインが生まれるのだ。

一方で、さまざまな要素が重なり合うようにして効果を発揮することで、独特なワインが生み出されている。この地域では、ロワール、レイヨン、オーバンスという三つの川から湿気が生じる。だが、レイヨン川の南にあるモージュ山地が、南西部に降る雨からこの地を守っている。そのため、アンジュー・ノワールはロワール・ヴァレー全体で最も温暖で乾燥した土地となり、ブドウの糖度は上昇し、ワインのアルコール度数が高くなる。大西洋から吹く湿った風は、まるで漏斗でも通ってきたように強く山に吹きつけられて水分を落とし、山を越えた乾いた風が土壌を乾燥させる。特に、あまり雨が降らない年はこの傾向が強い。こうした気候条件すべてがそれぞれ影響をおよぼし合って、ブドウの糖度を濃縮させる貴腐菌のボトリティス菌（Botrytis）を生み、アンジュー・ノワール地域ならではのワイン産地の風景をつくってきた。より内陸にあり、湿気と霧の影響をさらに受けにくいアンジュー・ブランとは異なる風景だ。このような貴腐菌との驚くべき相性のよさのおかげで、アンジュー・ノワールは世界でも至高の甘口ワイン産地として渇望の対象となっている。甘口ワインが有名であるがゆえに、この地域の辛口ワインは長い間ずっと陰の存在だったが、現在は辛口のシュナン・ブランが大きく躍進しており、この地域でも屈指の成長株のワインとして、飲み手の心を踊らせる存在になってきた。

前述のミシェル・ベタンヌが片岩質土壌産のシュナン・ブランをあんなにも忌み嫌う背景には、一体何があるのだろうか。もっとすっきりさっぱりとしたワインが好みだから、片岩質生まれの辛口シュナン・ブランには不満だったということだろうか。それとも彼は揺るぎない伝統主義者で、あの地域のワインが皆、貴腐ワインになってほしいと願っていて、アンジュー・ノワールがそれまでと変わらず甘口ワイン産地であり続けてほしいと考えているのだろうか。理由を一つに絞るのはあまりに安直だろう。現実には人生もワインもそんなに単純ではないのだ。とはいえ、誰の意見であろうと、特定の意見に疑問の目を向けてみることによって、人は自分自身に真っ正直であり続けられるものである。

アンジュー・ノワールの土壌

ロワール地方の片岩質土壌が分布するくさび形の地域は、約五億四千万年前の海中の堆積物に由来する。やがて巨大なヘルシニア山地が隆起したことによって、頁岩が片岩に変成した。つまり、この山地が地殻変動で隆起するごとに、巨大な山の基部の岩石に熱と圧力が加わって、頁岩がさまざまなタイプの片岩へと変化していったのである。

フランス最長の河川であるロワール川は、蛇行するとともにいくつもの支流をもち、この地方全体を結びつけている。その一方で、この川は石灰岩質の白い土壌と片岩質の黒い土壌を分ける境界線となっている。両方の中間には、ロワール川とオーバンス川、そしてレイヨン川の間に南に向かって広がる粘板岩と片岩からなる傾斜地がある。ここの土壌には、シリカを若干含むシスト・グルソー（schistes gréseux）と呼ばれる粘土質の片岩の岩片が混ざっているが、これを砂質頁岩と呼ぶ人もいる。この地域の土壌は石英と雲母、長石が多く含まれた粘土を主体とする。さらに、緑色玄武岩、緑色流紋岩などの火成岩を母岩とする土壌も若干だが見られる。シュナン・ブランで有名な村、サヴニエールでは後者の土壌が優勢だ。

アンジュー・ノワールの品種

トゥーレーヌの詩人フランソワ・ラブレーは、一五三四年に発表された初めての著書『ガルガンチュワ物語』で、当時「プランダンジュ（Plant d'Anjou）」として知られていたシュナン・ブランについて記している。

良質な品種ではあるものの、このブドウには問題がある。萌芽は早いのに、熟すのが遅いのだ。これはロワール北部では非常に不都合な真実である。遅霜に弱く、つぼみや花が枯死してしまうほか、収穫時期の雨にも弱い。しかし、逆境こそがブドウを強くもする。

シュナン・ブランの熱心な支持者であり擁護者であるパスカリーヌはこう説明する。「シュナン・ブランほど、土壌や栽培者次第で変わるブドウはありません。もし造り手が自分のやっていることを理解していなかったら、ワインは台無しになります。しかしこのブドウには生まれながらの優れた素質があります。酸味、果皮から出るタンニン、そしてルバーブのような深い味わいです。こうした優れた特性のおかげで、スパークリングワインから甘口ワインまで、あらゆるスタイルに仕上げることができます。おまけにセミアロマティックな品種なのです。私はどうも、あまりに香りの強いブドウが好きになれませんが、こうしたセミアロマティックな品種はブドウ自体の特徴というより、産地のテロワールがそのまま表れるので、より幅広い特徴を表現してくれます」

シュナン・ブランの栽培地は、世界のあちこちを移動して回っている。かつては米カリフォルニアで最も多く栽培されていた品種だが、現在ではごくわずかしか植えられておらず、栽培面積は二千ヘクタールほどに減ってしまった。しかしまた新たな植栽が始まっており、残っている古樹の植え替えが再び活況を迎えている。ブドウ樹はたいてい砂質かローム質の土壌に植えられる。南アフリカのシュナン・ブラン栽培面積は、ロワールより広い。同国でシュナン・ブランはかつてスティーンと呼ばれていたが、南アフリカでもこの品種はブレンド用に使われるか、さもなければ引き抜かれてシャルドネに植え替えられた。実をいうと、同国のシュナン・ブランの大半はひどいものだった。しかし、責められるべきはブドウではなくワインメーカーたちだった。現在はカリフォルニア同様、南アフリカでもこのワインが復活している。

アンジューの粘板岩質土壌では白ワインだけでなく、赤ワインも産出されている。グロローを探してみるといい。ごみにしかならないと、ひどい中傷を浴びてきた品種だ。こうした悪口が生まれたのは、畑での取り組みがひどかったからだ。しかし「ドメーヌ・デ・サブロネット（Domaine des Sablonnettes）」のジョエル・メナールと「ブノワ・クロー（Benoit Courault）」のブノワが造るグロローを試してみてほしい。酸味が強くビロードのようになめらかなワインがお好みなら、きっと楽しめるはずだ。とはいえ、シュナン・ブランがこの産地の王ならば、女王はカベルネ・フランだ。アンジュー・ノワールの片岩質土壌から生まれるカベルネ・フランは凝縮感が際立っていて力強く、そしていわゆる「野趣」がやや強く感じられる。

ワインメーカー・プロファイル　リシャール・ルロワ（Richard Leroy）

片岩質土壌が優勢なラブレ・シュール・レイヨンと周辺の地区は、かつて甘口ワインで知られていた。しかし現在この地には、自然を重視しながら辛口のワイン造りを目指す造り手たちが進出してくるようになった。私たちが訪れたのは、このような因習打開派にして片岩質土壌産のシュナン・ブランの巨匠、リシャール・ルロワだ。

サッカー選手から投資銀行家への転身を経てヴィニュロンになったリシャールは、「ドメーヌ・デ・サブロネット」と、「ラ・フェルム・ド・ラ・サンソニエール（La Ferme de La Sansonnière）」のマルク・アンジェリが実践する、亜硫酸を使わない自然なワイン造りに影響を受けた。現在彼が造るのは、辛口の白ワインのみ。しかも、異なる二カ所の畑から、わずか二つのキュヴェを丹精こめて造っている。そのワインは賞賛の的で、コレクターたちのワインセラーに並び、レストランなどの高級ワインリストに名を連ねている。それでもリシャールは名声に安住せず、五年間にわたって実験を続けた結果、ついに二〇一〇年に亜硫酸の一切の使用をやめた。私たちが初めて試飲したのは、まさにこの新たな造りのワインだった。

リシャールがドアを開けてくれたとき、そこはランチ・パーティーの真っ最中だった。といっても、そこにいたのは彼と親交のあるワインメーカーのブノワ・クローと、（たまたまそのときは）もじゃもじゃのひげを生やしたリシャール本人だけだった。リシャールはすぐに、私たちのグラスにも勢いよくワインを注いでくれた。それは彼の秘蔵のセラーから出されたもので、彼が高給取りで、ワインの好みが月並みだった頃に入手したボトルだった。この銘柄に注目してほしい。それはなんと「コシュ・デュリ（Coche-Dury）」の「ムルソー・レ・ルージョ（Meursault Les Rougeots）一九八九年」だったのだ。この手のワインを収集している友人は多いが、彼らがこれを知ったら私たちの幸運ぶりをずいぶんとやっかむことだろう。なにしろ、現在このワインは七百ドル（約八万円）ほどの価格が付くのだ。

「感想はどうだい？」。リシャールに聞かれた。しかし私たちにとって、この高名なワインは最悪だった。余韻が短く、刺すような風味で、全体的に表情に乏しかった。こう伝えると、その場にいた皆がうなずいて賛同してくれた。リシャールは、年月を重ねるにつれて、いかに自分の好みが変わっていったかを話してくれた。自慢の種になるような高級ワインを収集するのをやめて、誠実なワインを探究するようになっていったという。彼の言葉から、ワインの好みも十人十色だとつくづく感じた。皆、「コシュ・デュリ」の高級ワインはそれ以上飲まずに放っておいた。そしてパスカリーヌと私は、リシャールの二〇一二年を飲み始めた。

二〇〇八年にリシャールは、所有するたった二カ所の畑から生まれた二種のワインに、それぞれ「ヴァン・ド・フランス」のカテゴリー表記を記載するようになり、アンジューのAOCとは永遠に決別した。リシャールには、すでにその名前が十分に知られているという強みがある。彼の顧客はアンジューのワインではなく、リシャール・ルロワのワインを買っているのだ。アンジューのほかの多くの造り手たちと同様にリシャールは、何の品質のスタンダードにもなっていないAOC規定よりも、独自のスタイルのワインを造る自由に価値を見出している。彼が造る二種のワインは、いずれもアンジュー・ノワールにある黒い土壌の二カ所の畑から生まれており、並べて比較するにはうってつけである。なにしろまったく同じ醸造手法で造られているのだ。しかも、両方ともマロラクティック発酵をさせてあるという条件も同じだったので、土壌に特化した影響を比べやすかった。この場合は、火山岩の流紋岩を母岩とする土壌と、変成岩の片岩を母岩とする土壌の比較だった。

リシャールの畑の一つ、クロ・デ・ルリエは、レイヨン川に近い〇・七ヘクタールの小さな畑だ。灰色がかった片岩質土壌には、いくらか砂利が混ざっている。パスカリーヌがこの畑のワイン「クロ・デ・ルリエ（Clos des Rouliers）」を飲んだ印象は、広がりがあり、香りが前面に立ちのぼり、根菜類、花、そして白茶（訳注：中国の微発酵茶）の風味が感じられるということだった。一方の私は、陽気なワインという印象、かつ味わい深く、上質なめし皮のような余韻を感じた。リッチで、ムルソーのようなクリーミーさを備え、アルコール度数は十三・五パーセント。赤ちゃんのほっぺたのようなふわふわした感触を取り除けば、飲み手を魅了するワインになるだろう。

もう一つのワイン「レ・ノエル・ド・モンブノー（Les Noëls de Montbenault）」は、風が強く、岩が多い丘の頂上にある二ヘクタールほどの畑から産出されている。樹齢五十年のブドウ樹が植えられているシスト・グルソーと呼ばれる土壌は、変成を受けた片岩に由来する砂に、火成岩の一種である流紋岩の岩片が多い層準が混ざっている。正直にいうと私たち二人は、こちらの畑のワインの方が好みだった。やや還元的だったが、少し時間を置くとスミレのような香りが感じられた。より洗練されていて、あからさまに妖艶ではなく、シャープで角があるものの、余韻は生き生きとしていた。

リシャールのシュナン・ブランは、自然派か否かを問わず、世界屈指の特筆すべきワインリストに登場してきた。産地のテロワールについて彼に尋ねてみたところ、「テロワールを反映したワインというのは、その土壌を理解している人びとによって造られる。砂質の頁岩がまろやかなワインを生むにしても、火山岩や片岩が力強いワインを生むにしても、そのようなワインができるように土壌を導いてやる必要がある」との答えが返ってきた。言い換えれば、どんな土地であろうと、テロワールをないがしろにすれば、ひどいワインができあがるということだ。深みのあるワインを造るためには、土と親しく語り合い、土が何を必要としているのかに耳を傾ける必要がある。良好な人間関係とよく似通っている。

アンジュー・ノワールおよびアンジュー・ブラン・ブランのシュナン・ブランの特徴一覧

アンジュー・ノワール

辛口ワインのAOC産地：アンジュー、サヴニエール、サヴニエール・ロッシュ・オー・モワンヌ、サヴニエール・クレ・ド・セラン

甘口ワインのAOC産地：ボーリュ・シュル・レイヨン、フェイ・ダンジュ、ラブレ・シュール・レイヨン、ロシュフォール・シュル・ロワール、サン・トーバン・ド・リュイエ、サン・ランベール・デュ・ラティ、ショーム、カール・ド・ショーム、ボンヌゾー、コトー・ド・ローバンス、アンジュー・コトー・ド・ラ・ロワール

土壌の母岩：緑色および紫色の片岩、シスト・グルソー、粘板岩、火山岩（流紋岩、変質玄武岩など）

気候の影響：大西洋と地形の影響により温暖かつ乾燥した微気候だが、川の影響で湿気も生じる

・歴史的に、あまり冷涼ではなく浅いセラーが地上の高さに造られてきた（岩石が硬いので、奥まで深く掘削してセラーを造ることが不可能だった）

・ボトリティス菌の影響を受けやすい
マロラクティック発酵：一部あるいは完全にマロラクティック発酵を経る
全体的な特徴：みずみずしく豊かで、アルコール度数が高め。エキス分（訳注：酒石酸など、酒類を加熱した際に蒸発せずに残留する不揮発性成分）が多い。適切な農法が実践されていない場合には、さらにいろいろな特徴が見られる

アンジュー・ブラン

AOC産地：AOCアンジュー・ブランの認定産地はソミュール。ピュイ・ノートルダム、シャンピニー、およびブレゼの村は白ワインのクリュ（畑）としての認定を受けていないが、これらの産地にはいくつか上質なワインがあるので、シュナン・ブランをぜひ探してみてほしい
土壌：石灰岩質土壌（黄白色のテュフォーを含む）。ピュイ・ノートルダムは火打石を母岩とする土壌
気候の影響：アンジュー・ノワールよりも大陸性気候が優勢で、乾燥気味。湿気の少ない風が吹く。土がやわらかいため深く掘り下げることが可能で、より深く冷涼なセラーがで

きる

マロラクティック発酵：ほとんど起こらない

全体的な特徴：甘口ワインも若干産出されるが、この地域は辛口およびやや甘口のワインで知られる。辛口ワインは角があってレモンの風味も感じられ、骨格がしっかりしている

アンジュー・ノワールのお薦めの生産者と農法

- ラ・フェルム・ド・ラ・サンソニエール（La Ferme de La Sansonnière）／マルク・アンジェリ（Mark Angeli）（ビオディナミ農法）
- リシャール・ルロワ（Richard Leroy）（ビオディナミ農法）
- ブノワ・クロー（Benoît Courault）（有機農法）
- マイ・エ・ケンジ・ホジソン（Mai et Kenji Hodgson）（有機農法）
- ディディエ・シャファルドン（Didier Chaffardon）（有機農法）
- ドメーヌ・デ・サブロネット（Domaine des Sablonnettes）（有機農法）
- ドメーヌ・パトリック・ボードアン（Domaine Patrick Baudouin）（有機農法）

•ピトン・パイエ（Pithon-Paillé）（有機農法）
•レ・ヴィーニュ・エルベル（Les Vignes Herbel）（有機農法）
•レ・ヴィーニュ・ド・ババス（Les Vignes de Babass）（有機農法）
•ジャン・クリストフ・ガルニエ（Jean-Christophe Garnier）（有機農法）
•アニエス・エ・ルネ・モス（Agnès et René Mosse）（有機農法）
•トビー・ベインブリッジ（Toby Bainbridge）（有機農法）
•ドメーヌ・レ・グランド・ヴィーニュ（Domaine Les Grandes Vignes）（ビオディナミ農法）
•ジャン・フランソワ・シェネ（Jean-François Chéné）（有機農法）
•オリヴィエ・クザン（Olivier Cousin）（有機農法）
•ステファン・ベルノドウ（Stéphane Bernaudeau）（ビオディナミ農法）
•ドメーヌ・ド・バブリュ（Domaine de Bablut）（有機農法）
•ブリュノ・ロシャー（Bruno Rochard）（有機農法）
•ラ・グランジュ・オ・ベール（La Grange aux Belles）（有機農法）
•セバスチャン・フルレ（Sébastien Fleuret）（有機農法）

• フィリップ・デルメエ・オーレリアン・マルティン（Philippe Delmée & Aurélien Martin）（有機農法）
• ダミアン・ビュロー（Damien Bureau）（有機農法）

フランス　サヴニエール

ロワール川の北岸には、川に対して南西向きに開けた片岩質土壌の丘陵地がある。そこには、一千五百平方メートル近い面積をもつAOCサヴニエールが広がっている。ほかの品種も植えられてはいるが、この地域は百パーセント、卓越したシュナン・ブランの産地であると考えるのが一番よいだろう。小さな村落に押しこまれるように位置しているサヴニエールだが、古代ローマ時代から卓越したワインで知られてきた。この地のことを思うと、「伝説」という言葉が浮かぶ。サヴニエールのシュナン・ブランは、白ワインの最高峰であるブルゴーニュのモンラッシェと並ぶ地位にまで上りつめたといわれてきたのだ。ちなみに、ほんの一九六〇年代までこのワインは辛口スタイルに仕上げられていたが、この片岩質土壌から生まれるワインは濃密で力強く、ときにはアルコール度数がかなり高くなる。どんなワインに発展する素質が備わっているにせよ、サヴニエールはその伝統の上に安住していた。土壌に対して真摯に取り組んだり、土地のもつ個性を語らせようとしたりする造り手など、ほとんどいなかった。しかしニコラ・ジョリーがこの村にやってきて、すべてを変えた。

彼に取材するにあたり、友人からは心配などいらないといわれていた。私がすべきことといえば、ハローとあいさつをして座るだけ、後は、最大級の旋風を起こしている農法であるビオディナミ農法の先駆者ニコラ・ジョリーがどんどんしゃべってくれるだろうから、という話だった。書類が山と積まれた乱雑な部屋に通された私は、まず自己紹介をした。部屋の真ん中にふっくらとした長椅子が置かれていたのでそこに座ると、それと同時にジョリーはあらぬ方を見て口を開いた。「どこから始めようか?」。そして私の答えを待たずに、ビオディナミ農法について、彼のテロワール回帰とワインの味の一連の話について、そして昨今のワイン界の危機について、一気に話し始めた。少し常軌を逸しているのでは、とも思われたほどだが、先見の明がある人には誰でもそんなところがあるものだ。

一九四五年生まれのニコラ・ジョリーは、以前はニューヨークやロンドンで投資銀行に勤務していたが、順調だった仕事をやめてロワール河畔の生家に戻り、彼の家族のワイナリーを引き継いだ。サヴニエールの小さな村落クレ・ド・セランは、シュナン・ブランの産地として、世界でも屈指の奥深く由緒ある土地だとされている。

　ジョリー家が所有するブドウ畑は、単独でAOCクレ・ド・セランを名乗ることを許されたモノポールである。シトー派の修道士たちによって一一三〇年にブドウが植樹されたという歴史は、神秘的な雰囲気を漂わせるとともに食通たちを引きつける。ワインの名声もその時代までさかのぼることができ、ルイ十一世はこのワインを「黄金の雫」とほめたたえたという。このように何世紀にもわたって、この土地のワインはフランスでも指折りの至高のワインの座に君臨してきた。当然ながら、ブドウはこの地の栄光を支えてきた要素の一つである。この土壌の母岩は片岩が優勢で、部分的に火山岩が混ざるという複雑さと長い歴史をもっている。そんな土壌に対して、シュナン・ブランは何か特別な作用をするのだ。ドメーヌの精神的な主柱であるクレ・ド・セランのブドウ畑は、ロワール川を見下ろすように横たわっている。ジョリーの娘ヴィルジニーも徐々にワイナリーの運営に参画するようになり、彼らはほかの区画でもブドウを育てている。その一つのレ・ヴュー・クロは、クレ・ド・セランのすぐ下にあるAOCサヴニエールに含まれる。別の区画レ・クロ・デ・ラ・ベルジェリーは、AOCロシュ・オー・モワンヌのなかに隠れるように位置している。

一九七七年、生家に戻ったニコラ・ジョリーは、ブドウの評判がすっかり地に落ちてしまっていることに気づいた。ほどなく彼は、オーストリアの哲学者ルドルフ・シュタイナーの書物に出会った。それは一九二一年にシュタイナーが行った講演を記録したもので、ビオディナミ農法の基本となった本だった。やがて一九八四年には、ジョリーの畑はすべてビオディナミ農法に転換されるようになっていた。その当時の彼は、一部の人びとから英雄と崇められるようになる道を確実に歩んでいたが、その一方で彼を変わり者扱いする人びともいた。私はもちろん、英雄視するグループに入る。

ジョリーを取材した午後の時間、私はすっかり引きこまれて座りこんでいた。友人の忠告は間違っていなかった。私は一言も口を聞く必要はなく、ただ、彼があらゆる超自然な知恵へと私を導くのに任せていればよかった。ジョリーの世界へとひたすら引きこまれていった。彼の設立したビオディナミ農法の生産者団体「ルネッサンス・デ・アペラシオン（Renaissance des Appellations）」や「リターン・トゥ・テロワール（Return to Terroir）」は、彼の情熱に引きつけられた新たな生産者たちであふれんばかりとなった。彼はそうした傾向を興奮気味に語った。「ビオディナミ農法に熱心に取り組む新たな担い手は、いわば狩りの初日の若い犬のようなものだ。新世代は優秀だよ」とジョリーは言う。「彼らはビオディナミ農法を行うために生まれてきたんだ」

現在、この地域はビオディナミ農法の拠点となっている。この土地の造り手たちは、月の満ち欠けの周期にしたがって調合剤を畑にまいたり、「根の日」や「葉の日」ではなく、「果実の日」と「花の日」（訳注：月や天体の動きに基づく、ビオディナミ独自の暦で定められた日）にワインを味わったりするようにしている。何を信じていようといまいと、この手法で造られたワインが卓越しているのは事実だ。ジョリーは科学のつまらなさをこう語っていた。

「ほら、農民は水を必要とするだろう。でも水の化学式が H_2O だと分かったからといって、それが一体何の役に立つんだい？」

サヴニエールのお薦めの生産者と農法

- ヴィニョブル・ド・ラ・クレ・ド・セラン（Vignoble de la Coulée-de-Serrant）（ビオディナミ農法）
- ロイック・マエ（Loïc Mahé）（有機農法）
- エリック・モルガ（Eric Morgat）（有機農法）

• ドメーヌ・デュ・クローゼル（Domaine du Closel）／イヴリーヌ・ド・ポンテブリヨン（Evelyne de Pontbriand）（ビオディナミ農法）
• ドメーヌ・オー・モワンヌ（Domaine aux Moines）／テッサ・ラロッシュ（Tessa Laroche）（ビオディナミ農法）
• クレモン・バロー（Clément Baraut）（ビオディナミ農法）
• ティボー・ブディニョン（Thibaud Boudignon）（有機農法）
• ダミアン・ロロー（Damien Laureau）（ビオディナミ農法）
• パトリック・ボードアン（Patrick Baudouin）（有機農法）
• アニエス・エ・ルネ・モス（Agnès et René Mosse）（ビオディナミ農法）
• ピトン・パイエ（Pithon-Paillé）（有機農法）

フランス　ラングドック＝ルーション地方

広大なラングドック＝ルーション地方は、ローヌの西の境界線からスペインのカタロニア地方との国境まで伸びている。中央高地（マッシフ・セントラル）とピレネー山脈に囲まれ、南は地中海を臨む。

この地方は石灰岩質土壌が豊富で、ピク・サン・ルー、サン・ジャン・ド・ミネルヴォワ、そしてコルビエールといった有名な産地の一部に見られる。しかし地球上には多様な土壌があり、岩だらけの景色と風が吹きつける丘陵地からなる、この地域のワイン生産の独自性の主要な基盤は、変成岩質土壌である。

新約聖書の「ローマ人への手紙」が書かれて以来、平坦で何の変哲もない土地が見つかったからといってブドウを栽培するのはあまりに安直な選択だという考え方が、公然の秘密となってきた（訳注：「ローマ人への手紙」には、イスラエルの民をブドウ樹にたとえ、「よく肥えた山腹に良質のブドウを植えたのに、酸っぱいブドウができたのはなぜか」と問うことにより、民の不信を責める記述がある）。それゆえに、この地域のワインは嘆かわしい評価をされるようになり、以来ずっと克服できずにいる。「ファット・バスタード（Fat Bastard）」のような安価なワインがラングドック＝ルーション地方を象徴するようになってしまったのだ。一九九〇年代には、このブランドが「ファイティング・ヴァラエタル（Fighting Varietals）」（訳注：一九八〇年代、販売促進を目的として、産地名の代わりに単一の品種名をラベルに冠した低価格ワインが売られるようになり、「ファイティング・ヴァラエタル」はワインの一カテゴリーとなった）と呼ばれる動きの先駆者に名を連ねるようになっていた。ファット・バスタードのようなワインボトルのラベルには、ピノ・ノワールやシラーといった品種名が大きく表記され、産地は書かれなかった。これは心の痛むできごとだった。なぜならこの地方には、優れたワインを生む能力のある村が存在しているからだ。ラングドックの丘陵地や崖の上には、フォジェール、サン・シニアンというAOC産地がある。ルーションに目を向ければ、こちらにもモーリィ、フィトゥー、コリウール、そしてバニュルスというAOC産地がある。こうした産地には多くの古樹があり、容赦ない強風とやせた片岩質土壌の影響で、ゴブレと呼ばれる低木状にたわめられていたが、結果としてバランスの優れたワインが生まれた。だが悲しいことに、ブドウ畑への低評価は変わらず、誰からも望まれないブドウとなり果ててしまった。

この地方の片岩質土壌の成り立ちは、おおまかにはアンジュー・ノワールと似ている。ただしこちらの方が、母岩の年代が少し新しい。古生代の泥と粘土、石英、化石類を含む堆積岩が変成されて片岩に変わり、その一部はさらに片麻岩へと変化していった。その後ピレネー山脈が隆起したため、海に近く標高の高い土地に最良の土壌が形成されるなど、非常に複雑な土壌が広範に分布するようになった。土壌の母岩は変質した片岩が優勢で、片麻岩も含まれるほか、堆積岩の石灰岩を母岩とする土壌も何カ所かある。

　フォジェールとサン・シニアンは、モンターニュ・ノワール山脈（黒い山の意）のふもとの標高百八十から四百五十メートルほどの場所に位置する。バニュルスとコリウールは、ピレネー山脈とアルベール山脈から地中海に向けて突如落下したかのように、標高が低い。モーリィは標高約三百六十メートルの場所にある。これらの標高は、ブドウが必要とするものを与えられるという点で優れており、とりわけ日中に暑くなる地域では、夜間の冷涼さがブドウのフレッシュさを保ってくれる。

　片岩質の土壌は、地面に対して鉛直な割れ目をもつ場合に、とりわけ優れた効果を発揮する。この状況だとブドウが深く地中に根を伸ばすことができ、栽培のプロがいうところの水分ストレス（過度に高温で水分が不足すると植物が気孔を閉じてしまい、光合成の機能が低下し、青臭くて未熟なタンニンとアロマが生じる）が緩和される。またこの土壌に、若干の粘土質が混ざった、石灰岩質の泥灰土が含まれているとなお好都合だ。片岩の保温力は、産地によっては不可欠な特性だ。なぜなら、過剰に熱せられることなく適度な温度で、夜間にブドウがゆっくりと熟成できるからである。

フランス　フォジェール

フォジェールがワイン生産地として認められるようになったのはかなり遅く、フランス革命の頃だった。AOC認定を受けたのはそれから二世紀近く経った一九八二年になってからだが、この地区の片岩質土壌のテロワールの意義深さは、大いに注目に値する。というのも、ここでは三つのタイプの片岩質土壌が見られるのだ。大きな石板状の片岩の岩片を含む土壌はダルズと呼ばれ、ブドウ以外にはほとんど何も育たず、収穫量は著しく少ない。二つ目のシスト・グルソーは、ダルズよりも粘土や砂を多く含むため、さほど不毛ではない。三つ目のフリットの母岩は非常にもろくて砕けやすく、手で握れば割れるほどだ。この岩は風や日光に絶えずさらされ、好ましい形に砕けてくれるため、ブドウが必要とする養分を容易に吸収できる土壌が生成される。

フォジェールのワイン生産者の多くは、彼らの土壌と分かちがたく結びついている。たとえば「クロ・ファンテーヌ（Clos Fantine）」のコリーヌ・アンドリューは、私たちへの手紙で「フォジェールの片岩は、人の行動に影響を与えるような、一種のエネルギーを発していると思います」と記している。

この地に適した品種については造り手によって考えが異なるものの、パスカリーヌと私はカリニャンとグルナッシュに賛成票を投じる。カリニャンは、みごとなできばえにするためには長時間かけてじっくり育てる必要がある。グルナッシュは、氷を入れたくなるほどの高アルコールにしないためには、灌漑を控えるなど過酷な環境で育て、収量を抑える必要がある。こうした条件がすべて整いさえすれば、良質なブドウが生まれる。フォジェールは目を見張るほど価値のある産地なのだ。

フォジェールのお薦めの生産者と産地および農法

- クロ・ファンテーヌ（Clos Fantine）／フォジェール（有機農法）
- フレデリック・ブルーカ（Frédéric Brouca）／フォジェール（有機農法）
- レオン・バラル（Léon Barral）／フォジェール（ビオディナミ農法）
- マス・ダルゾン（Mas d'Alezon）／フォジェール（有機農法）
- ドメーヌ・ジャン・ミシェル・アルキエ（Domaine Jean-Michel Alquier）／フォジェー

ル（サステーナブル農法）
- ドメーヌ・ボルド（Domaine Bordes）／サン・シニアン（有機農法）
- ヤニック・ペルティエ（Yannick Pelletier）／サン・シニアン（有機農法）
- ドメーヌ・カネ・ヴァレット（Domaine Canet-Valette）／サン・シニアン（有機農法）

フランス　バニュルスとコリウール

フランス南西部のバニュルスとコリウールに触れないのは、あまりにも惜しい。どちらもほとんど知られていない小さな村だが、絵はがきになるほどの風光明媚な港の景色とおいしいアンチョビが有名だ。また、片岩質土壌に覆われた多数の段丘が、黒い崖となってサファイア・ブルーの地中海へ真っ逆さまに落ちていくように見える風景も、この地域の特徴だ。これはまさに対照が生む美しさであり、その美はワインにも見出せる。従来、この地域のブドウは「バニュルス」という名称の酒精強化ワインに仕上げられてきた。十三世紀に開発された手法で、発酵中のマストにアルコール分を加えてバランスを整えるとともに、保存性を高めたものだ。黒っぽいやせた土壌に覆われた傾斜地で、手作業で仕立てられるグルナッシュは、赤、白、ロゼ、すべての色のワインにおいてこの産地の品種の王である。収穫量が少なく、非常に凝縮し、また海からの影響なのか、ほのかに爽やかさが感じられる果実だ。このように糖度が非常に高くタンニンも強烈なブドウを手なずけられるのは、酒精強化という手法と、大型のデミジョンボトル（訳注：首の細いガラスの大瓶）か木樽による長期熟成だけだった。しかもこのワインは、何年も瓶熟成させた後でもアルコール度数が高く、やはり片岩質土壌から生まれ、酒精強化ワインの雄であるポルトガルのポートワインに匹敵するほどである。しかし最近は、市場でこうした甘口ワインの人気がないことと、ワインの低温保存技術の発達により保存性を高める必要がなくなったために、辛口ワインが造られるようになった。それでも、いまだにこの地域のブドウの大半は過熟気味で、変化に乏しい。だが、だまされてはいけない。磨かれていない原石のなかには輝く宝石もあるのだ。

バニュルスとコリウールのお薦めの生産者と産地および農法

- ラ・トゥール・ヴィエイユ（La Tour Vieille）／コリウール（サステーナブル農法）

- ドメーヌ・デュ・トラジネール（Domaine du Traginer）／ジャン・フランソワ・デュウ（Jean-François Deu）／コリウール（ビオディナミ農法）
- ラ・プティット・ベニューズ（La Petite Baigneuse）／バニュルス（有機農法）
- アラン・カステックス（Alain Castex、旧カソ・デ・マイヨル〔Le Casot des Mailloles〕）／バニュルス（ビオディナミ農法）
- ブリュノ・デュシェン（Bruno Duchêne）／バニュルス（有機農法）

スペイン　ガリシアの粘板岩質土壌地域

フランスのロワール西部にそっくりな産地がスペインにあるとすれば、それは北西部のガリシア地方だろう。どちらの地域も大西洋に面しており、がぶ飲みできて、しかも飲み飽きない、非常に透明感のあるワインを生み出すという点が共通している。

アンジュー・ノワールのあるロワール川地域も、ガリシア地方のリベイラ・サクラも、海岸部は花崗岩質土壌に覆われている。内陸に進んでいくと、花崗岩質土壌をもつ飛び地もまだあるものの、片岩質と粘板岩質の土壌が優勢となっていく。ロワール川地域で片岩質土壌を探すと、アンジューの平地に比較的多く見られる。しかしスペインのこの地域で同様の土壌を訪ね歩くと、曲がりくねった道を経てガリシアの山岳部に入り、そして「魔法の国」リベイラ・サクラへと導かれる。

スペイン　リベイラ・サクラ

聖なる流域、それがリベイラ・サクラの意味であり、ミーニョ川とシル川が合流する地域の地名である。地名は、川の近くを通る巡礼路「カミノ・デ・サンティアゴ」のルート上に聖地と修道院が急増した初期キリスト教の時代に由来する。この地域は広範囲にわたってワインの産地であり、いずれの川沿いも、切り立った断崖のような急斜面にブドウ畑が広がる様子は目を見張るばかりだ。シル川沿いは急傾斜で岩の露出が多く、足元が悪い。それに比べるとミーニョ川沿いの方がまだ緑が多く、傾斜も緩い。

リベイラ・サクラにたどり着くまでは、なかなかたいへんな行程だ。まず飛行機で大西洋に面する都市ビーゴに行き、やや北に向かった先のポンテベドラにあるワインバー「バゴス(Bagos)」に寄ってDOCリアス・バイシャスのアルバリーニョを味わってから内陸に向かい、オウレンセを過ぎる。ここからのドライブはやっかいだ。曲がりくねったヘアピンカーブが続く道をたどって山を登っていかなくてはならない。当然ながら車酔いする。そうやってようやく道路の終点で車を降り、新鮮な空気のなかへ出てみると、一気に爽快な気分になる。そこからさらに這うようにして、石垣で区切られた階段状のブドウ畑へと登っていく。後は畏敬の念に打たれて立ちつくすだけだ。

この地域を訪れるのなら、ぜひ私の推奨するルートで行ってほしい。美しい景色にすっかり心を奪われるに違いないからだ。リベイラ・サクラの息を飲むような壮観なブドウ畑は、世界でも一、二を争うほどの美しさではないだろうか。川に向かってまっすぐに落ちていくかのような足元の危ない急斜面に畑があり、毎年収穫の時期に転落して命を落とす者の数は一人や二人ではない。この地が、景色が美しいだけでなく、良質なワインを生む力のある産地であることを考えると、一九九六年になってようやくDO認定を受けたことには驚くしかない。

私たちはワインメーカーであるロベルト・サンタナとともに、シル川右岸のアマンディにいた。カナリア諸島（九九頁参照）出身のロベルトは、醸造学をともに学んだ三人の友人と一緒に、「エンヴィナーテ」という協働ワイナリーのようなものを立ち上げた。彼らは、大西洋気候の影響を受ける産地でのワイン造りを探究するために結束した。目指すのは、「ヴィノス・アトランティコス（Vinos Atlánticos）」（訳注：大西洋のワイン）と彼らが呼ぶワインである。そのために四人は、古木のブドウ園があり、ワイン造りの歴史がある土地で有機農法に取り組む農家や、少なくとも有機農法に前向きな農家を見つけ出した。

リベイラ・サクラでの実験的なワイン造りのために、彼らは三つの区画を見つけた。その一カ所であるアマンディは、粘板岩を主な母岩とする泥質の土壌で、ピンク色の石英と花崗岩の岩片がところどころに含まれている。この土地の呼び物は海岸沿いより雨が少ない温暖な気候で、黒ブドウを熟成させるポテンシャルが素晴らしかった。

ロベルトはまさにそんな畑から生まれたワイン、「パルセラ・セオアネ（Parcela Seoane）」（訳注：メンシア品種主体）のボトルを開けてくれた。すべてのブドウを全房発酵させることにより、ワインはより味わい深い仕上がりになっていた。口に含むと、豊かで肉厚な印象も確かに受けたが、同時に、一部でミネラル感と呼ばれているような、さび感のような印象が芯にあった。幸いなことに、このとき私は斜面がV字型の谷間になっていたところで黙ってワインの味をじっくりとかみしめていたので、下のシル川に転落せずに済んだ。そうでなければ危ないところだった。「こんなところで働くなんてどうかしている」。ロベルトを見ながら私は思った。確かに美しい場所ではあるけれど、彼らは世界の果ての人里離れた田舎に住んだり通ったりしながら、石垣の崩れた段々畑を修復し、土を生き返らせている。よほどの意欲と情熱がなければできないことだ。

川の向こう岸にそびえたつ山に目を向けると、春の始まりを告げる木々のなかに、過去の亡霊が見えた。それは何世紀も前に打ち捨てられた段々畑だ。そのとき、この地域の森に住むといわれる魔女や妖精、そして亡霊たちにまつわるあらゆるおとぎ話が思い出され、ひょっとしてこの目で見られるのではないかという気がした。辺りはぼんやりとしていた。実際の天気は霧などまったく出ていなかったのだが、まるでワセリンクリームでも塗られて視界が覆われたかのようだった。

リベイラ・サクラの土壌

リベイラ・サクラのブドウ畑は、ガリシア山塊の一部をなす山間部にある。ガリシア山塊は、はるか昔、大西洋のかなた、現在のカナダのノヴァ・スコシア州沖にあったメグマ・テレーンと呼ばれる大陸から離れた地殻が、イベリアプレートと衝突したことで形成された。その過程で高温と高圧を受けた頁岩が、粘板岩や片岩に変成した。地質学者のアレックス・

モルトマンはこう主張する。「粘板岩は、いくつもの珪酸塩鉱物（訳注：長石、雲母、石英などの珪酸塩の形で存在する鉱物。地殻を形成する鉱物の大半を占める）の集合体であり、これらが結着することによって、薄い板状に割れる特性を帯びるようになる。ワインの液体中にこのような割れやすい複合固体が存在するなどという考えは、明らかに不条理である」

モルトマンは、土壌がワインの味に影響を与えるか否かをめぐる熱い論争に関わっている多くの科学者の一人で、ワインのミネラル感についてよく論じている。しかしアマンディの地に立って、非常に緻密で爽やかかつ、かみごたえのようなものが感じられるワインを飲んでいると、粘板岩とメンシアというブドウが、天が与えた最高の組み合わせであることは疑いようもなかった。おもしろい話だが、メンシアに優れた効果をもたらす粘板岩の特性は、屋根材としても効果的である。吸水性が低いため、雨が多いときには屋根にも防水効果をもたらすのだ。また、優れた保温性は地面を温めてくれるため、夜間に温度が下がる標高の高い畑に適している。スペイン北東部のワイン産地プリオラートでは、この保温性が明らかに効果を発揮しており、アルコール度数が途方もなく高くなり、しばしば十六パーセント近くにまで達する（しかし、この産地ではガルナッチャ主体のワインが大半を占めている。しかも、そもそもガルナッチャというブドウは、アルコール分を発生させやすい性質がある）。

粘板岩は分割されやすく、土壌を適切に扱ってやれば（常にこの点が最も大切なのだが）、ブドウの根は不毛の土壌中をくねくねと伸びていく。何人かのライターがこう書いていたのを読んだことがある。粘板岩は黒い石や湿ったセラーの床の風味を赤ワインにもたらし、気骨を与えるらしいというのだ。いくらなんでも、この説は土壌とワインの味わいをあまりにも直接的に結びつけすぎていて、さすがに現実離れしているだろう。粘板岩質土壌がもたらす実際の効果は、ブドウがバランスを保つために必要とする要素を、いかにうまく吸収させてやれるかにあるのだ。大昔の書物をあれこれと調べ回っていたときのこと、十九世紀に書かれた『*A Helping Hand for Town and Country*（町と国の救いの手。未邦訳）』という本で、たまたま興味深い一節を見つけた。「炭酸カリウム（訳注：炭酸のカリウム塩。肥料に使われる）を構成する主要な鉱物は長石と雲母であり、主に花崗岩と片麻岩、雲母粘板岩に含まれる。したがって、これらの岩石を多く含んだ土壌は炭酸カリウムが非常に豊富であり、ほかの条件が同じであれば、ブドウ畑に最適な土壌となる」というものだ。これは、粘板岩と花崗岩という、ブドウにうってつけの二大土壌が大きな効果を発揮する理由の一端ではないだろうか。

リベイラ・サクラの品種

リベイラ・サクラのDO規定では、二十一のブドウ品種が登録されている。しかし登録品種だからといって、好みのワインになるとは限らない。こんな規定など忘れて、とにかく最良の生産者を選んで、彼らが手掛ける品種を飲んでみることをお勧めする。白ワイン用品種はほとんど花崗岩質土壌に植えられている。覚えておいてほしい品種はゴデーリョ、ローレイロ、トレイジャドゥーラの三種で、いずれも過小評価されている。シェリー用のパロミノは一時期最も栽培面積が大きかったが、ではこの地域に最適な品種なのかというと、私はあまりそう思わない。赤ワイン用品種として登録されているのはブランセリャーノ、ソウソン、ガルナッチャ、ティントレラ（別名アリカンテ・ブーシェ）、メレンサオ（別名トゥルソー、バスタルド）、カイーニョ・ティント、そしていくつかのテンプラニーリョの亜種だ。

マイナー品種とされているエスパデイロとカイーニョ・ティントは、いわば忘れられた巨人だ。この二種は、私の愛するガメイを想起させてならない。一方、この地方の代表品種といえばメンシアであり、総生産量の約八十五パーセントを占める。しかしこのブドウには、いくつか問題もある。まず、果皮が破れやすいためボトリティス菌やベト病に感染しやすい。また、酸度の低いブドウなので、収穫時期になったらただちに収穫しないと、その切れ味が失われる。過去にはカベルネ・フランの系統だとされていたが、実はまったく関係ない。カベルネ・フランのワイン造りでやるように果梗を加えて醸造すると、くせのあるやっかいな味になる場合があるが、最近は全房発酵させる造り手が増える一方だ。ラズベリーや赤スグリなどの風味が極端に強まることがよくあるが、この品種が真価を発揮するのは、アルコール度数を十三パーセント未満に仕上げたときである。

水の力が育むアトランティック・ワイン

ワインの世界には、絶えず新しい流行語が出回るものである。その一つが「セクシー(sexy)」で、二〇〇九年に大流行した。しかしワインにおけるセクシーとは一体どういう意味なのだろう。これは人によって答えが異なるので、「魅惑的な、色気のある」という一般的な定義で抑えておこう。次に「クランチー(crunchy)」という言葉がフランス国内で数年間もてはやされた後、ニューヨークへと伝わった。これは、ピシッと打つような質感、酸味、かみごたえ、あるいは氷をかみ砕く直前の感触を想像すれば理解できるだろう。しかしもっと流行の先を行きたければ、「アトランティック・ワイン」を予習しておこう。

これは、大西洋の影響を強く受けたワインという分類である。大量の水をたたえた大海が海岸部の気候を穏やかにするため、内陸部に比べて季節ごとの変化があまり極端にならない。ひょっとしたら読者のなかには、日照量が多く、雨が比較的少なくて快適な地中海性気候の方がなじみがある人もいるかもしれないが、大西洋についてはどうだろうか。世界第二位の広さをもつ海域であり、太平洋と並んで世界最大の海洋である。大西洋の北西部の気候は（といっても気候はそんなに単純ではないのですべてではないが）、大部分が曇りがちで雨が多く、総じて穏やかなため、ブドウの生育期間が長くなる。西からの風が吹くので、この地域は湿度が高い。世界地図を広げてみれば、おおまかに地域をくくることができるだろう。アメリカ東海岸のロングアイランド、フランス西岸部のロワール河口付近、スペインのガリシア地方、カナリア諸島のテネリフェ、リアス・バイシャス、ヘレス、ポルトガルのコラレスとミーニョ地方（ビーニョ・ヴェルデを生む偉大な産地である）、アメリカに戻ってメイン州、カナダのプリンス・エドワード島、ノヴァ・スコシア、そしてもちろん、ボルドーの西部も含まれる。

では「アトランティック」なワインとは一体どんな感じ、というより、どんな味なのだろうか。塩味と酸味、そして自然な優雅さをもった爽やかなワインだと期待できる。アルコール度数は低めだが、熟成した印象がある。果実味のなかに海藻や紅茶の風味がほのかに感じられる場合もある。そして快活で弾けるような感触、ちょうど果実にかみついたときのようなみずみずしさが感じられる。白でも赤でも、爽快な味わいのワインである。

ワインメーカー・プロファイル　ローラ・ロレンツォ（Laura Lorenzo）／ダテーラ・ビティクルトレス（Daterra Viticultores）

ドレッドヘアーを腰まで垂らした魅力的な女性、ローラ・ロレンツォは、ワインの世界に挑もうとしているところだ。「針金で吊るされたブドウに腹が立つの。あれではまるで奴隷ですよ」。小さく仕立てたブドウ樹のそばに立ち、樹を見下ろしながらそう言うと、彼女はくすくすと笑い出した。ふいに自分の言葉がどう聞こえたのか気になって、照れくさくなったようだったが、私は、うまいことを言うなあと感心してしまった。

ローラが暮らすのは、ガリシア地方の田舎町マンサネーダ。その近郊にあるブドウ畑で、彼女のような女性が登場したことはこれまで一度もなかった。この地域はブドウ栽培を見限った農民たちと、熱意と資金をたっぷり持ち合わせた新規参入者が入り混じっている。しかし、家業を継ぐというのではなく、たった一人で新規にワインを造り始めるという大仕事に取り組もうという女性を、地元の人びとはどう見ているのだろうか。まだ受け入れる準備ができていないのではないかと思う。畑を始めた最初の年に農機具がすべて盗まれてしまった理由も、そこにあるのだろう。しかし彼女はこのトラブルに、実に誇り高い姿勢で対応した。「貧しいかもしれないけれど、私にはこの手がありますから」。これがローラの言葉である。

ローラは、ガリシア州オウレンセ市の出身だ。マンサネーダはそこから車でわずか四十分ほどの距離にあるが、人口と交通の便の悪さを考えると、まるで地球の反対側のように思われる。ここ数年、ローラは辺鄙な古い村に暮らし、ずいぶん昔に見限られた農地を再生させようと取り組んでいる。彼女はまったくの初心者というわけではなく、「ドミニオ・ド・ビベイ（Dominio do Bibei）」という大手ワイナリーで数年の経験を積んだ後、自分自身でワインを造る勇気を奮い起こしたのである。この地域でこうしたケースはまれで、ましてや女性ではほとんどいない。事業を進める途上では、さまざまな支援があった。醸造するための場所を提供してくれる人もいた。何十年も化学肥料を使って痛めつけてきた土地を、彼女が生き返らせるという条件と引き換えに提供する人もいた。その結果、ローラの畑は異なる地区に点在するようになった。その一つは野生のタイムが生い茂り、古い花崗岩を母岩とする崩れやすい土壌のなかにある。ローラの畑はアマンディにはないが、アマンディにあるロベルト・サンタナの「エンヴィナーテ」と、ペドロ・ロドリゲスのワイナリー「アデガス・ギマロ（Adegas Guímaro）」（四一八頁参照）からは、車でほんの一時間ほどの距離だ。区画は全部で五つ。この地域はフォジェールと同じように片岩質土壌で有名だが、実際はそんなに単純な土壌ではない。ローラの説明では、彼女の畑の土壌は石英質で、フォジェールのシスト・グルソーと似ていて、酸度が高い片岩質土壌と、非常に優れた保温性のある粘土質が混ざっているという。また、花崗岩と粘板岩が混在している地域でもあるという。こうした二種の岩石を考えると、ローラの畑は好立地にあるといえる。リベイラ・サクラは二つの世界を訴えかけている、と彼女は説明する。花崗岩は大西洋の影響をワインにもたらし、粘板岩は地中海寄りの感覚をもたらすという。暑い年には花崗岩が爽やかな風味を与え、寒冷な年には粘板岩がぬくもりを与えてくれる。

リベイラ・サクラおよび近くのバルデオラスにある、いくつもの多様なテロワールの畑に取り組むことで、ローラは、花崗岩質土壌と粘土質が多い粘板岩質土壌（通常は粘板岩質土壌の方が粘土質を多く含む）とでは、前者の方が温度変化が早いという違いを発見した。また雨が降ると、花崗岩質土壌は粘板岩質土壌より早く排水する。これは後者の方が前者より保水性が高いからだ。とはいえ、こうした特性の多くは、土とどう取り組み、土中の微生物にどう栄養分を与えるかによって調節することができる。そのためにローラは土壌を再生し、有機農法と彼女独自のビオディナミ農法を目指して取り組んでいる。あらゆることが可能なように思えるのは、彼女のワインを口に含めば、その取り組みが明らかに功を奏しているのが分かるからだろう。

ローラが初めて発表したワインは白ワインの「ガヴェラ・ブランコ（Gavela Blanco）」で、シェリーによく使われるパロミノから造られている。しばしば低評価される品種だが、彼女は魅力的なワインに造り上げた。飲んでみると、レモンと砂っぽさ、そしてまさに大西洋のワインらしく、海風を味わうことができる。もう一本の白ワイン「エレア・デ・ヴィラ・ブランコ（Erea de Vila Blanco）」は、ゴデーリョが主体で、トレイジャドゥーラ、アルバリーニョ、ドニャ・ブランカが少量ずつブレンドされている。こちらはメロンの香りがしてみずみずしく、砂のようなテクスチャーは控えめだ。

ワインメーカー・プロファイル

ペドロ・ロドリゲス（Pedro Rodríguez）／アデガス・ギマロ（Adegas Guímaro）

ペドロ・ロドリゲスは細長いナイフを私の目の前に取り出して見せ、満面の笑みを浮かべてこう言った。「これで豚を殺すんだよ」。その場にいた皆は戸惑っていたが、これはベジタリアンである私をからかっているだけだった。いつも冗談を言っては笑っているこのいたずら好きな造り手は、自分の段々畑の石垣の修復をほぼすべて、一人きりでやり遂げた。一体、彼は笑顔を絶やすことがあるのだろうか。おおらかで熱意あふれるペドロの人格は、ワインにもそのまま表れている。一九九一年より前は、ペドロたち家族は少量のワインを造って自分たちで飲むほか、ガラフォン（garrafon）（二十リットル入りのガラス容器）に入れて地元のワイン店や酒場に売っていた。しかし一九九六年、ペドロ・ロドリゲスは家族を新しい世界へと導いた。アマンディを本拠地とするペドロは、有機農法という一大計画をスタートさせ、先祖伝来の品種を彼の区画のなかでも標高が最も高い畑に植えた。円形劇場にある階段式の観覧席のような広大な段々畑に立つと、すぐ近くにあるロベルト・サンタナの畑とはまったく異なる場所のように見える。しかし、ワイナリーでの仕事は似通っていて、野生酵母によって発酵させ、開放型の発酵槽で足でブドウを潰し、果梗を使い、亜硫酸の使用量を抑え、新樽は一切使わない。これが、自分たちのワインに至高の美質を見出そうとしている、才能豊かな造り手たちの手法である。ペドロが造るお薦めのワインをいくつか紹介しよう。「ギマロ・ティント（Guímaro Tinto）」はステンレスタンクで醸造され、申し分なく楽しめるワインだ。「フィンカ・メイキセマン（Finca Meixemán）」は、標高四百から五百メートルにある、わずか一・二ヘクタールの片岩質土壌の畑に植えられた樹齢七十年にのぼるメンシアから造られている。「フィンカ・カペリニョス（Finca Capelinos）」は樹齢九十年のブドウから生まれた。こうした古木のワインには、深みのある特徴を見出せるはずだ。これらの単一畑のワインは、少なくとも十年は熟成させるべき逸品である。といっても、もちろん今から飲んでも十分に楽しめる。

ガリシアのお薦めの生産者と産地および農法

- ルイス・ロドリゲス（Luis Rodríguez）／リベイロ（サステーナブル農法）
- エンヴィナーテ（Envínate）／リベイラ・サクラ（有機農法）

- ダテーラ・ビティクルトレス（Daterra Viticultores）／リベイラ・サクラ（有機農法）
- アデガス・ギマロ（Adegas Guímaro）／リベイラ・サクラ（有機農法）
- ベルナルド・エステヴェス（Bernardo Estevez）／リベイロ（ビオディナミ農法）
- ナチョ・ゴンザレス（Nacho Gonzalez）／バルデオラス（有機農法）

ドイツ　モーゼル地方

ドイツへようこそ。それもモーゼル地方へよくいらっしゃいました。この地域はかつて、モーゼル川に流れこむ二つの支流の名前を引用して、モーゼル・ザール・ルーヴァ（Mosel-Saar-Ruwer）と呼ばれていたが、現在は単にモーゼルと呼ばれている。粘板岩質土壌と片岩質土壌で知られる産地としては、ドイツで唯一の地域だ。名声を確立するまでにはずいぶんと長くかかったが、あっというまに凋落してしまった。この責任は「ブルー・ナン（Blue Nun）」と「リープフラウミルヒ（Liebfraumilch）」にある。これらは、いわばドイツ版の「イエロー・テイル（Yellow Tail）」だ。こうした甘ったるく劣悪な代物のせいで、素晴らしいドイツワインがすっかり目立たなくなってしまった。その結果、この国で最も有名なリースリングのもつ複雑な味わいが見直されるまでに、何十年もの年月がかかってしまったのである。

　ドイツ南西部のモーゼル川は、この地方のワイン産地を蛇行しながら流れていく。急峻な斜面（常識離れしているほどだ）が河床からそそり立ち、川に沿って続く趣のある街並みは、さながら童話の絵本のように愛らしい。印象的な景色を誇る地域でありながら、これまで困難な目に遭ってきた。もっとも、営利本位のワインについては話が別だ。化学肥料に依存した悲惨な農法が実践され、ワインからは酸味が除かれて糖分が足され、ほかにも醜悪な手法が施された。あの理解しがたいラベルは言うまでもない。ドイツワインのラベルの解読のしにくさは、並ぶものがないほどだ。しかしそんなことはどうでもいい。しかるべき生産者を探し求めて、彼らのワインを飲んでみればよいのだ。そうすれば、卓越した複雑さと喜びに満ちた、長熟な白ワインの魅惑的な世界へと入っていける。辛口ワインがお好みだろうか。それならここにある。それと甘口も、おそらくこの産地より優れたものはほとんどないだろう。この地域は強い酸味と極端な気候で知られている。なにしろ夏は雨が多くて肌寒く、夏の平均気温は華氏六十五度（訳注：摂氏約十八度）、おまけに畑があるのは、とてつもなく急な斜面だ（世界一急峻で、斜度はやはり六十五度である）。しかし何よりの特徴は、粘板岩と片岩を多量に含む土壌だ。ブドウ畑に行けばこの両方の岩を見ることができる。ここではいずれの岩も粘板岩、すなわちシーファーと呼ばれている。

モーゼル地方の土壌

ワイン産地のモーゼルというと、ほぼモーゼルの中部地域を指す。さまざまな色合いの粘板岩があり、川面に太陽が反射する、あるいは水が温められるなど、河川が微気候に与える影響のために温暖になる。その一方、雨が多く、冷涼な天気にたたられることもあり、ワイン造りは容易ではない。私が最後にこの地を訪れたのは二〇〇七年。悲しいことに、雨に降られてしまい、有名な粘板岩質土壌をほとんどこの目で確かめられなかった。というのも、あの巨大な茶色いナメクジの大群のおかげで、肝心なテロワールが覆い隠されていたのだ。あのときは滑って川に落ちないよう急斜面を慎重に歩いたが、靴底でナメクジが潰れてやたらと滑ってしまったものだ。いまだに私はそのときの悪夢を見ることがある。しかし、ワインは申し分なく優れていた。厳しい冬と陽光に恵まれない夏、そんな土地の救世主のような土壌とそれに適した品種。まさにこれは、天が創りたもう絶妙な組み合わせだ。ここでは、リースリングがほとんど不滅の品種のように思われる。そして粘板岩質土壌は太陽光線を蓄えて、植物が切望するぬくもりを与えてくれるとともに、優れた排水性を発揮して土が水浸しになるのを防いでくれる。一方、あのナメクジだらけの土地を思い出すと、あの畑はひょっとして有機農法だったのだろうかと思わずにいられない。いや、それはありえない。あの頃はまだ有機農法に戻った生産者はほとんどいなかったし、今でもほとんどいない。後述のお薦めの生産者リストを見てもらえれば分かるように、まだごく少数なのだ。有機農法ではなかったはずだと判断するもう一つの根拠は、地面が非常に密に圧縮されていた点だ。それゆえ水はけは悪くなるし、ナメクジが大量にいたのもそのためだろう。

排水性は雨天のときに必要不可欠な条件で、モーゼルのように表土が薄い土地ではなおさら重要だ。表土の下には母岩の粘板岩が粉々になって横たわっている。岩の色は主に灰色と青、そして赤で、それに対応して土壌も三つの色が見られる。土壌の色がさまざまに異なると、その分だけ多彩なワインが生まれる、という声をよく聞く。クレメンス・ブッシュもそんな一人だ。モーゼルでビオディナミ農法に取り組むクレメンスは、「灰色の粘板岩では、ワインはやわらかく黄色い果実と白桃のような風味を伴い、よりエレガントなスタイルになる」と語る。青みのあるデボン紀（訳注：約四億一千万年前から約三億六千年前）の粘板岩が母岩の場合、ワインが若いうちは強い収斂性があるが、余韻に、エキゾチックでよく熟した黄色いトロピカルフルーツのような風味が爆発するという。赤い粘板岩は鉄の含有量が多いため、これを母岩とする土壌のワインはハーブのような香りが増し、しっかりとしたストラクチャー、そして複雑さが感じられる。そうしたワインを生むようになるまでには、ブドウ樹を植えてから七年を要する。

モーゼル地方の品種

モーゼルには、ミュラー・トゥルガウやケルナーなど、まだあまり知られていない品種がいくつかある。これらはイタリア北部でも栽培されている。フランスのアルザス地方で見られる、オーセロワとヴァイスブルグンダーなどのおもしろみのある品種も、少量だが栽培されている。赤ワイン用品種のシュペートブルグンダー、別名ピノ・ノワールもわずかながら栽培されている。しかし通常、ピノ・ノワールはドイツ南部の温暖な産地バーデンの堆積岩質土壌で盛んに栽培されているため、ここではほぼ白ワインとリースリングに絞って紹介していくことにする。

リースリングの原産地は、モーゼルからフランクフルト方面に車で四十五分ほど行った先のラインガウだとされている。このブドウ樹は木質が硬いため、霜で固まった土壌にももちこたえられる。熟すのが遅いので、生育期間が長い気候の産地によく適している。また、腐敗に強いため、ドイツの温暖でじめついた天気によく適している。晩熟のメリットは、収穫前に長期間、樹に実ったままにしておけるため、よく熟してから収穫できるうえ、貴腐ブドウを狙うこともできるという点だ。生産者たちがより優れたブドウを育てるようになり、また、飲み手の辛口志向も高まってきたため、ドイツではこれまでよりずっと辛口のリースリングを造るようになってきた。その一方、酸度が高いことは甘口ワインにもうってつけである。なぜなら酸味のおかげで、みごとな活力が衰えることがないからだ。モーゼルと同じ粘板岩質土壌ではないものの、陽光に恵まれ温暖なオーストリアとフランスのアルザス地方でも、リースリングの栽培が盛んだ。オーストラリアにも盛んな産地があり、南部のクレア・ヴァレーではちょっとした伝説的なリースリングが造られている。ここは赤っぽい粘土と石灰岩、および粘板岩の岩片が混ざった土壌である。生産者たちが一致団結さえすれば、目覚ましい成果が生まれるものである。実際に今そうなりつつあるのが、アメリカのニューヨーク州フィンガーレイクスだ。ここでは、頁岩質土壌から優れたブドウができるようになってきた。

モーゼル地方のお薦めの生産者と農法

- ヴァイングート・クレメンス・ブッシュ（Weingut Clemens Busch）（ビオディナミ農法）
- ヴァイングート・イミッヒ・バッテリーベルク（Weingut Immich-Batterieberg）（有機農法）
- ヴァイングート・リタ・ウント・ルドルフ・トロッセン（Weingut Rita und Rudolf Trossen）（ビオディナミ農法）
- ホーフ・ファルケンシュタイン（Hofgut Falkenstein）（サステーナブル農法）
- ヴァイザー・キュンストラー（Weiser-Künstler）（有機農法）
- ヴァイングート・ペーター・ラウアー（Weingut Peter Lauer）（サステーナブル農法）
- ヴァイングート・クネーベル（Weingut Knebel）（サステーナブル農法）
- ヴァイングート・シュタイン（Weingut Stein）（サステーナブル農法）
- ヴァイングート・ヴォレンヴァイダー（Weingut Vollenweider）（サステーナブル農法）
- ヴァイングート・エゴン・ミュラー（Weingut Egon Müller）（サステーナブル農法）

片麻岩質土壌

さまざまな堆積物が鮮やかな縞模様をなしている片麻岩は、花崗岩のようにも見えるが、火成岩の一種である花崗岩と異なり、完全な変成岩である。どちらかというと不毛な土壌を生む岩石で、「ブドウに利するものはトウモロコシの利とならない」という常識に当てはまる岩石を求めて調べていけば、まさにこの岩石が勝者だ。フランスのルーション地方の「シリル・ファル（Cyril Fahl）」や「ギィ・ボサール（Guy Bossard）」のワインが何よりの証拠である。ボサールは片麻岩質土壌から生まれたミュスカデだけを選んでワインを造り、土壌の名前をワイン名としてラベルに表記するという偉業をやってのけた（訳注：「Gneiss（片麻岩）」、「Orthogneiss（正片麻岩）」という商品名のワインがある）。この縞模様の岩は、オーストリアではブドウ畑の基盤をなす主要な地質として好まれている。片麻岩は勇壮な景色で知られるワイン産地ヴァッハウに見られ、岩の多い印象的な急斜面にある表土のごく薄い畑から凝縮感のあるワインが造られている。ウィーンの西方にある「ニコライホーフ（Nikolaihof）」がその一例だ。ヴァッハウに近いカンプタールでは、「マーティン&アナ・アンドルファー（Martin

& Anna Arndorfer)」のマーティンたちが、同国でも屈指の銘醸畑ハイリゲンシュタインでワインを造っている。

オーストリア　カンプタール地方

奇妙な話だが、オーストリアという国はビオディナミ農法と有機食品にあれほど熱心でありながら、ワインに関しては進歩が遅い。おまけに灌漑が盛んに行われている。土地によっては表土が薄くてほぼ岩の真上にブドウが植えられているような畑もあるため、灌漑が必要なのかもしれない。だがほかの土地では、単に楽だから行われているにすぎない。一方で、スロヴェニアに近いシュタイヤーマルク州では、多くの生産者が自然を重視した農法に真剣に取り組んでいるほか、ウィーンから遠からぬ土地でも新世代が登場している。オーストリア南部の土壌の大半は、風で吹き飛ばされた黄土が堆積して形成された。ここでは「クリスティアン・チダ（Christian Tschida)」のような造り手が素晴らしい仕事をしている。しかし、片麻岩を母岩とする風変わりな土壌の大半が見られるのは、ウィーンから西に車で約四十分の距離にあるカンプタール地方で、この地を流れるカンプ川が地名の由来となっている。オーストリアでは、片麻岩が崇拝の的となっているのだ。

ワインメーカー・プロファイル
マーティン＆アナ・アンドルファー（Martin & Anna Arndorfer）

カンプタールには、異なる四つのテロワールとしての土壌構成物質もしくは基盤岩がある。それは黄土、砂利質、砂岩、そして片麻岩だ。片麻岩は、崇拝の念を呼び起こす岩でもある。アンドルファーのワイナリーで生まれたワインを味わえば、きっとその理由が分かるだろう。

マーティン・アンドルファーは妻のアナとともにワインを造っている。二人とも、代々ワイン造りをしてきた家系に生まれた。二〇〇九年、二人は有機農法へと転換し、人手の介入を極力抑えたワイン造りに取り組み出した。意欲に満ちた、愛すべきカップルだ。寝ぐせのようにくしゃくしゃな髪型のマーティンは狂おしいほどの熱意の持ち主で、アナの方はもう少し地に足が着いている。そんな二人は常に、信じられないような実験的なワイン造りをしている。たとえば、ツヴァイゲルトを使い果皮を果汁に漬けこんでとてもおいしいロゼを造っているのだが、軽快なロゼにしっかりした骨格を加えるために、グリューナー・フェルトリーナーの果皮も少量加えているのだ。

彼らはグリューナー・フェルトリーナー、リースリング、ノイブルガー、シャルドネ、そしてツヴァイゲルトからワインを造っていて、その大半は黄土と砂利質の土壌で栽培されている。また、アンドルファーは片麻岩質土壌の畑も所有している。やはりカンプタールにあるワイナリー「シュタイニンガー（Steininger）」も同様だ。アンドルファーは、彼のワインはこの土壌に決してへこたれないと話してくれた。乾燥した夏でも、ブドウは土壌の水分を枯渇させたりしないのだという。しかし一つ問題がある。花崗岩質土壌と同様に、片麻岩質土壌は保水力が弱いのだ。これが雨の多いフランスのナンテ地方ならば文句なしの土壌だが、オーストリアでは灌漑を頼りにしている栽培家が多い。もし灌漑を行わなければ、毎年果実を収穫できないという。アンドルファーによると、条件が完璧にそろっていれば、片麻岩は色が濃くて凝縮感のある果実を生むという。雨が多い年のヴィンテージ・レポート（訳注：ワイン業界の統括機関や専門家、栽培家などが発表する、年ごとの天候やブドウの収穫量、作柄の良否をまとめたレポート）には、この土壌産のワインを避けた方がよいなどと書かれかねないそうだ。しかしガイスベルクやハイリゲンシュタインなど、標高の高いところにある卓越したテロワールの産地を探せば、レポートとは正反対で、それはもう素晴らしいワインが見つかるのだ。そうなったら片麻岩に感謝である。

ガイスベルクの有名な丘陵地には片麻岩質土壌が見られ、ノイブルガーと、希少な土着品種ローター・ヴェルトリーナー（グリューナー・フェルトリーナーとは無関係）が栽培されている。「これらの品種は少量の水分にうまく対応でき、品質も香りも失われることがない」とアンドルファーは言う。だが、すべてのブドウがそんなに簡単に育ってくれるわけではない。「たとえばグリューナー・フェルトリーナーは水分に対してはるかに敏感だ。もしブドウが水分ストレスにさらされると、たいていはフェノールが増えて、焦点がぼやけた果実になり、香りにも特徴がなく無味乾燥なものになるんだ」と彼は説明する。「リースリングとノイブルガーは片麻岩質土壌と相性がよく、ほとんどの場合、ミネラル感と活力のあるワインになる。これは片麻岩のミネラル分と活性がある土壌の賜物だよ」

アンドルファーの畑の土壌はリースリングの方が適しているといわれているそうだが、彼はあえてローター・ヴェルトリーナーを栽培しているという。この品種を育てているのは、ひょっとしたら彼だけではないだろうか。育てる価値があるのかと問われれば、もちろんイエスだ。はっとするほど深みのあるワインになるのだから。

片麻岩質土壌のお薦めの生産者と農法（一部にワイン名も表記）

オーストリア

- マーティン&アナ・アンドルファー（Martin & Anna Arndorfer）（サステーナブル農法）
- ユルチッチ（Jurtschitsch）（有機農法）
- ヴァイングート・ロイマー（Weingut Loimer）（ビオディナミ農法）

フランス

- ジョー・ランドロン（Jo Landron）／ドメーヌ・ランドロン（Domaine Landron）／レ・ウー（Les Houx）（ビオディナミ農法）
- ヴァンサン・カイユ（Vincent Caillé）／ドメーヌ・ル・フェイドム（Domaine le Fay d'Homme）／テール・ド・ナイス（Terre de Gneiss）、フィーフ・セニョール（Fief Seigneur）、サン・フィアクル・オペラ・ヌメロ7（Saint-Fiacre Oper Numero 7）（有機農法）
- ドメーヌ・ド・ラ・ペピエール（Domaine de la Pépière）／モニエール・サン・フィア

クル（Monnières-Saint Fiacre）（有機農法）
・ドメーヌ・ド・レキュ（Domaine l'Ecu）／ナイス（Gneiss）（ビオディナミ農法）

角閃岩質土壌

私の好きなミュスカデ産地の土壌は花崗岩起源のようにも見えるが、実は大部分の母岩は片麻岩、角閃岩などの変成岩である。角閃岩質土壌は、豊かな口ひげで知られるワインメーカーのジョー・ランドロンの最も象徴的なワインを生み出す土壌だ。しかし、ボトルのラベルに土壌名が表記されることが多い地域にあって、彼のワインには、ラベルに土壌名が書かれていなかった。理由を尋ねてみたところ、彼はウィンクしながら答えた。「これは性悪な土壌なんだよ」

しかし、ランドロンは新たに造ったワインに思いきって「アンフィボリット（Amphibolite）」（訳注：角閃岩の英語名）と名付けた。これは亜硫酸の量を抑えて、より透明感と塩味のあるミュスカデを造ろうという挑戦だった。角閃岩質土壌は熟成に耐えるワインを生み出せないとみなされているが、もしランドロンの「アンフィボリット」を手に入れたら、彼が造るほかのワイン、「ル・フィエフ・デュ・ブライユ」や「レ・ウー（Les Houx）」と同じように、傑出した熟成を遂げることが分かるはずだ。「『アンフィボリット』は海のスタイルのミュスカデだといえるかもしれない」とランドロンはつぶやいた。とすると、片麻岩質土壌の「ル・フィエフ・デュ・ブライユ」は陸地スタイルということになるだろうか。ランドロンは言う。「いわば、陰と陽だね」

変成岩質土壌産ワインのテイスティングノート（生産者／ワイン／生産国／産地／土壌順）

1 ジョー・ランドロン（Jo Landron）／ドメーヌ・ド・ラ・ルヴトリー（Domaine de la Louvetrie）／アンフィボリット（Amphibolite）／フランス／ロワール地方ミュスカデ／角閃岩質土壌

ムロン・ド・ブルゴーニュのワインは、たいてい香りが控えめである。しかし角閃岩質土壌生まれのこのワインは、口中にまろやかな口当たりをもたらす。しっかりした酸味があり、石っぽさや角のある口当たりが感じられるが、食欲をそそる酸味というより、渇きを癒してくれる酸味である。花崗岩質土壌産に比べてアロマがよく開いており、ほのかにエルダーフラワーと海藻のような塩味が前面に出てくる。

2 リシャール・ルロワ（Richard Leroy）／ル・ルゥリエール・ヴァン・ド・フランス（Les Rouliers Vin de France）／フランス／ロワール地方アンジュー／片岩質土壌

口中にあふれるように広がるシュナン・ブラン。舌の上をじっくりと力強くなでるように洗っていく。ほどよくずっしりとしており、充実している。根菜を思わせる味わい深さと、ほのかな白茶の香りがする。レモンというよりグレープフルーツのような酸味が特徴的で、陽気なワインだ。スケールの大きい個性が際立ち、なめし革のようなタンニンがあるが、上質かつ高級感のある余韻が続く。この産地特有の驚くべき苦味がこのワインにも感じられる。

3 イミッヒ・バッテリーベルク（Weingut Immich-Batterieberg）／エンキルヒャー エシュブルグ リースリング（Enkircher Escheburg Riesling）／ドイツ／モーゼル地方／粘板岩質土壌

このワインはいくらか肉付きがよく、かみごたえがある。酸味はかすか。ほのかにグレープフルーツの風味、あるいはキンカンかもしれない。じわじわと忍び寄ってきて攻めてくるワインであり、それは口中ではなく歯ぐきで感じられ、ずっと続く。

4 マーティン&アナ・アンドルファー（Martin & Anna Arndorfer）／フォンデンテラッセン 1979（Von den Terrassen 1979）／オーストリア／カンプタール地方／片麻岩質土壌

リースリング並みのアロマティックなワインだが、希少品種のローター・ヴェルトリーナーならではの切れ味と、きめの細かい砂のようなテクスチャーがリースリングとは異なる。複雑なワインで、ピーチを思わせる厚みのあるアロマと海風のような印象が長く残り、驚かされる。

5 アデガス・ギマロ（Adegas Guimaro）／ギマロ・ティント（Guimaro Tinto）／スペイン／リベイラ・サクラ／粘板岩質土壌

このワインにメンシアならではのアロマを探してみると、ブラック・ラズベリーのようなニュアンスを伴う、豊かな胡椒の香りがある。口に含んでも感じられるが、それはかすかで、その奥底に石のような堅固な礎がある。ストラクチャーがあるものの、あまり主張してはこない。全体的には緻密さはないものの、とても楽しんで飲めることは間違いない。

6 ドメーヌ・レオン・バラル（Domaine Leon Barral）／フォジェール（Faugères）／フランス／ラングドック／片岩質土壌

使用品種はカリニャン、グルナッシュ、およびサンソー。アタックにハーブとベリーが香り立ち、太陽を思わせる印象が続く。ぬくもりのある味わいである。鉄由来のミネラル感のある酸味と、なめし革をひっかいたような印象がわずかにある。リコリスと胡椒もほのかに感じる。豊かでオイリーだが、果皮のタンニン由来のストラクチャーがあり、キニーネ（訳注：キナの樹皮に含まれる成分で非常に苦い）のような高貴な苦味が余韻を支える。

7 シリル・ファル（Cyril Fahl）／クロ・デュ・ルージュ・ゴルジュ・ユバック（Clos du Rouge Gorge, L'Ubac）／フランス／ルーション／片麻岩質土壌

「ユバック（L'Ubac）」とは、日照量が非常に少ない斜面を意味する。これはかなり風変わりなワインで、凝縮された芯が貫いており、しっかりした酸味がある。濃厚でありながら生き生きとした軽快感もある。チェリーの果皮、松やに、煮詰めたブルーベリー、タンニン、そしてざらつき感という風味がかなり長く続くとともに、繊細なかみごたえがある。サンソー、グルナッシュ、カリニャンのブレンドであるこのワインは、類まれな凝縮感と海由来

の驚くべきみずみずしさを備えている。

ムロン・ド・ブルゴーニュ、シュナン・ブラン、リースリング、メンシア、ローター・ヴェルトリーナー、そしてカリニャン（加えて若干のグルナッシュとサンソー）。何とも珍しい品種ばかりがそろったものだ。たとえば原始品種をそろえるというように、希少で申し分なく優れた品種を探しているという場合でもなければ、これらの品種を合わせてテイスティングするような機会はないだろう。ぜひ味わって比べてみてほしい。もう手順は分かっていることと思うが、着目点を記しておく。

酸味：酸味はやや苦味を伴うダイダイのようだろうか。それともキンカンのようだろうか

タンニン：ブドウの果皮が厚い場合に見られるような、白茶や緑茶のような特徴があるだろうか。また、そうした風味が強く主張してくるだろうか

テクスチャー：ざらつき感やタンニンを思わせるような渋さがあるだろうか

ストラクチャー：大胆ではっきりとした印象があり、かつ生き生きとして躍動感にあふれているだろうか

変成岩質土壌の産地早分かり表

	産地	土壌の母岩	気候	代表的な品種
フランス	ロワール地方アンジュー・ノワール	片岩 粘板岩	穏やかな冬、温暖な夏、湿った西風	シュナン・ブラン、カベルネ・フラン
	ロワール地方ミュスカデ	片麻岩 正片麻岩 角閃岩	穏やかな気候で多雨だが、冬は寒冷になり夏が非常に高温になる場合もある	ムロン・ド・ブルゴーニュ
	ラングドック、フォジェール、サン・シニアン北東部	片岩	高温で乾燥した夏、穏やかな風が吹く冬	グルナッシュ、カリニャン、ムールヴェードル、シラー、サンソー
	ルーション、コリウール、バニュルス	片岩	雨が多く穏やかな寒さの冬、高温で乾燥した夏	カリニャン、マカベウ、グルナッシュ
スペイン	プリオラート	リコレリャ（片岩）	乾燥して極端な温度、熱風と寒風	ガルナッチャ、カリニャン
	ガリシア地方リベイラ・サクラ	片岩	長く暑い夏、涼しい秋、多雨	ブランセリャーノ、トレイジャドゥーラ、メンシア、ゴデーリョ
ドイツ	モーゼル地方	片岩 粘板岩	夏は冷涼だが高温の日もある。秋が長く、冬は寒冷で多雨	リースリング
オーストリア	カンプタール、ヴァッハウ	片麻岩	昼は乾燥し、夜間は冷涼。秋が長い	リースリング、グリューナー・フェルトリーナー、ローター・ヴェルトリーナー

終章

フランス孤高の地
アルザス

Alsace Stands Alone

洗われたように濁りなく輝く陽光と、アルザスならではの不自然なほど青い空の下、コルマールでレンタカーを借りた私は型破りなヴィニュロンに会うために、北に向かってほんの三十分ほど車を走らせた。「ドメーヌ・ジュリアン・メイエ（Domaine Julien Meyer）」のパトリック・メイエはノータルタンの村に暮らし、そこでブドウを育てている。アルザスといえば白ワインで知られるように、彼もさまざまな種類の白ワイン用品種を栽培し、とりわけリースリングに熱心だ。また、この地方で唯一ＡＯＣ認定されている赤ワイン用品種、魅力的なピノ・ノワールも育てている。ミュンシュベルグにあるパトリックのブドウ畑で、彼は真剣な表情でこう言った。「世の中にはエネルギーに満ちあふれた人がいるが、ブドウ畑にも同じことが言える。ミュンシュベルグはまさにそんなところだ」。それからわずか数時間後、樽や卵型をしたコンクリートの発酵槽からワインを試飲していたときも同じ話題になった。リースリングにローズウォーターのような優美さを期待した私は、何とかそれを見つけようとしていたが、どうやら彼のワインにはその特徴はなかったようだ。そんな私の当惑を見抜いたパトリックは、断固とした口調で言った。「これはあくまでミュンシュベルグだ。リースリングじゃない」。すっかり叱られてしまった。まるで「この愚か者」と言われたような気がした。

　その昔、ブルゴーニュ地方で修道士たちが至高の畑となる区画を見つけた頃、アルザスでも、修道士たちがみごとなブドウを生む力を備えた、最良の傾斜地にある土壌を探し当てていた。それがヘングストとミュンシュベルグだった。修道士たちは、この地ではあらゆる基盤岩がごった煮状態になっていることを発見し、慎重に検討していった。やがて中世を迎える頃には、アルザスは有名な産地となっていた。しかし問題は、北と東でドイツと国境を接していることだった。以降この地域は長年にわたり、フランスとドイツによって領有権争いが繰り返されていた。一八七〇年に普仏戦争が起こると、ドイツは再びアルザスに侵入し、ブドウ畑をもてあそんだ。ドイツには自国のリースリングがあったため、アルザスの人びとに斜面の畑のブドウ樹を引き抜かせ、ありきたりな土壌の平地へと移植させたのだ。こうして、本来は荘厳なワイン産地であったアルザスは安っぽいワインで知られるようになった。しかし第一次世界大戦が終結した一九一九年、優れた土壌の斜面へとブドウ樹が植え直されるようになった。その後、第二次世界大戦中にも一時的にドイツに占領されたが、一九四五年の終戦時にフランスに復帰した。それからほぼ二十年が経った一九六二年に、ようやくアルザスはAOC登録を許されたのである。これでよし《Amen》。

　以来、アルザスの造り手たちは昔の栄冠を取り戻そうと、長年にわたり尽力してきた。しかし今もなお、この地方は無視されている。まったく納得できないことである。なにしろパスカリーヌによれば、この地方のブドウが成功を収めている要因の九十六パーセントは適切な日照量と雨にあり、残り四パーセントは土壌、そして土壌に取り組む農民たちの努力にあるという。つまり気候と土壌、献身的な農民という三大要素がそろった、まさに三位一体の土地なのだ。

アルザスの土壌

アルザスのブドウ畑はフランスの北東部に帯状に広がり、背後にはドイツが控えている。北はこの地方の中心都市ストラスブールから、南はミュルーズまで、約百キロメートルにわたって、曲がりくねったように伸び広がっている。中世の面影が完璧に残され、赤いゼラニウムが飾られたハーフティンバー式の木組みの家が立ち並ぶ村々を通り、北に向かってドライブしている間ずっと、私はヴォージュ山脈の影を感じていた。この花崗岩質の山脈はまるで戦士がいる要塞のようで、西からやってくる雨雲からこの地方を守り、フランスでも際立って乾燥した日照量の多い気候を生み出している。さまざまな微気候もこの地方には見られる。東にはドイツの「黒い森」、すなわちシュヴァルツヴァルト地方とライン川があり、この森と川がアルザスの土壌の由来を物語る。

アルザスは哲学者タイプのヴィニュロンたちで成り立っているようだ。その一人がアンドレ・オステルタグである。彼の説明によると、シュヴァルツヴァルトとヴォージュ山脈はかつて、ひと続きの山並みだったという。ところが天変地異のような急速な侵食が起きて中間部が崩壊し、そこが平坦で肥沃な土壌をもつ地域となり、ブドウ以外のあらゆる植物に最適な土地となった。知恵の神アテナが全能の神ゼウスの頭から飛び出して誕生したように、後にアルザスのブドウ畑となる傾斜地も生まれた。それはちょうど、ヴォージュ山脈となる山並みのふもとだった。ここでは、いわばキュビズム（訳注：ピカソなどが推進した、対象を幾何学的に分解し再構成する絵画運動）の絵画のごとく、地球上のありとあらゆる岩石が集合したような複雑な状況が見られる。ここには十三種の基盤岩があるとされ、その大半は石灰岩の変種である。そのほかには、花崗岩、片麻岩、粘板岩、片岩、頁岩、玄武岩、石膏泥灰岩、多様な火山岩、そして砂岩がある。

ブルゴーニュやシャンパーニュと同じように、ここでもグラン・クリュ（特級畑）が信頼されている。こうした畑はすべて傾斜地にあり、五十一の優れた区画が認定されている。ここでそれらを紹介しておこう。

アルザスの五十一の認定区画とその土壌の母岩

	区画名	土壌の母岩
1	アルテンベルグ・ド・ベルグビーテン **Altenberg de Bergbieten**	泥灰岩、石灰岩、石膏
2	アルテンベルグ・ド・ベルグハイム **Altenberg de Bergheim**	泥灰岩、石灰岩
3	アルテンベルグ・ド・ヴォルクスハイム **Altenberg de Wolxheim**	泥灰岩、石灰岩
4	ブラント（テュルクハイム）**Brand（Turckheim）**	花崗岩
5	ブリュンデルタール（モルスハイム） **Bruderthal（Molsheim）**	泥灰岩、石灰岩
6	アイヒベルグ（エギスアイム）**Eichberg（Eguisheim）**	泥灰岩、石灰岩
7	エンゲルベルグ（ダーランハイムとシャラックベルグハイム） **Engelberg（Dahlenheim and Scharrachbergheim）**	泥灰岩、石灰岩
8	フロリモン（インガースハイムとカッツェンタール） **Florimont（Ingersheim and Katzenthal）**	泥灰岩、石灰岩
9	フランクシュタイン（ダンバッハ・ラ・ヴィル） **Frankstein（Dambach-la-ville）**	花崗岩
10	フローエン（ツェレンベルグ）**Froehn（Zellenberg）**	粘土、泥灰岩
11	フルシュテントゥム（キエンツハイムとジゴルスハイム） **Furstentum（Kientzheim and Sigolsheim）**	石灰岩
12	ガイスベルグ（リボヴィレ） **Geisberg（Ribeauvillé）**	泥灰岩、石灰岩、砂岩
13	グロッケルベルグ（ロデルンとサン・ティポリット） **Gloeckelberg（Rodern and Saint-Hippolyte）**	泥灰岩、石灰岩
14	ゴルデール（ゲベルシュヴィール） **Goldert（Gueberschwihr）**	泥灰岩、石灰岩
15	アッシュブルグ（アットスタットとヴェグリンショフォン） **Hatschbourg（Hattstatt and Voegtlinshoffen）**	泥灰岩、石灰岩、黄土
16	ヘングスト（ヴィンツェンハイム） **Hengst（Wintzenheim）**	泥灰岩、石灰岩、砂岩
17	ケフェルコプフ（アンマーシュヴィア） **Kaefferkopf（Ammerschwihr）**	花崗岩、石灰岩、砂岩
18	カンズェルベルグ（ベルグハイム） **Kanzlerberg（Bergheim）**	泥灰岩、粘土、石膏

	区画名	土壌の母岩
19	カステルベルグ（アンドロー）**Kastelberg（Andlau）**	頁岩
20	ケスラー（ゲブヴィレール）**Kessler（Guebwiller）**	砂質粘土
21	キルヒベルグ・ド・バール **Kirchberg de Barr**	泥灰岩、石灰岩
22	キルヒベルグ・ド・リボヴィレ **Kirchberg de Ribeauvillé**	泥灰岩、石灰岩、砂岩
23	キッテルレ（ゲブヴィレール）**Kitterlé（Guebwiller）**	砂岩、火山岩
24	マンブール（ジゴルスハイム）**Mambourg（Sigolsheim）**	泥灰岩、石灰岩
25	マンデルベルグ（ミッテヴィヒエとベーブレンハイム） **Mandelberg（Mittelwihr et Beblenheim）**	泥灰岩、石灰岩
26	マルクラン（ベネヴィヒルとジゴルスハイム） **Marckrain（Bennwihr et Sigolsheim）**	泥灰岩、石灰岩
27	モンシュベルグ（アンドローとエイコフェン） **Moenchberg（Andlau et Eichhoffen）**	泥灰岩、石灰岩、崖錐堆積物（訳注：崖錐は崖や急斜面の基部に見られる岩屑が集積した地形）
28	ミュンシュベルグ（ノータルタン） **Muenchberg（Nothalten）**	礫を取り込んだ砂岩、火山岩
29	オルヴィラー（ヴェンハイム）**Ollwiller（Wuenheim）**	砂質粘土
30	オステルベルグ（リボヴィレ）**Osterberg（Ribeauvillé）**	泥灰岩
31	プフェシベルグ（エギスハイムとヴェットルスハイム） **Pfersigberg（Eguisheim and Wettolsheim）**	石灰岩、砂岩
32	ファイングスベルグ（オルシュヴィール） **Pfingstberg（Orschwihr）**	泥灰岩、石灰岩、砂岩
33	フラエラテンベルグ（キエンツハイム） **Praelatenberg（Kientzheim）**	花崗岩
34	ランゲン（タンとヴュー・タン） **Rangen（Thann and Vieux-Thann）**	火山岩
35	ロザケール（ウナヴィール） **Rosacker（Hunawihr）**	苦灰質石灰岩（訳注：カルシウム質の苦灰石を含む石灰岩）
36	セリング（ゲブヴィレール） **Saering（Guebwiller）**	泥灰岩、石灰岩、砂岩

	区画名	土壌の母岩
37	シュロスベルグ（キエンツハイム） **Schlossberg（Kientzheim）**	花崗岩
38	シェネンブルグ（リクヴィールとツェレンベルグ） **Schoenenbourg（Riquewihr and Zellenberg）**	泥灰岩、砂質、石膏
39	ソンメルベルグ（ニーデルモルシュヴィルとカッツェンタール） **Sommerberg（Niedermorschwihr and Katzenthal）**	花崗岩
40	ゾンネングランツ（ベーブレンハイム） **Sonnenglanz（Beblenheim）**	泥灰岩、石灰岩
41	シュピーゲル（ベルグホルツとゲブヴィレール） **Spiegel（Bergholtz and Guebwiller）**	泥灰岩、砂岩
42	スポルン（リクヴィール） **Sporen（Riquewihr）**	岩片を含む粘土、泥灰岩
43	シュタイナート（ファッフェンハイムとウェスタルタン） **Steinert（Pfaffenheim and Westhalten）**	石灰岩
44	シュタイングリュブラー（ヴェットルスハイム） **Steingrubler（Wettolsheim）**	泥灰岩、石灰岩、砂岩
45	ステインクロッツ（マーレンハイム） **Steinklotz（Marlenheim）**	石灰岩
46	フォルブルグ（ロウファッハとウェスタルタン） **Vorbourg（Rouffach and Westhalten）**	石灰岩、砂岩
47	ヴィーベルスベルグ（アンドロー）**Wiebelsberg（Andlau）**	砂岩
48	ウィネック・シュロスベルグ（カッツェンタールとアンマーシュヴィア） **Wineck-Schlossberg（Katzenthal and Ammerschwihr）**	花崗岩
49	ヴィンゼンベルグ（ブリアンシュヴィール） **Winzenberg（Blienschwiller）**	花崗岩
50	ツィンコッフェル（ゾウルツマットとウェスタルタン） **Zinnkoepflé（Soultzmatt and Westhalten）**	石灰岩、砂岩
51	ゾッツェンベルグ（ミッテルベルカイム） **Zotzenberg（Mittelbergheim）**	泥灰岩、石灰岩

花崗岩と片麻岩を母岩とする土壌はたいてい、アルザス地方でも西部の最もヴォージュ山脈寄りの地によく見られる。これらの土壌はきめが粗く、保水性が低い。ここから生まれたワインは、若い頃から表情に富み、切れ味のあるストラクチャーが感じられるという。アルザスでは片岩質土壌はほとんど見られず、この土壌のグラン・クリュはただ一つ、アルザス地方北部にあるアンドロー村のカステルベルグだ。この地では「ドメーヌ・クライデンヴァイス（Domaine Kreydenweiss）」が、片岩質土壌に偉大な解釈を加えたワインを造っていて、口に含むと広がりのある特徴が感じられる。玄武岩と花崗岩を母岩とする土壌はどうかというと、スモーキーな印象（特にリースリング）と、オイリーなテクスチャーを生むという意見がある。砂岩質土壌で最も有名なものはグレ・デ・ヴォージュ（Grès des Vosges）と呼ばれ、この地方独特のピンク色がかった砂岩（鉄を含むため）を母岩とする。ストラスブールのノートルダム大聖堂の写真を見れば、その色合いが一目で分かるだろう。この土壌から生まれるワインは、最初は控えめな印象で、きびきびとした酸味と骨太なストラクチャーがある。石灰岩質土壌はほかのどんな土壌と混ざっているかによって、生まれるワインも多様だ。砂質が多いと、よりはっきりと分かりやすい風味になる傾向がある。粘土質が多ければしっかりとしたワインになる。そして、この地方では貝殻の化石の混ざった石灰岩が有名で、これを母岩とする土壌から生まれたワインは奥行きがあり、若いときは閉じているが、レモンのような酸味を備えた広がりのある骨格をもつ。

アルザスの品種

今日のように白ワインで有名になる前のアルザスは、赤ワインで知られていた。現在この地方でAOC認定されている唯一かつ注目に値する赤ワイン用品種は、ピノ・ノワールだ。ついい最近、二〇一二年まで、この地方ではピノ・ノワールが生産されている事実に触れることさえなかった。全生産量のわずか十パーセントでは不十分だとして、宣伝に消極的だったのだ。そのためワイン関係者の間だけで知られた、特別なワインだった。アルザスのピノ・ノワールは繊細かつ深みを備えている。しかも、石灰岩から片岩、火山岩、砂岩まで、多様な岩石を母岩とする土壌が一カ所に集中し、単一品種のワインを各土壌の特徴ごとに飲み比べられる場所は、世界でもここしかないといえよう。なんと楽しいことだろう。石灰岩質土壌のピノ・ノワールは長期熟成向きだという声があれば、花崗岩質土壌だと若いうちは肉付きがよいという意見もある。パスカリーヌの考えによると、スモーキーな特徴が際立っていて、ピノ・ノワールであふれかえった世界にあって突出した個性を発揮しているという。白ワイン用品種では、香りがなく、ほとんど中性的なシルヴァネール、シャスラ、オーセロワ、そしてピノ・ブランがある。ブレンド用に使われるほか、シャスラ以外の品種はスパークリングワインのクレマン・ダルザスに使われるケースが増えてきた。これらの品種は、少数の例外を除いて、グラン・クリュ認定された丘陵地の畑から締め出されている。一方、香り豊かな四つの品種、ミュスカ、ゲヴュルツトラミネール、ピノ・グリ、そして最高位のブドウ、リースリングは、グラン・クリュ畑での栽培を許されている（ピノ・ノワールも同様だ）。

アルザスのミュスカは、花の香りにあふれた辛口ワインになる。ゲヴュルツトラミネールは好き嫌いが分かれるブドウで、缶詰のフルーツサラダ、レモングラス、バラの花びら、ライチなどさまざまな特徴がはっきりと表れる艶やかな品種だ。アルザスでも亜熱帯気候に近い地域でこの品種を育てると、高アルコールかつオイリーで粗削りになりがちだ。興味深い品種だが、かなり苦味のある骨格もあり、取り扱いが難しい。イタリアでピノ・グリージョ、ブルゴーニュではピノ・ブーロと呼ばれる品種は、アルザスではピノ・グリだが、ほかの産地のものとはまったく別の特徴を見せる。タイ料理のデザートのようなスパイスの効いた個性的なワインになり、うっかり収穫を遅らせてしまうとアルコール度数が急上昇する。甘口から辛口まであらゆる味わいのワインとなる。アルザスは日照が強く、ピノ・グリのもつ真の個性を表現させるには、やせた土壌でブドウに奮闘させる必要がある。たとえば、ブドウの酸を保ってくれる花崗岩質土壌のように育てるのがよい。また、アンドレ・オステルタグは私にこう言った。「ピノ・グリは、土壌の特徴が膨らみのある味となって表れるが、熟成するにつれて、タンニンが傑出した骨格を形づくるようになる。まるで赤ワインのような変化をするんだ」

このようにさまざまな品種があるとはいえ、アルザスは間違いなくリースリング王国である。そしてこの品種は敏感である。アンドレはこう言う。「リースリングは土壌の特性をスポンジのようにそのまま吸収するブドウで、細かい特性までしっかりと捉える能力がある」。アルザスのリースリングには、寒冷で高湿なモーゼルのリースリングのような繊細さはない。よりフルボディ寄りで伝統的に辛口に造られ、ブドウの糖度がどうであろうと、発酵するうえで問題は起こらない。そのうえスパークリングワインから「セレクション・ド・グラン・ノーブル（Sélection de Grains Nobles）」（訳注：貴腐ブドウから造る極甘口ワイン）や「ヴァンダンジュ・タルディヴ（Vendanges Tardives）」（訳注：収穫を遅らせて糖度を高めたブドウから造る甘口ワイン）などの極甘口まで、あらゆるスタイルで個性を発揮する。これらはドイツの甘口ワイン、「ベーレンアウスレーゼ（ＢＡ）」と「トロッケンベーレンアウスレーゼ（ＴＢＡ）」と同様のワインだ。この地に行けば、どの土壌が最高の味わいをもたらしてくれるかをめぐり、力を注いでいるワインメーカーたちにきっと出会える。石灰岩とチョーク質が最適だといわれるが、本当だろうか。それとも花崗岩由来の塩味とミネラル感が功を奏すのだろうか。選ぶのはあなた次第だ。

過去、アルザスは多種多様なブドウによるブレンドワインの輝かしい産地だった。こうした歴史に敬意を表して定められた二つのカテゴリーがある。「ジャンティ（Gentil）」というブレンドワインは、リースリング、ミュスカ、ゲヴュルツトラミネール、ピノ・グリを合計五十パーセント以上含むことが規定され、残り五十パーセントはシルヴァネール、シャスラ、ピノ・ブランで構成すると規定されている。ＡＯＣ認定されるワインに仕上げるには、ブレンドする前に各品種を別々に醸造してからブレンドする必要がある。ほかに「エーデルツヴィケール（Edelzwicker）」という、品種を問わずブレンドしたワインに許された名称がある。これはジャンティと異なり、特定の品種や量の規定がない。また、ピノ・ブランとオーセロワのブレンドワインは「クレヴナー（Klevner）」と呼ばれる。

アルザスの革命——ブドウではない、土地がすべて

アルザスには古来からさまざまな習慣があるが、ブドウの品種名をラベルに表記するという古くからの伝統もあった。フランスには元々こうした例がなかったことを考えると、きっとこれはドイツの影響だろう。「ドメーヌ・マルセル・ダイス（Domaine Marcel Deiss）」の現当主ジャン・ミシェル・ダイスが二〇〇〇年にとった行動は、そのことを雄弁に語っていた。彼は、複数の自園の畑のブドウをブレンドして瓶詰めしたのだ。これには世界中が目を丸くした。彼のやり方は、単一畑単一品種によってテロワールを定義している近代アルザスおよび世界の手法とは正反対だった。だが、昔からこの地方では複数品種のブレンドが通例であり、単にグラン・クリュでこの手法が行われなかっただけのことだ。

もはやダイスだけではない。ほかの造り手たちも一部のワインのラベルに品種を表記するのをやめ、ブドウではなく土地のメッセージを届けようと努めるようになった。これをフランスのほかの産地で行ったら罰せられるだろう。しかし、寛容なるアルザスでは何の問題もないのだ。

アルザスは自由を貫き通す気概が根強く息づき、前述のパトリック・メイエ（四四二頁参

照）のような独立精神あふれる人びとを数多く育んできた土地である。ただ一つの考え方や単一の土壌タイプでくくることのできない土地なのだ。実に二十パーセントもの畑で有機農法が実践されており、この比率は非常に高い。また、非常に多くの造り手たちが革新的な手法に取り組んでいる。それでいてなお、まだ保守的なやり方にこだわる風潮もある。主流とされる味わいに反するワインを造ったり、植えるべきでないとされる土地にブドウを植えたりして、ＡＯＣ登録を拒否される造り手もいる。こうしたことはブルゴーニュやロワールでも見られるが、それに比べるとアルザスは非常に寛容で、懐が深い。なぜだろう、と疑問に思うのももっともだ。きっとその理由は、この地方の人びとはこれまであまりにも頻繁に土地を奪われてきたため、土地に敬意を表して懸命に働くことこそが何よりも大切である、という考え方を強く意識しているからではないだろうか。

陽光にあふれ、型破りな土壌構成をもつこの地方には、膨大なタイプのワインがあり、手頃な価格が付けられ、しかもテロワールの個性が際立っている。そして哲学的な思想家が数多く暮らしている。アンドレ・オステルタグのもとを去る間際に、土壌由来の味がブドウに反映されうるか否かの論争について、どう思うか尋ねてみた。アンドレはこう答えた。「僕は科学者ではなく、ワインの造り手として詩人のような姿勢で取り組んでいる。そうした詩的な感性が僕に訴えてくるのは、僕たち人間は辛苦を体験し、乗り越えて、それを滋養としているということなんだ。ブドウもまったく同じじゃないかと思うよ」

アルザスのお薦めの生産者と農法

- ドメーヌ・ジェラール・シュレール・エ・フィス（Domaine Gerard Schueller et Fils）（有機農法）
- ドメーヌ・ピエール・フリック（Domaine Pierre Frick）（ビオディナミ農法）
- ドメーヌ・クリスチャン・ビネール（Domaine Christian Binner）（ビオディナミ農法）
- レ・ヴァン・ピルエット・パー・ビネール（Les Vins Pirouettes par Binner）（有機およびビオディナミ農法）
- ドメーヌ・ジョスメイヤー（Domaine Josmeyer）（ビオディナミ農法）
- ドメーヌ・バルメ・ブシェール（Domaine Barmès Buecher）（ビオディナミ農法）
- ドメーヌ・ディルレ・カデ（Domaine Dirler-Cadé）（ビオディナミ農法）
- ドメーヌ・ツィント・フンブレヒト（Domaine Zind-Humbrecht）（ビオディナミ農法）

- ドメーヌ・マルク・クライデンヴァイス（Domaine Marc Kreydenweiss）（ビオディナミ農法）
- カトリーヌ・リス（Catherine Riss）（ビオディナミ農法）
- ドメーヌ・ジュリアン・メイエ（Domaine Julien Meyer）（ビオディナミ農法）
- ドメーヌ・オステルタグ（Domaine Ostertag）（ビオディナミ農法）
- ドメーヌ・レオン・ボシュ（Domaine Léon Boesch）（有機農法）
- ドメーヌ・リエッシュ（Domaine Rietsch）（有機農法）
- ドメーヌ・ヴァランタン・チュスラン（Domaine Valentin Zusslin）（ビオディナミ農法）
- ドメーヌ・マルセル・ダイス（Domaine Marcel Deiss）（ビオディナミ農法）
- ドメーヌ・トラペ（Domaine Trapet）（ビオディナミ農法）
- ラ・グランジェ・デ・ロンクル・シャルル（La Grange de l'Oncle Charles）（有機農法）
- ヴィニョブル・デュ・レヴール（Vignoble du Rêveur）／マチュー・ダイス（Mathieu Deiss）（ビオディナミ農法）
- ドメーヌ・ヴァインバック（Domaine Weinbach）（ビオディナミ農法）
- ドメーヌ・ローラン・バルツ（Domaine Laurent Barth）（ビオディナミ農法）

終わりに

この本は百科事典として書いたのではなく、私たちがこよなく愛するワインを生み出している産地を探し求めた記録として著したつもりだ。だから、もしお好きなワイン産地がこの本で紹介されていなかったとしても、あなた自身が探究の旅に出かけていった先で好みの産地と味わいを見つけるための手助けをするツールになり、問いかけてみるべき論点を示すことができればと願っている。願わくばこの本が、あなた自身の産地探訪を進めていくための指南書になってくれるといい。本書の執筆で私たちが学んだことがあるとすれば、それは、知れば知るほど、さらに知らないことが増えるということである。

謝辞

本書が生まれたきっかけは、ある編集者が私に放った言葉だった。「これまで味わってきたワインを小難しい言葉で回想するような本ではなく、初心者向けのワインの本があればいいんだがね」。正直に言うと、私はこの言葉を挑発と受け取った。

では、とワイン産地の基盤岩をベースにした初心者向けの本を書こうと決意を固めたところ、驚いたことに、伝説的な出版社がこの本の企画に興味を示してくれた。カントリーマン・プレスのダン・クリスマンの熱意と先見の明に深く感謝する。このインプリントが所属する出版社、W・W・ノートン・アンド・カンパニーは傑出していた。ダンをはじめとして、最高編集責任者のロージン・キャメロン、そしてデザイン、広告、宣伝に至るまでの工程で関わったすべてのスタッフが目覚ましい仕事ぶりを展開してくれた。こうした人びととともに働けたのは、私にとって大きな喜びだった。

私という人間はどうも意気地なしで、応援してくれる人がいないとだめな性質なのだが、幸運にも、助けの手をさしのべてくれる人たちがいた。いつものことながら、メリッサ・クラークには、長年変わらぬサポートに感謝する。アルコール関連のオンラインマガジン「パンチ・ドット・コム（Punch.com）」の頭脳明晰で愛すべき編集長、タリア・バイオッキにも深く感謝している。彼女は当初からこの本のアイデアに強い熱意を示してくれた。花崗岩質土壌のワインをともに愛する友人、ホセ・パストールには抱擁とキスを。ライターの同業者であるスー・シャピロにも感謝の意を伝えたい。あなたは必ず私のすぐ隣にいて、的確に導いてくれた。

白状すると、この本の執筆に着手するのはとてつもなく難しいことだった。本書の副題は「知れば知るほど、知らないことが増える」になるはずだったのだ。ワインが魔法を起こす仕組みは、非常に複雑にからみ合っている。私は地質学者でも土壌学者でもなく、ましてや熟練したワイン生産者でもない。もし、実際に土壌と取り組み、ブドウと向き合っている人びとの助力と権威がなかったら、最後まで書き上げることができなかっただろう。本当に多くの人たちに助けてもらった。ここに書き忘れた人がいなければいいのだが、もし書かれていないとしても、心から感謝している。ロワールはミュスカデのギィ・ボサールとジョー・ランドロン。同じくロワール地方ブルグイユのピエール・ブルトン。モンルイ・シュール・ロワールのダミアン・ドゥルシュノー。フェイ・ダンジュのケンジ・ホジソンとリシャール・ルロワ。アルザスのアンドレ・オステルタグ、パトリック・メイエ、そしてクリスチャン・ビネール。ローヌ地方シャルネのエリック・テクスィエ。同じくローヌ地方フルーリーのジャン・フォイヤール。シャブリのオリヴィエ・ド・ムール。ブルゴーニュのジャン・クロード・ラトー、クレール・ノーダン、ジャン・イヴ・ビゾー、そしてオベール・ド・ヴィレーヌ。シャンパーニュのベルトラン・ゴテロ。シチリア島エトナのサルヴォ・フォーティ。ブラマテッラのアントニオッティとマッティーア・オディリオ。そしてボーカのフランシス・フォガーティ。リオハのマリア・ホセとフリオ・セサール・ロペス・デ・エレディア、ヘスス・マドラソ。オレゴンのジェイソン・レット。メルシー、グラッチェ、グラシアス、そしてサンキュー。あなたたちの支援と忍耐、そして熱意は私の心のブドウに水を注いで潤わせてくれた。

チリのペドロ・パッラにも感謝の気持ちを贈りたい。彼はこの本で取り上げた論題についてじっくりと時間をかけて考察してくれた。そして米ウィットマン大学のケヴィン・R・ポーグ教授には、言葉が見つからない。これ以上ないほどの熱い感謝の気持ちを謹んで贈りたい。ポーグ教授は私の執筆スピードを上げるために最善を尽くしてくれた。私の無思慮な文章に対して、忌憚なく赤ペンを入れるとともに叱咤激励してくれたのだ。彼のあらゆる指摘に心から感謝しながら文章を修正した。

もしこの本に何らかの誤りがあったとしても、ポーグ教授はそれを防ぐために全力を注いでくれたことをどうか理解していただきたい。過失や不手際があれば、すべて私たちの責任である。そして教授に伝えたい。本来ならbedrocks（基盤岩）という言葉を使うべきところでsoils（土壌）という言葉を使ってしまうだらしない癖は、あなたのおかげでかなり克服できた。あなたの助力のおかげで、この本が過去に私と同じ間違いを犯してきた人たちの誤解を改めるきっかけになればと願っている（訳注：原著には基盤岩と土壌を混同している記述などが一部に残っていたため、この訳書では原著の意図を変えないようにしつつ、正確な記述を試みた。たとえば石灰岩から生成される土壌を「石灰岩」と記していた場合には、「石灰岩質土壌」や「石灰岩を母岩とする土壌」のように監訳した）。玄武岩質の基盤岩の影響が感じられるワインを、近いうちにあなたとともに味わえるのを楽しみにしている。

最後に、パスカリーヌ・ルペルティエに感謝を贈る。彼女と初めて会ったのは二〇〇七年、パリでのことだ。それからほどなく彼女はアメリカに移り住み、私のフランスの娘（ma fille francaise）となった。パスカリーヌが参加してくれなかったら、この本はまったく違ったものになってしまったはずだ。彼女の膨大な知識と、味を分析する優れた能力は非常に頼りになった。そして、事実に忠実であることを貫き通す、超人的な才能に大いに助けられた。まさに偉大なる才能の主であり、私が知りたいことを何でも教えてくれる大百科事典的な存在だ。しかもちょうど彼女自身が、新しいレストランの開店準備という生みの苦しみの真っ最中だったというのに、同時進行で本書の執筆に参加してくれたのだ。そんなあなたからは実に多くのことを学ばせてもらった。ありがとうパスカリーヌ、私とともにここまで歩んできてくれたことに深く感謝しています。

著者

アリス・ファイアリング　*Alice Feiring*

ワインジャーナリスト兼エッセイスト。自然ワインを語った話題作『*Naked Wine*（裸のワイン。未邦訳）』の著者でもある。料理界のアカデミー賞といわれるジェームズ・ビアード賞、シャンパンで有名なルイ・ロデレール主催の「インターナショナル・ワインライターズ・アワード」の受賞歴をもつ。2013年、飲料関連のウェブサイトおよび雑誌「インバイブ・マガジン（*Imbibe Magazine*）」の「ワインパーソン・オブ・イヤー」に選ばれた。2004年からブログ「The Feiring Line (alicefeiring.com)」を執筆公開中。ニューヨーク在住。

パスカリーヌ・ルペルティエ　*Pascaline Lepeltier*

世界屈指のワインのプロフェッショナルに名を連ねる。フランスのアンジュー地方出身で、地元の有名品種シュナン・ブランに関する知識は他の追随を許さない。「テロワール」という言葉をみだりに口にするべきではないというのが彼女の深い信条である。

監修者

小口 高（地質関連）

東京大学・空間情報科学研究センター教授。地理学者、地球科学者。長野県出身、埼玉県在住。地形の分析と形成過程の検討が主な専門。農業などの産業と地形・地質との関連にも関心をもつ。

鹿取 みゆき（ワイン関連）

一般社団法人日本ワインブドウ栽培協会代表理事。信州大学特任教授。フード＆ワインジャーナリスト。日本全国のワイン、ワイン用ブドウ、さらには他の農産物など食の生産現場の取材を続けながら、生産者支援に注力、各地での講演も多い。さまざまな媒体にも寄稿。現場の生産者のための勉強会の企画も手がける。

訳者

村松 静枝

英日翻訳家。静岡県在住。訳書に、『世界のビール図鑑』（ティム・ウェブ、ステファン・ボーモント著、ガイアブックス）、『世界のウイスキー図鑑』（デイヴ・ブルーム著、共訳、ガイアブックス）、『世界に通用するビールのつくりかた大事典』（ジェームズ・モートン著、小社）、『The Wine ワインを愛する人のスタンダード＆テイスティングガイド』（マデリーン・パケット、ジャスティン・ハマック著、日本文芸社）、『偉大なアイディアの生まれた場所―シンキング・プレイス』（ジャック＆キャロライン・フレミング著、共訳、清流出版）、『ワインの味の科学』（ジェイミー・グッド著、翻訳協力、小社）などがある。

監修者注：著者のアリス・ファイアリングは先鋭的なワインジャーナリストとして知られる。この本のなかでも彼女ならではの見解が随所に見られる。ただし、なかには監修者として必ずしも同意できない箇所もあった。そうした箇所は著者への敬意を払い、そのままにしている。とはいえこの本は、ワイン業界内でも議論が伯仲している地質・土壌のワインの味わいについて、切り込んだ意欲作だと捉えている。

あ

か

さ

た

は

な

ま

わ

ら

INDEX

The Dirty Guide To Wine

土とワイン

2019年12月28日　初版第1刷発行
2020年 3 月23日　　　第3刷発行

著　者　アリス・ファイアリング
　　　　パスカリーヌ・ルペルティエ
監　修　小口高　鹿取みゆき
訳　者　村松静枝
発行者　澤井聖一
発行所　株式会社エクスナレッジ
　　　　〒106-0032
　　　　東京都港区六本木7-2-26
　　　　http://www.xknowledge.co.jp
問い合わせ先
　　　　編集　Tel　03-3403-1381
　　　　　　　Fax　03-3403-1345
　　　　　　　Mail　info@xknowledge.co.jp
　　　　販売　Tel　03-3403-1321
　　　　　　　Fax　03-3403-1829